KNAUR

Über den Autor:
Joseph Scheppach, geboren 1952, ist Wissenschaftsjournalist und Autor zahlreicher Bücher im Bereich Natur und Technik. Er lebt in der Nähe von München und erkundet die Pflanzenwelt des Alpenvorlandes.

Joseph Scheppach

Das geheime Bewusstsein der Pflanzen

Botschaften aus einer
unbekannten Welt

Besuchen Sie uns im Internet:
www.knaur.de

Vollständige Taschenbuchausgabe August 2016
Knaur Taschenbuch
© 2009 Droemer Verlag
Ein Imprint der Verlagsgruppe
Droemer Knaur GmbH & Co. KG, München
Alle Rechte vorbehalten. Das Werk darf – auch teilweise – nur mit
Genehmigung des Verlags wiedergegeben werden.
Covergestaltung: ZERO Werbeagentur, München
Coverabbildung: Gettimages/Dirk Wüstenhagen Imagery
Satz: Adobe InDesign im Verlag
Druck und Bindung: CPI books GmbH, Leck
ISBN 978-3-426-78203-3

2 4 5 3 1

Inhalt

Vorwort 7
Einleitung 9

1 Die Intelligenz der Pflanzenzelle 25
2 Wie hoch ist der IQ einer Pflanze? 41
3 Menschen lieben Pflanzen –
  aber lieben Pflanzen Menschen? 55
4 Pflanzen und ihre »Gesprächsthemen« 73
5 Das Rätsel Wachstum 95
6 Pflanzen sehen mit Milliarden Augen 113
7 Pflanzen haben ein Zeitgefühl 123
8 Warum Pflanzen mit Tieren
  »Blutsbrüderschaft« schließen 145
9 Alle Menschen sind Gras! 163
10 Der mathematische Geheimcode der Pflanzen 177
11 Das Liebesleben der Pflanzen 183
12 Die grüne Apotheke 201
13 Können Pflanzen die Erde retten? 217
14 Die letzten Geheimnisse der Wurzeln 239
15 Das kollektive Gedächtnis von Mensch und Pflanze 257

Literaturhinweise 277
Bildnachweis 287

Vorwort

Eine bestimmte Person pflanzt eine Blume, pflegt sie sorgfältig, und dennoch geht die Pflanze ein. Unter völlig identischen äußeren Pflegebedingungen aber kann sich dieselbe Blume bei einer anderen Person zu einer gesunden, kraftstrotzenden Pflanze entwickeln.« Diese Beobachtung des amerikanischen Pflanzenzüchters Luther Burbank (1849–1926) ist für Menschen mit dem »grünen Daumen« nichts Neues. Sie wussten schon immer, dass Zuwendung für Pflanzen mindestens so wichtig ist wie Dünger.

Die meisten Zeitgenossen halten das für blanken Unsinn. Wie kann eine Pflanze auf Liebe reagieren, wo sie doch zu den empfindungslosen Geschöpfen zählt?

In den letzten Jahren aber haben Wissenschaftler begonnen, die Flora mit anderen Augen zu sehen. Sie entdeckten, dass Pflanzen sehr wohl empfindungsfähige Wesen sind und auf ihre Umwelt viel sensibler reagieren, als man bislang angenommen hat.

Diese Vertreter der noch jungen Disziplin der Pflanzenneurobiologie sprechen aus, was man im wissenschaftlichen Establishment nicht einmal zu denken wagt: Pflanzen sind intelligent! Sie können lernen, sich erinnern und sogar planen. Ihre Denkweise unterscheidet sich zwar fundamental vom bewussten Denken des Menschen, doch verfügen Pflanzen über ein »zellulares Bewusstsein«, das sie befähigt, mit anderen Lebewesen komplexe Informationen auszutauschen.

Zu Beginn des 20. Jahrhunderts wurde der Wiener Biologe Raoul Francé für seine Vorstellung verlacht, Pflanzen besäßen alle Eigenschaften von Lebewesen und würden auch »äußerst heftige Reaktionen bei Misshandlungen und Dankbarkeit für Wohltaten« äußern.

Zu Beginn des 21. Jahrhunderts stellt sich heraus, dass Hobbygärtner die wahre Natur der Pflanzen eher erkannt haben als die Forscher mit ihren Hightech-Instrumenten.

Joseph Scheppach

Einleitung

Braucht das Mauerblümchen Liebe? Sind Pflanzen für Zuneigung dankbar? Ist eine Blume fähig, sich freudig der Gießkanne zuzuneigen – und kann ein Strauch vor der Gartenschere zurückweichen?

»Nichts in der Welt der Pflanzen klingt zu verrückt, um nicht wahr zu sein«, sagt Anthony Trewavas, Professor für Zell- und Molekularbiologie an der Universität von Edinburgh. »Pflanzen haben Fähigkeiten, die wir uns noch gar nicht vorstellen können.« Der 70-jährige Schotte – Mitglied der Royal Society, der ältesten wissenschaftlichen Gesellschaft Großbritanniens – ist der Vordenker einer Avantgarde von Pflanzenphysiologen, Molekularbiologen, Ökologen und Agroforschern, die an den Grundfesten der Biologie rütteln. Sie sprechen aus, was viele ihrer Kollegen nicht zu denken wagen: Intelligenz, Gedächtnis, Lernvermögen bei Pflanzen. Sie berufen sich auf modernste Forschungen, bei denen in Pflanzen Eigenschaften entdeckt wurden, die eher an eine Phantasiewelt à la Tolkien denken lassen als an das Unkraut im Garten. Und so ordnet sich neuerdings eine wachsende Gruppe von Botanikern einer Zunft zu, die durch die Beobachtung von Graugänsen bekannt geworden ist: den Verhaltensforschern. Sie reden von »Partnersuche«, »Eifersucht« und »sozialer Intelligenz« ihrer grünen Forschungsobjekte.

Gibt es zwischen Ahorn und Adler, zwischen Klatschmohn und Kabeljau, zwischen Rose und Rhinozeros am Ende weit mehr Ähnlichkeiten, als das äußere Erscheinungsbild vermuten lässt?

Vom siebten Stock seines Instituts blickt Professor Trewavas auf die Pentland Hills. Die Hügel schwingen sanft wie grüne Wellen bis zum Horizont. »99 Prozent der Wesen, die Sie da sehen, sind Pflanzen. Und obwohl sie an ihren Standort gefesselt sind, haben sie jeden erdenklichen Lebensraum erobert.« Trewavas streicht sich durch sein zerzaustes weißes Haar und fährt fort: »Die Art und Weise, wie Pflanzen vorgehen, und den Erfolg, den sie dabei haben, zeigen, dass eine Menge Berechnungen in ihre aktuellen Entscheidungen eingehen. Andernfalls würden sie auf unserer Erde nicht so dominieren.«

Bislang waren es eher esoterisch angehauchte Laien, die über Grips und Gefühl bei Pflanzen räsonierten, oder anthroposophisch inspirierte Demeter-Landwirte und -Konsumenten, die ihrem biologisch-dynamisch gezogenen Gemüse besondere Kräfte zusprachen. Jetzt aber sagen auch Wissenschaftler: »Wir haben Pflanzen immer unterschätzt – und tun es heute noch.«

Zwar bewundern wir die Schönheit der Rose und die Aura einer mächtigen Eiche – doch im Grunde zählen für uns Pflanzen zu den primitiven Lebensformen. »Dumm wie Bohnenstroh«, sagt der Volksmund. Will man jemanden beleidigen, dann setzt man dessen Denkvermögen mit dem eines Kohlkopfes gleich. Und im Englischen werden Komapatienten gar als *vegetables* (Gemüse) bezeichnet.

Die Pflanze – Nur ein Bio-Roboter?

In der klassischen Lehre der Biologie ist jedes Gewächs ein fein austarierter Apparat. Stur folge er einem eingebauten genetischen Programm und reagiere auf den gleichen Reiz immer gleich. Eine Art Bio-Roboter im Blumentopf.

»Wenn man aber die vielen neuen Forschungsergebnisse berücksichtigt, die wir in den letzten Jahren gesammelt haben, dann muss man Pflanzen in einem neuen Licht betrachten«, sagt Trewavas, der im Labor beobachtet hat, dass sich selbst Klone unter den gleichen Bedingungen unterschiedlich verhalten. Gewächse, die bis auf den letzten Buchstaben deckungsgleiches Erbgut aufweisen, reagieren bei derselben Temperatur und Feuchtigkeit ganz verschieden.

Es ist genau dieser Eigensinn, der für Trewavas Intelligenz darstellt. Denn durch die Eigenwilligkeit erlangt das vermeintlich tumbe Gewächs die Fähigkeit, Entscheidungen zu treffen. Es kann lernen, sich erinnern – und auch rechnen. Mit ihren zellulären Rechenkünsten lösen Ranken komplizierte geometrische Aufgaben. Sogar betriebswirtschaftliche Kalkulationen beherrscht die Pflanze. »Und selbst über die anspruchsvollste Intelligenzleistung verfügt sie«, sagt Trewavas, »sich eine Vorstellung von der Zukunft zu machen.«

Jüngsten Erkenntnissen zufolge haben Pflanzen im Grunde alle Eigenschaften eines intelligenten Tiers – nur sind Blumen und Bäume langsamer, bedächtiger und für unsere Ohren stumm. Es ist fast, als würden sie ein Leben in anderen Dimensionen führen.

Pflanzen haben mehr Sinne als der Mensch

Immer neue Fähigkeiten der Pflanzen werden entdeckt; so viele, dass Trewavas' Mitstreiter, Professor Dieter Volkmann, sagt: »Pflanzen haben mehr Sinne, also Sensoren, als wir Menschen.« Nach mindestens 20 Faktoren checken sie ständig ihre Umgebung ab – und reagieren darauf. »Pflanzen«, so der Forscher vom Institut für Zelluläre und Molekulare Biologie der Universität, »können sehen, hören, sprechen, riechen, schmecken, fühlen und kommunizieren.«

- Pflanzen sehen: Ihre gesamte grüne Oberfläche ist ein einziges gewaltiges Sehorgan. Ihre optischen Zellen nehmen mehr Wellenlängen wahr, als es unsere Augen vermögen. »Eine Kletterpflanze, die eine Stange braucht, bewegt sich auf die nächstbeste Stütze zu. Versetzt man diese Stütze, so ändert die Pflanze ihre Richtung innerhalb weniger Stunden dementsprechend. Kann sie den Pfahl ›sehen‹, oder ihn auf eine andere, noch unbekannte Weise wahrnehmen?«, fragen die Autoren Peter Tompkins und Christopher Bird. »Denn selbst wenn sie ihn – durch bestimmte Abschirmungen daran gehindert – nicht ›sehen‹ kann, wächst sie unbeirrt auf die verborgene Stütze zu und meidet die Richtungen, in denen sie auf keinerlei Halt treffen würde.«
- Pflanzen hören: Jede ihrer Zellen hat eine Membran, empfindlicher als das menschliche Hörorgan. Musik, das zeigen jahrelange Feldforschungen, fördert ihre Gesundheit.
- Pflanzen sprechen: Ihre Sprache sind Duftmoleküle, die das Blatt als Gas verlassen. So unterhalten sie sich untereinander – und können auch mit Tieren kommunizieren.
- Pflanzen riechen: Sie nehmen Botenstoffe noch in geringsten Konzentrationen wahr, bei denen die besten Messinstrumente längst versagen.
- Pflanzen schmecken: Ihre Wurzelspitze ist sensibler als jede Feinschmeckerzunge.
- Pflanzen fühlen: Manche spüren noch das »Streicheln« mit einem nur 0,00025 Milligramm schweren Wollfädchen, das auf unserer Haut keine Empfindungen auslöst. Wilhelm Pfeffer (1845–1920), Mitbegründer der modernen Pflanzenphysiologie, hat diese Sensibilität bei der Haargurke (Sicyos angulatus) geprüft.
- Pflanzen haben Sensoren, die uns fehlen. Sie haben sogar einen Sinn für Himmelsrichtungen: Die Kompasspflanze (Silphium lacinatum) dreht bei starker Besonnung ihre verti-

kal ausgerichteten Blätter in Nord-Süd-Richtung. Auch können sich Pflanzen an elektrischen und magnetischen Feldern orientieren, so wie Vögel.
- Pflanzen haben einen Sinn für künftige Ereignisse und können zum Beispiel das Wetter voraussagen. Tomaten spüren atmosphärische Tiefs drei Tage im Voraus und verstärken ihre Außenhaut. Und Arbus precatorius, eine indische Krautpflanze, hat sich in wissenschaftlichen Experimenten als guter »Wetterprophet« für Stürme und Erdbeben erwiesen.
- Pflanzen scheinen auch irgendwie Unwohlsein zu verspüren. Die Forscher selbst sprechen von »Pflanzenkopfschmerzen« und davon, dass Pflanzen zu hausgemachter Medizin greifen, einer Medizin, die wir aus unserer Hausapotheke kennen: Aspirin.

All diese Fähigkeiten waren immer da. Nur sind sie uns verborgen geblieben. Denn die neuen Erkenntnisse wurden erst in den letzten Jahren durch den Einsatz moderner Instrumente möglich.

Der technologische Big Bang der Biologie

Mit neuartigen Elektroenzephalogrammen (EEG) lassen sich elektrische Ströme aufzeichnen, die eine Billion Mal kleiner sind als jene einer Taschenlampenbatterie. So entdeckten die Forscher in Pflanzen elektrochemische Mechanismen, die denen in unserem Gehirn ähneln.

Moderne Gas-Chromatographen spüren flüchtige Pflanzenduftstoffe noch in einer Verdünnung auf, die so gering ist, als hätte man einen Fingerhut davon in einen Baggersee gekippt. Und obwohl diese Kommunikationsmoleküle erst seit wenigen Jahren erforscht werden, haben sie eine phantastische Welt molekularen Quasselns erschlossen – mit grünen Plaudertauschen, schreienden Maispflanzen oder Tomaten, die Selbstgespräche führen.

Viele Durchbrüche gelangen erst, als die Ära der Gentechnik heraufdämmerte. Sie führte die Forscher auf die Spur genetisch beeinflusster biochemischer Synthesewege, etwa für die Blütenbildung, die Wahrnehmung von Licht. Die grünen Genforscher verfolgen ein ehrgeiziges Ziel: Nutzpflanzen so fit gegen Schädlinge zu machen, dass Äcker und Wiesen pestizidfrei bleiben können. Viele neue Erkenntnisse sind einem unscheinbaren Wildkraut zu verdanken, das in den Laboren heimisch geworden ist: die Ackerschmalwand (Arabidopsis thaliana). Sie ist die erste Pflanze, deren komplette Bauanleitung entziffert ist – und hat eine steile Karriere als Modellorganismus hingelegt. An ihr werden gentechnische Kunststücke ausprobiert.

Den faszinierendsten und zugleich bedeutsamsten Blick ins Mysterium der Pflanzenwelt eröffnete eine Innovation, die als Big Bang der Biologie gilt: das molekulare Bildgebungsverfahren. Diese Technik ermöglicht erstmals »Live-Kino« – mit bewegten Bildern aus intakten Zellen! Dynamische Prozesse werden jetzt als Film zugänglich. Bisher musste man sich mit toten Objekten und statischen In-vitro-Bildern begnügen. Mit dem Kameramikroskop ist der Sprung in eine höhere Dimension gelungen – der Durchbruch in die vierte Dimension: die Zeit. Jetzt entblößt sich das hochdynamische Regelnetzwerk einer Zelle, wo ständig Enzyme aktiviert, Proteine gebildet, Erbanlagen abgelesen werden – und die Forscher schauen wie in einer Peep-Show zu.

Wohin sie ihren Blick auch richten, immer stoßen sie auf Erkenntnisse, die mit der konventionellen Denkweise nicht mehr bewältigt werden können. Eine neue Forschungsplattform war längst überfällig, als im Jahr 2005 der Bonner Molekularbiologe Frantisek Baluska zusammen mit Anthony Trewavas und anderen Kollegen aus Europa, Amerika und Asien eine neue Disziplin begründete: die Pflanzenneurobiologie. Neurobiologie? Schon in diesem Wort steckt Potenzial für Missverständnisse – und auch eine Überraschung: »Neuro«, dieses Wort für die Nervenzellen von Mensch und Tier (Neuronen), wurde ursprünglich dem Pflanzenreich entlehnt und meint »Faser«. Heißt das, Pflanzen haben Nerven?

Denken Pflanzen mit Hilfe von Elektrosignalen?

»Pflanzen«, macht Forscher Volkmann klar, »haben keine Nerven in dem Sinn, wie sie der Mensch hat. Aber es gibt eine ganze Reihe durchaus vergleichbarer Strukturen.« Lange bereits ist bekannt, dass es bei Pflanzen neben den gut erforschten chemischen Botenstoffen auch elektrische Aktionspotenziale gibt: wechselnde elektrische Spannungen, die der Informationsübertragung dienen – ähnlich wie in den Nerven der Tiere und Menschen. »Menschen gebrauchen elektrische Aktionspotenziale, um Botschaften – zum Beispiel ›Schmerz‹ – weiterzuleiten. Vergleichbar damit«, so Professor Trewavas, »können Strompotenziale der Pflanze ›Verletzung‹ signalisieren.« Der Biologe führt den Vergleich weiter: Auch für Lernvorgänge und für Gedächtnisleistungen sind die molekularen Grundlagen von Pflanze und Tier sehr ähnlich. Wenn Tiere vor Gefahr zurückschrecken, erhöht sich in Sekundenbruchteilen Geschwindigkeit und Menge der elektrischen Signale. Dies löst eine Kaskade weiterer Reaktionen aus, und das Tier weicht zurück. Eine stete Gefahr führt zu ständig erhöhter elektrischer Spannung, und auf diese Art »lernt« das Tier erhöhte Alarmbereitschaft.

Wenn eine Pflanze Wassermangel spürt, veranlassen dieselben elektrischen Signale in gleichen Kommunikationskanälen sie dazu, ihren Wasserhaushalt einzuschränken und zum

Beispiel ihre Spaltöffnungen in den Blättern zu schließen, so dass möglichst wenig Wasser verdunstet. Hält der Wassermangel an, bildet die Pflanze mit der Zeit weniger Blätter und mehr Wurzeln. »Auch eine Pflanze lernt. Sie lernt durch Versuch und Irrtum, wann genug Veränderung erreicht ist, um Stress und Verletzung zu minimieren«, sagt Trewavas.

Weil Pflanzen im Gegensatz zu Tieren keine spezialisierten Nervenfasern besitzen, in denen die elektrischen Signale weitergeleitet werden, suchten die Forscher jahrzehntelang nach dem Reizleitungssystem.

Generationen von Botanikern hat insbesondere das faszinierende tierähnliche Verhalten von Mimosen in Atem gehalten. Werden ihre Sinneshaare gereizt, breitet sich ähnlich wie bei tierischen Nervenzellen eine elektrische Spannungsänderung über das gesamte Blatt aus: mit einer Geschwindigkeit von rund drei Zentimetern pro Sekunde. Das ist schneller als die Erregungsleitung im Nervensystem einfacher Tiere, etwa bei Teichmuscheln. Bei ihnen kommt die Erregung einen Zentimeter pro Sekunde voran.

Schon zu Beginn des 20. Jahrhunderts vermutete der Bonner Biologe Heinz Welten (1876–1933), dass Plasmafäserchen, die von Zelle zu Zelle reichen, als pflanzliche Nervenbahnen fungieren. Jüngste elektrophysiologische Messungen des Zellularbiologen Baluska bestätigen: »Im Stengel und in den Wurzeln einer Pflanze stehen die Zellen röhrenförmig und geordnet übereinander. Sie sind stabil, und sie verlaufen immer in eine Richtung, von oben nach unten oder von links nach rechts. Das ist nicht so ein Durcheinander wie in tierischem oder menschlichem Gewebe. Darüber hat man bisher nicht viel nachgedacht.«

Elektrophysiologische Signale laufen entlang den Leitungsbahnen für Wasser (Xylem) und Nährstoffe (Phloem). Die einzige Spezialisierung der Leitbündel ist eine Lage toter Zellen um sie herum, ähnlich der Isolierung um ein Kabel. Sie sorgt dafür, dass die Signale nicht in anderes Gewebe eindringen und verschwinden. »Diese Signalübertragung ist um den Faktor 1000 langsamer als bei Nerven«, sagt Balsuka. Doch es werden zuweilen lange Strecken zurückgelegt; bei der Sonnenblume 30 Zentimeter und mehr, was rund 1000 Zellen entspricht.

Jüngst stießen Professor Massimo Maffei von der Universität Turin und Professor Wilhelm Boland vom Max-Planck-Institut für Chemische Ökologie in Jena auf etwas völlig Unerwartetes: spezifische elektrische Felder und wechselnde Spannungen im Blatt. Als die Forscher eine Raupe des Ägyptischen Baumwollwurms (Spodoptera littoralis) auf eine Limabohne (Phaseolus lunatus) setzten, änderte sich auf der Blattoberfläche innerhalb von Sekunden und deutlich messbar die elektrische Spannung. Das normale zelluläre elektrische Aktionspotenzial wurde fast auf die Hälfte heruntergesetzt: von −130 auf etwa −90 Millivolt. Diese Depolarisation setzte sich mit einer Geschwindigkeit von etwa einem Zentimeter pro Sekunde über das ganze Blatt hinweg fort. »Schon in den ersten Sekunden, nachdem das Blatt verletzt worden ist, ist dieses Alarmsignal durch die ganze Pflanze gelaufen – von einem Ende bis zum anderen«, erklärt Boland. »Im Effekt erreicht das Signal das Gleiche, was das Nervensystem tut.« Denn elektrische Spannungen über biologischen Membranen sind ein wichtiges und messbares Merkmal für jede lebende Zelle, sei sie nun menschlichen, tierischen oder pflanzlichen Ursprungs. Somit dienen Plasmamembranen auch als Sensor und Vermittler für äußere Signale, damit jede Zelle und am Ende ganze Gewebe schnell und effizient auf Änderungen in ihrer Umgebung reagieren können – so wie bei der Limabohne.

Das Bemerkenswerteste dabei: Die Spannungsänderung warnt zudem die noch nicht betroffenen Pflanzenzellen vor der nahenden Raupe. Diese Zellen können dann vorbeugend

Abwehrstoffe produzieren. Sollte sich dieser Reaktionszyklus bestätigen, hätte man etwas schier Unglaubliches bei der Pflanze entdeckt: ein Nerven- und ein Immunsystem in einem!

Seit der Entdeckung der Membransensoren sprechen die Pflanzenneurobiologen auch von Neurotransmittern und Synapsen. Wie kann das sein? In unserem Gehirn koppelt, verstärkt und reguliert eine Flut chemischer Botschaften, Neurotransmitter genannt, die Signale. Ist das bei Pflanzen ebenso? »Fast alle bekannten Neurotransmitter hat man auch in Pflanzen gefunden«, sagt Baluska. Darunter Acetylcholin, das im menschlichen Gehirn für die Verarbeitung von Gedächtnisspuren sorgt.

In unserem Gehirn überspringen die Signale mit Hilfe von Neurotransmittern die Lücke zwischen den Zellen: den synaptischen Spalt. Und bei Pflanzen? Der Begriff Synapse – 1897 vom britischen Nobelpreisträger Charles Sherrington geprägt – bezeichnet ursprünglich die Kontaktstellen zwischen den Neuronen. »Doch es gibt«, sagt Baluska, »noch eine weitere Definition von Synapsen. Sie sind die Zellkontakte, über die Zellen miteinander kommunizieren.« Dies würde direkte Synapsentransmission überflüssig machen.

Als »indirekte« Transmitter könnten jene Vesikel elektrische Antworten in benachbarten Zellen auslösen, die Baluska entdeckt hat: mikroskopisch kleine »Bläschen in den pflanzlichen Zellmembranen. Sie sind extrem mit dem Pflanzenhormon Auxin angereichert und könnten nach einigen Sekunden elektrische Signale weiterreichen.«

Gleichzeitig kommunizieren die Zellen innerhalb des Gewebes mit Botenstoffen. Diese Moleküle schwimmen in den feinen Äderchen der Gewächse, driften mit dem Körpersaft in alle Regionen. Zudem produzieren Pflanzen viele Substanzen, die Nervenzellen direkt beeinflussen können – wir kennen sie als Drogen wie Cannabis, Nikotin, Koffein. Bislang glaubte man, diese chemischen Moleküle dienten vor allem zur Abwehr von Schädlingen. Neuere Untersuchungen indes zeigen, dass sie auch für die Regulierung wichtiger Prozesse innerhalb der Pflanze eine Rolle spielen.

»Pflanzenkommunikation ist ebenso komplex wie die in einem Gehirn ablaufende«, meint Professor Trewavas. »Gehirnsignale benutzen meist kleine Moleküle, während bei Pflanzensignalen große, komplizierte Moleküle wie Eiweiße im Spiel sind. Große Moleküle können große Informationsmengen übertragen, was bedeutet, dass bei der Pflanzenkommunikation Spielraum für enorme Komplexität besteht.«

Sind Pflanzen in Wahrheit langsame Tiere?

Pflanzenneurobiologen sind der einhelligen Meinung, dass es kaum Unterschiede zwischen der Tier- und der Pflanzenwelt gebe. Schon Ende des 19. Jahrhunderts hielt der berühmte Biologe Thomas Henry Huxley (1825–1895) die Pflanze für »ein im Holzkasten eingesperrtes Tier«. Und 1924 fragte der Biologe und Naturphilosoph Raoul Heinrich Francé (1874–1943): »Ist die Pflanze ein verwandeltes Tier?« Heute sinniert der amerikanische Pflanzenphysiologe Jack C. Schultz im renommierten Wissenschaftsmagazin *Nature*: »Vielleicht sind Pflanzen, wenn man ihre Wahrnehmung, ihre Signalverarbeitung und ihr biochemisches Verhalten betrachtet, in Wirklichkeit einfach sehr langsame Tiere.«

Den Anstoß für solche Überlegungen gab kein Geringerer als der Urbiologe Charles Darwin (1809–1882). »Es ist kaum übertrieben zu sagen«, schrieb er im Jahr 1880, »dass die Wurzelspitze, ausgestattet ... mit der Kraft, die Bewegung angrenzender Bereiche zu lenken, *wie ein Gehirn eines niederen Tieres arbeitet;* dieses Gehirn sitzt am vorderen Ende des Körpers, es empfängt Eindrücke von den Sinnesorganen und dirigiert verschiedene Bewegungen.« Heute gehen die Pflanzenneurobiologen sogar noch einen Schritt weiter und sagen, dass er *unter*trieben hat!

Jahrelang widmete sich Zellularbiologe Baluska dem molekular-physiologischen Studium der Übergangszone in Wurzeln – und entdeckte Verblüffendes: neuronale Strukturen. »Auffallend viele, elektrophysiologisch besonders aktive Sinneszellen befinden sich nahe der Wurzelspitze. Die Zellen dort oszillieren in synchronen Phasen – ähnlich wie menschliche oder tierische Neuronen. Gleich anschließend in der äußersten Spitze findet sich eine Zone, deren Zellen sich weder teilen noch strecken – das ist ungewöhnlich. Diese Zellen aber sind elektrophysiologisch hyperaktiv!«

Pflanzen haben ein Selbst-Bewusstsein

Gibt es womöglich ein Pflanzengehirn? »Natürlich suchen wir nicht nach einem kleinen, walnussförmigen Gebilde, so wie wir Menschen es haben«, lacht Baluska. »Aber das brauchen die Pflanzen auch nicht. Das Gehirn ist im ganzen Organismus. Die Pflanze als Ganzes ist das Gehirn.«

Pflanzen reagieren als Gesamtorganismus auf Umweltreize und nicht – wie man bisher dachte – nur in einzelnen Bereichen, von denen der eine nicht weiß, was der andere tut. »Das ganze System weiß von sich, wie groß es ist, ob es genügend Wasser hat, in welcher Umgebung es lebt«, erklärt Baluska. »Die Pflanzenintelligenz ist eine Eigenschaft, die aus der kollektiven Interaktion zwischen verschiedenen Geweben einer wachsenden, individuellen Pflanze resultiert.« Die Struktur des gesamten Systems koordiniert das Verhalten der einzelnen Teile.

Pflanzen, so Baluska, »haben einen diffusen Kommandobereich, der Reize von außen wahrnimmt, darauf reagiert und sich immer wieder auf Neues einstellt«. Dieses dezentrale Nervensystem ermöglicht den Pflanzen die simultane Kommunikation mit Pilzen, Bakterien und Mikroorganismen im Wurzelbereich. Als Verständigungssignale dienen Dutzende unterschiedlicher chemischer Stoffe.

Pflanzen sind zwar sesshafte Organismen, bemühen sich aber aktiv um Rohstoffe, die sie zum Leben brauchen – über und unter der Erde im Wurzelbereich. »Sie nehmen die Menge verfügbarer Stoffe aktiv wahr, schätzen ab, wie viel Energie sie für bestimmte Wachstumsziele brauchen, und realisieren die jeweils optimale Variante«, erklärt der Salzburger Biologe Günther Witzany. »Pflanzen nehmen sich selbst wahr. Das heißt, sie können zwischen Selbst und Nicht-Selbst unterscheiden.«

Baluska glaubt, dass Bereiche nahe den Wurzelspitzen für die Intelligenzleistungen eine ganz besondere Rolle spielen. Auf dem Bildschirm seines Computers zeigt er eine nur vier Monate alte Roggenpflanze. Ihr riesiges Wurzelwerk umfasst eine Oberfläche von rund 1000 Quadratmetern. Geschätzte Zahl der Wurzeln: 13 Millionen. Gesamtlänge: rund 600 Kilometer. Zählt man die circa 14 Milliarden Wurzelhärchen dazu, dann ergibt sich aneinandergereiht eine Länge von 10 600 Kilometern – das ist die Entfernung von Pol zu Pol.

Jeder einzelne der Myriaden von Wurzelzweigen verfügt über eine Zone, die gehirnähnliche Funktionen wahrnimmt. Alle zusammen bilden das Kommunikationszentrum der Pflanze. Ein unterirdisches neuronales Netz, so groß wie das World Wide Web. Ein wahres »Wood Wide Web«.

Darf man zoologische Begriffe auf Pflanzen übertragen?

All diese Entdeckungen werden von vielen Biologen als grandiose Leistung gefeiert – von anderen aber argwöhnisch beobachtet. Zu den lautstärksten Gegnern der Ansichten der »grünen« Biologen zählt David Robinson vom Heidelberger Institut für Pflanzenwissenschaften. Ihm gelang es, 32 Kollegen zusammenzutrommeln, die in einem gemeinsamen Brief im Fachblatt *Trends in Plant Biology* die Pflanzenneurobiologen dafür kritisieren, dass sie zoologische Begrifflichkeiten auf die Botanik übertragen. Die Forscher räumen zwar ein, dass es zwischen Tier- und Pflanzenreich auf molekularer Ebene Parallelen gebe und mögliche Hinweise auf pflanzliche Substanzen existierten, die wie Neurotransmitter wirkten. Auch würden Signale über größere Entfernungen versendet und empfangen, aber, so die Botaniker weiter: »Bei Pflanzen gibt es auf keinen Fall vergleichbare Strukturen auf der Ebene der Zellen, der Gewebe oder der Organe.«

Doch die Pflanzenneurobiologen sind der Ansicht, dass man Wissenschaft nicht betreiben kann, indem man sich an Dogmen klammert und neue Thesen verbietet. »Die Gegner sagen, Pflanzen haben keine Nerven, also soll man nicht von Neurobiologie sprechen. Wir erwähnen dann«, so Professor Volkmann, »dass vor rund 80 Jahren in Pflanzen das Hormon Auxin entdeckt wurde. Es hieß in der Fachwelt gleich, das könne nicht möglich sein, Hormone gebe es nicht bei Pflanzen, aber bald fand man noch andere. Sie wurden Phytohormone (griech. *phyto* = Pflanze) genannt – Pflanzenhormone also –, und dieser Ausdruck hat sich etabliert.«

Gesucht: Ein neuer Einstein

Die Pflanzenneurobiologie schlägt in der Geschichte der Biologie ein neues Blatt auf. Statt sich auf die chemophysikalischen Erklärungen zu beschränken, benutzen heute zahlreiche Biologen Begriffe aus der Soziologie, Psychologie und Philosophie: Kommunikation, Intelligenz, Erkenntnis, Bewusstsein, ja sogar Seele. »Die ungeheure Kluft zwischen dem Chemophysikalischen und dem Lebendigen verringert sich«, schrieb der berühmte Biophysiker Henri Atlan schon in den 80er Jahren. Er brachte das neue Paradigma gleichsam sinnbildlich zur Sprache, als er zwischen der »vegetativen Seele« der Pflanzen und der »intelligenten Seele« des Menschen unterschied.

Die Biologie, meint der Biologe und Philosoph Andreas Weber, befinde sich in einer ähnlichen Situation wie die Physik vor rund 100 Jahren. Ähnlich wie diese damals ihre Vorstellungen von der Materie über Bord warf, verändert heute die Biologie radikal die Auffassung, die sie von den grünen Geschöpfen hat. Verglichen mit dem konventionellen Bild, ist die neue Biologie das, was die Quantentheorie für die Physik Newtons war. In der Physik bedurfte es Anfang des 20. Jahrhunderts eines Albert Einstein, der erkannte, dass sich Newtons Gesetze der Mechanik nicht auf das Verhalten von Licht anwenden ließen.

So wie Einstein Raum und Zeit in einer Theorie verband, müsste der »Einstein der Biologie« des dritten Jahrtausends die Eigenschaften von Pflanzen und Tieren in einem Werk zusammenführen – mit dem sich am Ende sogar die komplizierteste aller Fragen beantworten ließe: Was ist Bewusstsein?

1 Die Intelligenz der Pflanzenzelle

Über 30 Jahre lang wurden die Forschungsergebnisse der amerikanischen Botanikerin und Genetikerin Barbara McClintock (1902–1992) nicht anerkannt. 1983 erhielt sie für ihre Erkenntnisse den Nobelpreis für Physiologie oder Medizin und forderte in ihrer Rede die Kollegen auf, sogar »einzelne Zellen daraufhin zu untersuchen, wie diese ihr Wissen in einer durchdachten Weise sinnvoll einsetzen«. Damals war das eine exotische Position. Heute zeigt die Zellbiologie, dass sich die Kommunikation zwischen Zellen bei Pflanzen und Tieren nicht grundsätzlich unterscheidet – und dass sie viele Eigenschaften mit neuronalen Netzwerken gemeinsam hat. Diese Eigenschaften bezeichnen die Pflanzenneurobiologen als »zelluläre Intelligenz« beziehungsweise »zelluläres Lernen« und »zelluläres Gedächtnis«. Und weil Lernen Absichten voraussetzt, also ein Bewusstsein, sprechen einige Wissenschaftler auch von »zellulärem Bewusstsein«.

Dass eine Pflanzenzelle intelligent sein soll (und natürlich auch eine Muskelzelle), ist auf den ersten Blick gewiss eine abstruse Vorstellung: Intelligenz wird einem Menschen, allenfalls noch einem Schimpansen oder Gorilla zugeschrieben, nicht aber niederen Lebewesen und schon gar nicht einer einzelnen Zelle. Doch neuere Forschungsresultate erfordern eine völlig neue Beurteilung: Leben besteht auf allen Ebenen – von den Genen über Zellen bis hin zu lernenden und sich erinnernden Pflanzen – aus Kommunikation, aus Beziehungen, aus miteinander Agieren.

Dabei bedienen sich auch Organismen einer ausgeklügelten Sprache, um Botschaften zu senden und zu empfangen. »Sprache« gibt es nicht erst beim Menschen, sondern in der gesamten belebten Natur – wenn man den Begriff nicht auf Gesprochenes oder Geschriebenes einengt, sondern jegliche Art von Verständigungsmittel gelten lässt.

Der Molekulargenetiker Marcello Buiatti von der Universität Florenz erklärt das so: Eine Teetasse besteht aus Teilchen. Der menschliche, tierische und pflanzliche Körper besteht ebenfalls aus Teilchen. Der große Unterschied ist, dass die Teilchen der Teetasse sehr wenig miteinander kommunizieren, ganz im Gegensatz zu Menschen, Tieren oder Pflanzen. Ihre Körper bestehen aus vielen Zellen, und jede dieser Zellen ist eine Meisterin der Kommunikation. »Zellen flüstern, reden, schwatzen – mit Hilfe von chemischen Botenstoffen oder auch mit elektrischen Potenzialen«, schreibt die Biologin Florianne Köchlin. »Alle Zellen, alle Gene und Moleküle sind in ein dynamisches Beziehungsgeflecht eingebunden, sie agieren und reagieren ständig miteinander.«

Jede Zelle gebraucht dabei ihr eigenes Set an Kommunikationsmöglichkeiten. Eine Muskelzelle kommuniziert anders als eine Fettzelle – und eine Wurzelzelle anders als eine Blattzelle.

Spürt eine durchgeschnittene Kartoffel Schmerz?

Die Entwicklungsbiologin und Journalistin Claire Ainsworth vergleicht die Situation in einem vielzelligen Lebewesen mit der in einer gedrängt vollen und lauten Bar: »In diesem ohrenbetäubenden Lärm ist es nötig, dass ein Mensch die Fähigkeit hat, seine Aufmerksamkeit zu fokussieren. Auch eine Zelle kann das: Sie reagiert auf manche Signale, auf andere nicht.«

Ainsworth führt die Metapher mit der Bar fort: Jemand brüllt von weit weg, dass er noch ein Bier möchte. In unserem Körper sind die Signale für »Ferngespräche« meistens Botenstoffe, die ins Blut abgegeben werden, mit dem Blut in entfernte Regionen des Körpers gelangen und dort ihre Botschaften übermitteln. »So funktionieren beispielsweise die Östrogene und das Testosteron, die im Gehirn ausgeschüttet werden und in den Geschlechtsorganen ihre Wirkung entfalten«, erklärt Biologin Koechlin. Auch in einer Pflanze sind die Signale für »Ferngespräche« meistens Botenstoffe. Sie zirkulieren in den Nährstoffkanälen – etwa zwischen dem »neuronalen Wurzelstock« und dem Blatt.

In der Bar flüstert einem die Nachbarin ins Ohr, dass sie noch ein Glas Wein möchte. Auch Zellen können flüstern. Botenstoffe für »Nahgespräche« sind etwa Wachstumshormone, die beim Menschen für die Wundheilung wichtig sind. Und was passiert, wenn man eine rohe Kartoffel zerteilt? An der Schnittstelle bildet sich eine neue Haut. Ein Wundverschluss, wie wir ihn auch von uns selbst kennen, wenn wir uns aufgeschürft haben. »Jede Pflanze, die man abhackt, schließt ihre Verwundung ab«, sagt Professor Volkmann und fügt rasch hinzu: »Das bedeutet allerdings nicht, dass die Pflanze Schmerz empfindet wie wir. Schmerzrezeptoren haben wir bei Pflanzen noch nicht entdeckt.«

Man mag in der Bar zu sich selbst sagen, dass man eigentlich noch seine Frau anrufen wollte. Auch Zellen führen Selbstgespräche. Wenn Zellen des menschlichen Immunsystems, sogenannte T-Zellen, körperfremden Eiweißstoffen begegnen, geben sie sich selbst das Signal, sich vermehrt zu teilen. In kürzester Zeit entsteht eine ganze Schar neuer T-Zellen zur Abwehr der fremden Eiweiße. Und auch Pflanzen haben ein Immunsystem. Erhalten sie beispielsweise Warnduftstoffe von einer von einem Virus befallenen Nachbarpflanze, geben sich die Zellen selbst das Signal, das Immunsystem anzuwerfen.

Vermutlich wird in der Bar nicht nur Deutsch gesprochen. Eine normale Zelle verwendet ebenfalls eine Vielzahl verschiedenster »Sprachen«: Proteine (Eiweiße), Enzyme, Ionen (elektrisch geladene Teilchen) und Aminosäuren.

Was fängt eine Zelle mit der Fülle an Signalen und Reizen an, wie reagiert sie? Die Kommunikation mit einer Zelle läuft folgendermaßen: Ein Proteinbotenstoff gelangt zur Zelle und wird dort vom Empfangsprotein (Rezeptor) an der Zellmembran in Empfang genommen. Dieses faltet bei der Begegnung seine Struktur neu. Die neue Struktur ist wie ein Schlüssel, der ins Schloss (Rezeptor) passt – oder auch nicht. In der Regel passt er. Das Protein hat aus einer schier unendlich großen Menge an Möglichkeiten, sich neu zu falten, innerhalb einer zehntel Mikrosekunde genau die richtige Struktur gewählt. Dieselbe Aufgabe benötigt bei einer Computersimulation 30 Jahre.

Passt das Protein, gibt das Empfangsprotein die Meldung an ein bestimmtes Protein innerhalb der Zellmembran weiter. »Dieses informiert viele weitere Botenstoffproteine und initiiert damit eine Kaskade von Protein-Interaktionen, vergleichbar mit einem immer breiter werdenden Wasserfall. Irgendwann werden auch diejenigen Proteine aktiviert, die für die Kontrolle der Gene verantwortlich sind«, erklärt die Biologin Koechlin. »In der Folge schalten sogenannte Transkriptionsfaktoren bestimmte Gene an und andere ab. Das wiederum führt zur Herstellung neuer Proteine, die das Verhalten der Zelle verändern. Die Zelle leitet neue Stoffwechselvorgänge ein, beginnt sich zu teilen oder stirbt ab. Der Botenstoff hat eine Reaktion ausgelöst.«

Können Proteine intelligent sein?

Nun empfängt die Zelle nicht nur ein einziges Signal, sondern gleichzeitig Dutzende oder Hunderte davon, und auf alle muss sie adäquat antworten. Das ist eine so unfassbar komplexe

Leistung einer Zelle, dass einige Forscher auch jene Stoffe für intelligent halten, aus denen die Zellen zum größten Teil bestehen: die Proteine. Sie sind die »Arbeitstiere« der Zellen und jagen – beladen mit biochemischem Informationsgepäck – wie E-Mails durchs Netz. Sogenannte Strukturproteine bilden das Meldesystem, vergleichbar mit Kabeln oder Modems. Es ist ein Netz winziger Kanäle für die Nachrichtenübermittlung sowohl innerhalb der Zellen als auch zwischen den Zellen.

»Proteine sind intelligente Wesen«, schreibt der Biochemiker Christopher Miller in der Fachzeitschrift *Nature*. »Sie haben sich entwickelt, um in den turbulenten Stoffwechselströmen der Zelle zu operieren. Die Transkriptionsfaktoren müssen wissen, wann Gene angeregt oder ›ausgeschaltet‹ werden sollen, und die zelleigenen ›Signalmoleküle‹ geben ihnen entsprechende Information. Ebenso müssen Enzyme an wichtigen biochemischen Kontrollpunkten ihr Tempo steigern oder verlangsamen, je nach den sich dauern verändernden, verschlüsselten Bedürfnissen des – ja, des *Lebens*.«

Für die wichtigste Funktion der Proteine hält der Schweizer Chemieprofessor Thomas Ward »das ›Erkennen‹. Sie erkennen zum Beispiel Gen-Abschnitte, Viren, oder andere Proteine. Auf der Grundlage dieses ›Erkennens‹ ergreifen sie dann geeignete Maßnahmen. Wenn Sie all das unter ›Wissensfähigkeit‹ verstehen, dann, würde ich sagen, besitzen Proteine unleugbare Wissensfähigkeit.«

Spricht die Zelle auch mit Licht?

Das Wort Intelligenz stammt vom lateinischen *interlegere* ab, also »wählen zwischen«. Eine Zelle kann genau dies: Sie wählt zwischen verschiedenen Optionen. Sie empfängt Informationen und interpretiert sie. Sie antwortet darauf offenbar nicht immer auf die gleiche Weise, sondern differenziert je nach Situation. Sie kann sich flexibel an ihre Zellumgebung anpassen. Dabei ist die Zellhülle (Plasmamembran) so etwas wie ein Computer. An dieser Membran lagern Signalproteine dicht gedrängt aneinander. Dort werden die Signale integriert und miteinander verrechnet. Dort werden Entscheidungen getroffen.

In der quirligen »Bar« namens Zelle gilt nicht nur das gesprochene Wort. Es wird nicht nur chemisch kommuniziert, sondern offenbar mit Licht, das die Zelle selbst erzeugt! Dieses Leuchten ist heftig umstritten: Einige Wissenschaftler deuten die sogenannten Biophotonen als unbedeutendes »Rauschen« des Stoffwechsels; andere interpretieren sie als Mittel der zellinternen Kommunikation. Denn die Gebilde schwingen kohärenter als jeder technische Laser. Dieses Gleichmaß sollen bestimmte elektromagnetische Felder aufbauen. Die Feldlinien sind gleichsam die Platzanweiser für die über 10 000 chemischen Reaktionen in der Zelle. Sie »sagen«, wann und wo sich die Moleküle einzufinden haben. »Die Lichtsignale steuern das Zusammenwirken der Hormone, Enzyme und eine Vielzahl anderer Funktionen«, sagt Biophysiker Fritz Popp vom Internationalen Institut für Biophysik (IIB) in Neuss. Der wohl profilierteste Forscher des Wissenschaftszweiges Biophotonik dringt mit einem Restlichtverstärker in das Innerste von Zellen. Mit diesem Photomultiplier könnte man noch eine Kerzenflamme in 20 Kilometer Entfernung flackern sehen. Diese Sehschärfe ist auch nötig, denn die Intensität der zellulären UV-Lichtemission ist so unvorstellbar gering, dass schon ein bescheidenes Taschenlämpchen 100 000 Milliarden Mal heller strahlt. Was man mit dem hochempfindlichen Photoauge sehen kann, erlebte der kanadische Biophysiker Ken Muldrew, als er Baumblätter zerriss: »die Abstrahlung Zehntausender Photonen, einen wahren Lichtausbruch. Wenn man ein Blatt zerreißt, schreit es«, sagt der Forscher. »Nur dass man den Schrei nicht hören, sondern sehen kann.«

Die ganzheitliche Sicht der Biosemiotiker

Neben Materie und Energie postulierte der Kybernetiker Norbert Wiener noch eine dritte Entität des Universums, die Information: »Information ist Information, nicht Materie oder Energie.« Die Erforschung der komplexen Informationsnetzwerke in der Natur ist durch die biologischen Spezialwissenschaften selbst nicht mehr zu leisten. »Nötig«, so Molekularbiologe Frantisek Baluska, »sind neue, interdisziplinäre und holistische Forschungsansätze; ein enges Zusammengehen von Zellbiologie, Elektrophysiologie und Ökologie.«

Der neueste ganzheitliche Ansatz nennt sich Biosemiotik: die Lehre von Zeichen in der belebten Natur (griech. *bios* = Leben; *semeion* = Zeichen). Ihr geht es um die »Entwicklung eines neuen Biologiebegriffs für das 21. Jahrhundert«. Die bisherige und eindimensionale Sichtweise von Biologie sei eher mechanistisch und nehme kaum Rücksicht auf nachweisbare Kommunikationsformen und ihre Dynamiken in der Natur.

Die Biosemiotik als relativ neues Fachgebiet bezieht diese Phänomene ein. Sie untersucht, wie lebende Systeme interagieren. Wie kommunizieren sie miteinander? Wie treten sie mit ihrer Umgebung in Verbindung – und wie werden Informationen ausgetauscht? »Lebende Systeme reagieren nicht mechanisch auf physikalische Ursachen, sondern antworten auf Zeichen, die sie selbst kodieren«, sagt der Salzburger Biosemiotiker Günther Witzany.

»Wenn wir von Kommunikation reden, dann ist das nicht metaphorisch gemeint«, erklärt der Philosoph. »Denn wenn nichtmenschliche Lebewesen miteinander aktiv kommunizieren, schließt das auch Interpretationsprozesse ein.«

So können etwa Wurzelzellen genau differenzieren, ob ein chemisches Molekül als Botschaft von anderen Pflanzen dienen soll, zum Beispiel von Bakterien oder Pilzen, oder nicht. Wurzeln können also zwischen Signalen unterscheiden und beurteilen, welche entscheidend sind (Entscheidungsvermögen und Gedächtnis); auch verändern sie ihr Wachstum durch Antworten auf Signale (Verhaltenskontrolle); und beherrschen Multitasking, indem sie verschiedene Signale simultan spüren (Sinneswahrnehmung und -verflechtung). »Deshalb«, so Anthony Trewavas, »ist Darwins Gehirnmetapher richtig.«

Weil derart komplexe Prozesse nicht zufällig ablaufen, sondern nach einem strukturierten Kommunikationsmuster, ist die Rückkopplung (Umgebung – Sensorik – Signal – Aktion – Umgebung) wieder mehr ins Zentrum des wissenschaftlichen Interesses gerückt – ein Verdienst der Pflanzenneurobiologen.

Doch die Erforschung dieser Interaktionen steht noch ganz am Anfang, so wie die Gentechnik Anfang der 50er Jahre. Damals, bei der Entdeckung des Gencodes, glaubten viele Wissenschaftler, dass die Gene das Programm des Lebens enthielten. Aber: »Es gibt kein ›Programm des Lebens‹, das in den Genen läge«, schreibt Richard Strohmann, emeritierter Professor der Molekularbiologie von der University of Berkeley, Kalifornien. »Die Zelle als dynamisches Netzwerk aus Proteinen, Genen und vielen andern Molekülen hat ein Leben für sich selbst. Es folgt Regeln, die nicht in den Genen festgeschrieben sind.«

Damit formuliert die neue Biologie auch eine grundlegende Kritik an Darwins Lehren. Ihr zufolge haben zufällige Mutationen zur Entstehung der Arten und letztlich des Menschen geführt. Immer mehr Fachleute erkennen in Darwins Erklärungsmodell einen starren Dogmatismus, der für die Erklärung des Lebens nicht ausreicht.

Die Entdeckung der Dynamik, die in Lebewesen steckt, ist neuartigen optischen Geräten (konfokale Mikroskopie) zu verdanken. Mit ihnen können die Forscher erstmals am lebenden Objekt mitverfolgen, wie Zellen sich fortbewegen oder wie Proteine in der Zelle herumwandern. Dabei haben Komplexitätsforscher eine Vielzahl von Prozessen entdeckt, die keiner Steuerung durch die Gene unterliegen und so erst gar nicht als »fit« selektiert oder als »untauglich« verworfen werden können.

So entspricht etwa die Anordnung der Atemöffnungen auf den Oberflächen von Blättern nicht einer herausmutierten größtmöglichen Effizienz, sondern organisiert sich selbst in jedem werdenden Sprössling immer neu. Ihre Form ist unbestimmt. Mit gleicher Freiheit wachsen auch die Nervenzellen in einem Hühnerembryo.

Mit überraschten Mienen verfolgten die Forscher um Paul Kulesa vom California Institute of Technology den Weg der fluoreszierend markierten Zellen. Die Zellbewegungen waren unberechenbar und erschienen chaotisch. Ganz offensichtlich gibt es keinen einzelnen Mechanismus, der die Zellwanderung leitet. Richtung und Ziel sind nicht von Anfang an in den Genen programmiert, wie dies bisher angenommen wurde. Sie ergeben sich dynamisch aus den fortlaufenden Interaktionen mit anderen Zellen und mit ihrer Umgebung.

Das aber bedeutet: Zellen können lernen. In der Kommunikation mit anderen Zellen erfahren sie, wohin sie gehen sollen und was ihr Ziel ist. Der Schlüsselbegriff für diesen Prozess, der keine Richtung kennt und doch immer am Ziel ankommt, ist »Selbstorganisation«. Damit hält das Chemielabor der biologischen Zelle durch die darin versammelten Millionen von Stoffen seine unerreichte Ordnung geradezu schlafwandlerisch aufrecht.

Viele dieser neuer Einsichten sind nicht zuletzt Computersimulationen zu verdanken: Zelluläre Automaten – Computersimulationen mit riesigen Datenmengen auf der Basis mathematischer Systeme, die sich selbst entwickeln – lösen allmählich die reduktionistischen Verfahren der Molekularbiologie ab. Bislang wird ein System durch die Reduktion auf seine Teile (z. B. die Gene) analysiert – *down to bottom* heißt dieser Ansatz. Die neuen mathematischen Systeme gehen den umgekehrten Weg: von unten nach oben.

Ist Schleim intelligent?

Die These von der Intelligenz der Zelle wird gestützt durch einen Intelligenztest, dem ein Einzeller unterzogen wurde. Das »Versuchskaninchen« war der Schleimpilz Physarum polycephalum. Eine nackte, amöbenhafte, bewegliche Einzelzelle. Man kennt sie von faulenden Blättern und Holzmaterial. In der Natur schließen sich die Einzelzellen in der Fortpflanzungsphase zu Plasmamassen oder Fruchtkörpern zusammen. Diese flachen Häufchen aus gelbem Schleim, ohne Mund, Darm und Gliedmaßen, bewegen sich fließend fort. Dabei nehmen sie Bakterien und andere winzige Organismen in ihren Zellkörper auf und verdauen sie als Nahrung.

Der Schleimpilz besteht wie gesagt aus einer einzigen Zelle, dem sogenannten Plasmodium, in dem Milliarden Zellkerne in einem andauernden Rhythmus hin und her strömen und sich synchron verdoppeln. Im Labor kann jede dieser Zellen mit ihren vielen Zellkernen Handtellergröße und mehr erreichen, ohne den Einzellerstatus zu verlieren.

Die japanischen Forscher vom Bio Mimetic Control Research Center in Nagoya machten sich eine besondere Eigenschaft des Plasmodiums zunutze: seine Pseudopodien. Diese länglichen, dünnen Zellfortsätze werden innerhalb weniger Minuten aus dem Zytoplasma ausgestülpt und können ebenso wieder ins Zellinnere zurückgezogen werden. Mit diesen »Scheinfüßchen« bewegen sich die Zellen fort.

Wie clever der Schleimpilz dabei seinen Weg findet, zeigte sich in einem von den Wissenschaftlern gebauten Labyrinth. Sie füllten die »Gänge« einer 25 mal 35 Zentimeter großen Kunststoffschablone mit einer Nährstofflösung. In der Mitte wurde der Pilz plaziert, der sich ziemlich bald über die ganze Agarlösung ausbreitete. Dann legten die Forscher an die beiden Enden des Labyrinths je ein Häufchen Haferflocken. Die Amöbe zog sich zur großen Überraschung der Forscher aus den Sackgassen zurück und konzentrierte sich auf die kürzeste Verbindung zwischen den zwei Futterquellen. Dabei hätte der Einzeller unter vier Gängen wählen können, von denen drei jeweils um 22 Prozent länger als der nächstbeste waren. In allen Versuchen nahm der Pilz – mit seinen »Scheinfüßchen« wandernd – den kürzesten Weg. »Dieser bemerkenswerte Prozess von zellulärer Berechnungstätigkeit impliziert, dass zelluläres Material eine primitive Intelligenz aufweist«, schreibt Versuchsleiter Toshiyuki Nakagaki in der Fachzeitschrift *Nature*. »Streng genommen haben Bakterien kein Nervensystem«, so der Neurobiologe John Allmann. »Aber sie verfügen über die fundamentalsten Eigenschaften eines Gehirns, wie Sinneswahrnehmung, Gedächtnis, Entscheidungsvermögen und Verhaltenskontrolle.« »Normalerweise«, ergänzt Biologe Jeremy Narby, »gehen wir davon aus, dass Intelligenz ein Gehirn braucht. Und Gehirne bestehen aus Zellen. Doch in diesem Fall verhalten sich die Zellen so, als wenn sie ein Gehirn hätten.«

Mit dieser Intelligenz müssen Zellen dafür sorgen, dass sie überleben – gegen alle Kräfte, die an ihnen zerren. So muss eine Körperzelle zum Beispiel jede Sekunde Dutzende zerbrochener DNA-Verbindungen reparieren – und ständig gegen

Quantenfluktuationen ankämpfen. Sonst wäre ihr Leben bald zu Ende.

Für den chilenischen Gehirnforscher Francisco Varela besteht die Essenz des Organischen darin, dass eine lebende Zelle ihre Bauteile selbst produziert. Sie betreibt Selbstschöpfung. Biologen behandeln Lebewesen im Allgemeinen so, als wären sie Maschinen. Sie halten das für ein nützliches Modell. Doch für Varela sind Lebewesen gerade dadurch bestimmt, was *nicht* Maschine ist. Zusammen mit seinem ebenfalls chilenischen Lehrer, Humberto Maturana, hat er bereits in den frühen 80er Jahren Lebewesen als autopoietisch, als »sich selbst herstellend« bezeichnet. Dieser Gedanke dringt allmählich in die Biologie ein.

Immer mehr Wissenschaftler erkennen, dass jede Zelle die materielle Umsetzung des Prinzips der Subjektivität ist. »Ihr ureigenster Charakter besteht in der Autonomie der Form über die Materie. Die lebende Zelle«, so Biologe Andreas Weber, »beherrscht die Atome, aus denen sie aufgebaut ist. Die Identität, die sie behält, bündelt den Stoff. Darum gesellt sich im Lebewesen aus Sicht der Schöpferischen Ökologie zu den bereits ungewöhnlichen Merkmalen der Subjektivität und der Autonomie noch ein weiteres: die Freiheit.«

Ein Bakterium, so Weber, hat gegenüber einem Sandkorn unendlich viel mehr Wahlmöglichkeiten. Es kann zwar kaum darüber grübeln, womit es den morgigen Tag sinnvoll füllen wird, aber es liegt auch nicht bloß herum wie ein lebloses Mineral. Es entscheidet und wählt aus, gemäß den Bedürfnissen, die sich aus dem Bestreben ergeben, es selbst zu bleiben. Es ist frei, weil es fortdauern will – oder anders gesagt: Es ist frei aus Notwendigkeit.

Diese Selbstbehauptung erschien Varela als der gemeine Nenner einer Physik des Lebens. Die Form des Lebens ist an eine Innerlichkeit gebunden. »Diese Innerlichkeit«, erklärt Weber, »ist zunächst schlicht der Standpunkt, der die Erfahrungen eines Organismus bündelt, schädliche meidet und förderliche sucht. Das heißt: Um sich als Form über den Stoff zu erhalten, ist eine Tendenz nötig, ein Interesse des lebenden Systems an seiner Fortexistenz. Wer aber ein Interesse hat, der nimmt die Welt nicht wahr, ›wie sie objektiv ist‹, sondern entsprechend seinen Bedürfnissen. Wenn etwa eine Rose ihre Wuchsrichtung ins Licht dreht, orientiert sie sich nicht anhand einer Arithmetik der Wellenlängen, weil sie bei Lichtmangel weniger Photosynthese macht und ›Hunger‹ hat, sondern weil Licht für sie einen positiven Wert bedeutet: jenes Gute, das mit dem Stillen von Hunger verbunden ist – und dem auch wir täglich gehorchen. Die Pflanze orientiert sich nach dem, was sie als ›gut‹ oder ›schlecht‹ spürt – so wie wir nicht in der zu hellen Sonne, aber auch nicht im Schatten sitzen möchten.«

»Warum soll die Pflanze weniger hungern, wenn ihr die Nahrung fehlt?«, fragte schon der Physiker Gustav Thomas Fechtner (1801–1887) in seinem Buch *Nanna oder über das Seelenleben der Pflanzen*. »Die Bemühungen, die rechte Nahrung zu finden, sind jedenfalls bei der Pflanze nicht geringer als bei dem Thiere, und sehr analog; nur dass das Thier sich ganz fortschiebt nach der Nahrung, die Pflanze Theile von sich fortschiebt nach der Nahrung; dass die Pflanze nicht durch Augen und Ohren bei ihrem Suchen geleitet wird, sondern durch Fühlfäden, die sie nach allen Seiten ausschickt.« Und weiter: »Aber warum soll es zu den Seelen, die da laufen, schreien und fressen, nicht auch Seelen geben, die still blühen, duften, im Schlürfen des Thaues ihren Durst, Knospentriebe ihren Drang, im Wenden gegen das Licht noch eine höhere Sehnsucht befriedigen?«

Nach außen hin mag das Verhalten eines so einfachen Wesens wie ein Automat wirken. Aber gerade dass ein solches Wesen zu einem zielgerichteten Handeln in der Lage ist, beweist, dass es nicht als Automat handelt. »Wenn also die Struktur lebender Wesen die Urform von Subjektivität ist, dann werden

Werte eine körperliche Angelegenheit«, sagt Forscher Weber. »Dann sind Werte identisch mit dem Leben, weil jedes Wesen sie beständig herstellt.« Für die meisten Biologen in den letzten Jahrhunderten und bis heute haben dagegen andere Lebewesen als der Mensch als »wertfrei« gegolten. Wert ist für viele Wissenschaftler ein Begriff aus der menschlichen Moral, der in der Biologie nichts zu suchen hat.

Die Selbstsucht der Wesen, die Rücksichtslosigkeit, mit der sie sich Nahrung verschaffen, ist laut Weber in einem neuen Bild nicht länger eine Folge der grausamen Blindheit der Natur, sondern vielmehr Indiz für deren Gegenteil: die Autonomie der Geschöpfe. Wer selbstsüchtig handelt, hat ein Selbst zu verteidigen. Erst in den Geschöpfen kommen »gut« und »schlecht« in die Welt.

Der Vase ist es gleichgültig, ob sie zerspringt. Den Blumen darin auch? Sie zappeln nicht wie ein Fisch im Trocknen. Sind sie deshalb nicht lebendig? Sie werden, wiewohl wir es nicht sehen, um ihr Überleben kämpfen – weil sie lebendig sind. Damit aber kommt das Phänomen Gefühl ins Spiel. »Denn Gefühl ist die Form, wie subjektive Bedeutung erlebt wird. Gefühle *bewerten* eine Situation. Gefühl ist von ›innen‹; eine Tendenz zum Weiterleben. Gefühle sind niemals neutral, sondern immer ein Maßstab für gut und schlecht.«

Weber meint, dass die Wahrheit vielleicht ganz einfach ist. »Subjektive Bedeutung *ist* Gefühl. Leben *ist* Gefühl. Eine Zelle *ist* Gestalt gewordene Empfindung.«

Die Welt der kleinsten Teilchen

Mit immer feineren Instrumenten dringen die Forscher immer tiefer in den Mikrokosmos der Zellen ein. Sie bemühen sich seit Jahrzehnten darum, in ihren Methoden so wissenschaftlich exakt zu werden wie die Physiker. Nun haben sie es zwar geschafft, aber stehen vor einem ähnlichen Paradox wie dem, mit dem sich die Physik schon seit über 100 Jahren herumplagt. Die Molekularbiologen sind bei ihrer zellulären Tiefenforschung bis in jene Bereiche vorgedrungen, in denen andere Regeln eine Rolle spielen als in der klassischen Biologie: die Regeln der Quantenphysik.

»Das berücksichtigen die wenigsten Molekularbiologen«, klagt Physiker Hans-Peter Dürr. Der ehemalige Direktor des Werner-Heisenberg-Instituts der Max-Planck-Gesellschaft wundert sich, »warum die modernen Molekularbiologen sich bisher nicht mehr auf die revolutionären Vorstellungen der modernen Physik eingelassen haben«. Längst zeigt eine Fülle von Experimenten, dass sich auf molekularbiologischer Ebene die Grenzen der klassischen Anatomie auflösen. Hier gelten andere Gesetze.

Nach der Quantentheorie besitzen Elementarteilchen sowohl Eigenschaften von Wellen als auch von Teilchen. Sie vereinen Eigenschaften, die sich nach klassischem Verständnis gegenseitig ausschließen. In welcher Erscheinungsform – Welle oder Teilchen – sich das untersuchte Elektron präsentiert, hängt von der Art des Experiments ab. »Wenn die Ablesungen auf den Messgeräten im Labor die Wünsche des Assistenten widerspiegeln, wenn die Anwesenheit eines Experimentators genügt, um subatomare Teilchen aus der Fassung zu bringen, worauf können wir uns noch verlassen?«, fragt die Physikerin Connie Best.

Dieser Welle-Teilchen-Dualismus ist die Basis für die Existenz von Materie, ohne ihn gäbe es keine Molekülbindung und keine stabilen Atome, sagt der Physiker Klaus von Klitzing. Das bedeutet, unsere Welt würde ohne die Gesetze der Quantenphysik gar nicht existieren. Es gäbe weder die Erde, noch Menschen, Tiere und Pflanzen.

Der Welle-Teilchen-Dualismus hat zwar das Weltbild der Physik revolutioniert. In der Biologie aber blieb der mögliche Zusammenhang zwischen Quantenphänomenen und Lebensprozessen weitgehend unberücksichtigt: Leben auf der Ebene der Zellen folgt demnach den Gesetzen der Chemie und der klassischen Physik – und ist damit mess-, berechen- und analysierbar.

Doch diese Vorstellung gilt nicht mehr. Wenn die Forschung über die Ebene von Zellen und Molekülen hinausgeht, wird die Ebene der Atome und subatomaren Strukturen (›Elementarteilchen‹) erreicht, die nur noch auf der Basis der Quantenphysik zu verstehen ist. »Dort aber«, so der bekannte Physiker Carl Friedrich von Weizsäcker, lasse sich die »Analyse der Natur als in fassbare Teile zerlegbar« nicht aufrechterhalten.

Quantenphysikalische Ansätze verbindet die Erkenntnis, dass sich Lebensprozesse nicht allein entschlüsseln lassen, indem man Zellen in ihre Bestandteile zerlegt. »Ein Atom ist kein kleiner Apfel, kein Objekt wie ein winziges Sandkorn. Auch kein kleines Planetensystem«, erinnert der Physiker Dürr: »Wenn wir Materie immer weiter auseinandernehmen, bleibt am Ende nichts übrig, was uns an Materie erinnert. Am Schluss ist kein Stoff mehr, nur noch Form, Gestalt, Symmetrie, Beziehung. Materie ist nicht aus Materie zusammengesetzt.«

In der Quantenmechanik ist Materie weder Welle noch Teilchen – und doch vielleicht beides zugleich. In der neuen ganzheitlichen Biologie ist das Wesen weder Stoff noch Form und zugleich Subjekt, das über das Verhältnis beider bestimmen kann.

Die neue ganzheitliche Biologie ist in einem aus Energie gebildeten Universum verankert und erkennt: Alles, was lebendig ist, verfügt über Intelligenz und Gefühl!

2 Wie hoch ist der IQ einer Pflanze?

Das Zimmer im vierten Stock hat eigentlich einen hübschen Erker. Doch er quillt über mit Papieren und Hängeordnern. Neben dem bonbonfarbenen Computer sitzt ein grauhaariger Mann mit durchdringenden Augen – und legt gleich los. »Intelligenz – bei aller Spannweite der unterschiedlichen Definitionen – beschreibt in der Biologie ein autonomes, der Umgebung angepasstes Verhalten, das auf Optimierung ausgelegt ist. Pflanzen müssen ihr Wachstum, ihre Nährstoffversorgung und ihre Fortpflanzung optimieren.« Zu optimieren bedeutet lernen. Welche Erfahrungen lassen sich als wertvoll verbuchen – welche nicht? Das Gelernte muss erinnert werden: Wo lagen die meisten Nährstoffe? Wo lohnt kein zweiter Anlauf? Optimieren bedeutet auch: Wie wird es morgen um meine Versorgung stehen? »Es verlangt Intelligenz, all diese Fragen richtig zu beantworten«, sagt Anthony Trewavas und räumt ein: »Was Intelligenz heißt, darüber gibt es viele verschiedene Meinungen.«

Der Biologe schlägt vor, bei Pflanzen den Intelligenzbegriff des neuseeländischen Philosophen und Psychologen David Stenhouse zu verwenden. Ihm zufolge ist intelligentes Verhalten »adaptives und variables Verhalten während der Lebenszeit eines Individuums«. »Genau das, was Pflanzen tun, um in einer in stetem Wandel befindlichen Umgebung ihre Fitness zu maximieren«, so Trewavas.

Pflanzen haben ein Gedächtnis

Dass Pflanzen lernen können, zeigte schon ein simpler Versuch, bei dem die Wurzeln eines jungen Gewächses einer niedrig konzentrierten Salzlösung ausgesetzt wurden. Diese Tortur führte dazu, dass die Pflanze später sogar in Salzkonzentrationen überleben konnte, die normalerweise tödlich für sie sind. Die Erfahrung der Wurzel wurde auf die ganze Pflanze übertragen: Sie lernte sich an die salzige Umgebung anzupassen. Und gießt man junge Bäume nur einmal im Jahr, merken sie sich, wann sie das nächste Mal Wasser zu erwarten haben. Sie synchronisieren ihr Wachstum und ihren Stoffwechsel ausschließlich entsprechend dieser Periodik.

Auch der kleine, lilafarbene Efeu-Gundermann (Glechoma hederacea) verhält sich clever, wie der britische Pflanzenökologe Michael Hutchings zeigen konnte. Der Forscher von der Sussex University setzte die Pflanze einem Boden aus, in dem Mineralien ungleich verteilt waren. Dabei entdeckte er, dass die Wurzeln dieses Wildkrauts bei der Suche nach Nährstoffen auf Wanderschaft gehen. Geraten sie in ein mineralienarmes Fleckchen Erde, breiten sie sich aus, werden lang und dünn und ziehen weiter. Dabei vergleichen sie ihren aktuellen Standort mit der Umgebung. Je schlechter der Status quo, desto energischer entwachsen sie ihm. Treffen sie unterwegs auf die Wurzeln eines anderen Gundermanns, ziehen sie sich zurück, selbst wenn an der betreffenden Stelle viele Mineralien vorhanden sind.

Das Gedächtnis der Pflanzen zeigt sich auch darin, dass sie sich, wenn sie an einen anderen Ort verpflanzt werden, noch bis zu neun Monate an unterschiedliche Nachbarpflanzen vom früheren Standort erinnern.

Pflanzen können Lektionen, die das Leben lehrt, sogar an die Nachkommen weitergeben, wie Barbara Hohn vom Basler

Friedrich-Miescher-Institut (FMI) an der Ackerschmalwand zeigen konnte.

Die Forscher bestrahlten die Pflanze mit hohen Dosen UV-Licht und verabreichten ihr Flagellin. Dieser Stoff täuscht den Angriff eines Krankheitserregers vor. Die Ackerschmalwand reagierte mit erhöhter Aktivität einzelner Gene. Das Erbgut selbst aber wurde nicht in Mitleidenschaft gezogen. Es blieb unverändert!

Nach der Tortur überprüften die Forscher, ob die Nachkommen das umweltbedingt geänderte Verhaltensrepertoire übernahmen. Sie taten es: Der Mechanismus übertrug sich über vier Generationen – länger dauerte der Versuch nicht – und auch auf jene Pflanzen, die allesamt nicht dem UV-Licht ausgesetzt waren! Und mehr noch: Als die Forscher einige der Ur- und Ururenkel testweise kreuzten, stellten sie fest, dass es reicht, wenn ein Elternteil die Erinnerung an den Stress mit sich trägt, um die Nachkommen mit dem »Wissen« um vergangene Unbill zu versehen.

»Wir wissen nicht genau, wie das passiert«, sagt Barbara Hohn. »Wir halten es für möglich, dass Pflanzen stressige Erinnerungen weitergeben, um Abkömmlingen die Anpassung an Umwelteinflüsse zu erleichtern. Aber untersucht haben wir das noch nicht.« Die Forscher mussten einen Fall von Lamarckismus einräumen. Jean-Baptiste de Lamarck (1744–1829) hatte im Jahr 1801 postuliert, Lebewesen würden durch Gebrauch erworbene Eigenschaften vererben. Seit Charles Darwin schien klar, dass nur vererbt wird, was sich in den Genen niederschlägt. Aber das neue Forschungsfeld der Epigenetik (griech. *epi* = über) zeigt, dass es Faktoren gibt (sogenannte epigenetische Faktoren), die sich nicht in den Buchstaben der DNA selbst, sondern in übergeordneten Steuermechanismen niederschlagen und über Generationen hinweg vererbt werden.

Für Luzius Tamm, Leiter der Fachgruppe Pflanzenkrankheiten am Forschungsinstitut für Biologischen Landbau (FiBL) in Frick, steht »außer Frage, dass jede mehrjährige Pflanze eine eigene Ausstrahlung hat. Eine Rebenpflanze zum Beispiel unterscheidet sich von ihrer Nachbarin, auch wenn der genetische Hintergrund der gleiche ist. Diese Individualität ist geprägt von der Vorgeschichte der Pflanze. Viele solcher Memory-Effekte sind inzwischen bekannt.«

Erfahren nun auch jene Versuche eine späte wissenschaftliche Bestätigung, die bislang als unglaubwürdig galten? In der russischen Monatszeitschrift *Nauka i Religija* (Wissenschaft und Religion) berichtete im Jahr 1972 der Ingenieur A. Merkulow von der Universität in Alma-Ata Erstaunliches. Er habe einen Philodendron darauf abgerichtet, zu bemerken, wenn ein erzhaltiges Felsstück neben ihm liegt. Ein Messgerät registrierte entsprechende elektrische Reaktionen der Pflanze. Merkulow hatte die Pflanze mit Hilfe des pawlowschen Reflexes erzogen, wozu er ihr jedes Mal einen elektrischen Schlag versetzte, wenn er ein Stück Eisenerz neben ihr plazierte.

Was nach der Konditionierung passierte, beschreibt der Ingenieur so: »Jedes Mal, wenn ein erzhaltiges Gestein neben sie gelegt wurde, reagierte sie ängstlich.« Die Pflanze konnte dabei zwischen einem erzhaltigen und einem ähnlich aussehenden Steinblock ohne Erzgehalt unterscheiden.

Pflanzen haben prophetische Begabungen

Bäume und Sträucher können nicht nur Erlebtes erinnern, sondern auch Vorausschau betreiben. Aus den Umweltinformationen erstellen sie Hochrechnungen und treffen auf deren Basis Entscheidungen über das künftige Wachstum neuer Äste, die Anzahl der Blätter und den Zeitpunkt der Blüte. Der Maiapfel kann besonders gut »rechnen«: Er plant über mehrere

Jahre. Routine für viele Bäume der gemäßigten Zonen ist es, bestimmte Maßnahmen zumindest ein Jahr im Voraus einzuleiten.

An übersinnliche Kräfte glauben lässt das sogenannte Schattenvermeidungsphänomen: Noch bevor sich überhaupt nur der geringste Schattenwurf einer anderen Pflanze anbahnt, ahnt das bedrohte Gewächs schon die Gefahr, vom Licht abgeschnitten zu werden – und wächst in eine andere Richtung. Botaniker wissen, dass im Schatten anderer Blätter der Anteil an dunkelrotem Licht zunimmt – unter anderem, weil die grüne Umgebung überwiegend dunkelrote Anteile des Lichts zurückstrahlt. Phytochrome – die Sehpigmente der Pflanze – registrieren das Verhältnis von Dunkelrot zu Hellrot, interpretieren diese Verschiebung der Lichtintensitäten und signalisieren dem beschatteten Gewächs, wohin es wachsen muss, um ans Licht zu gelangen. Registrieren Pflanzen also »zu viel Dunkelrot«, machen sie sich unverzüglich daran, die Konkurrenz möglichst zu überragen.

Von diesem Konkurrenzdenken machen die Forstleute Gebrauch, wenn sie Jungbäume zunächst sehr dicht pflanzen, um später nur die stärksten, höchsten übrigzulassen.

Manche Pflanzen machen sich bei zu wenig Licht ganz aus dem Staub. Die Laufende Palme (Socratea exorrhiza) wandert aus dem Schatten größerer Bäume, indem sie gezielt Stelzwurzeln ausbildet und andere abfaulen lässt. Sie ist immer auf der Suche nach dem besten Standort. »Dies ist zielstrebiges Verhalten«, sagt Trewavas, der dieses Verhalten schon bei Sprossen von Pflanzen beobachtet hat. »Schon der Spross konstruiert ein dreidimensionales Bild. Wachstum und Blattwinkel werden so disponiert, dass die junge Pflanze möglichst viel Licht gewinnt. Solche Reaktionen – das hat die moderne Zellbiologie gezeigt – sind nicht prädeterminiert. Sie verlangen ein flexibles und adaptives Verhalten. Ein intelligentes Verhalten also.«

»Die Pflanze bewegt sich ja wie ein Wurm!«

Trewavas Lieblingspflanze ist der parasitäre Teufelszwirn (Cuscuta), den man auch in Deutschland findet. Der Sprössling hat nicht viel Zeit, um sich einen Wirt zu suchen: Er hat keine Wurzeln und ist unfähig, seinen eigenen Zucker herzustellen, um Photosynthese zu betreiben. Der Same versorgt ihn nur begrenzt mit Energie. So kann das Pflänzchen allein nicht länger als zehn Zentimeter werden. Hat es mit seinen kreisenden Wachstumsbewegungen bis dahin keinen Wirt ergreifen können, stirbt es.

Im Zeitraffer hielten die Forscher fest, wie zielstrebig der weltweit berüchtigte Nutzpflanzenschädling die Fährte aufnimmt. Er verhält sich ähnlich wie ein schnüffelnder Hund, der einen nahen Leckerbissen riecht. »Im Zeitrafferfilm glaubt man, dies ist ein Tier – keine Pflanze«, staunt Dr. Consuelo M. De Moraes, Experte für chemische Ökologie. »Es ist, als ob ein Wurm zu einer Pflanze kriecht.«

Nur ahnend, woher der Duft wohl kommt, schlängelt sich der Parasit auf euklidisch-geometrisch berechnetem Weg aufs Opfer zu. Dann schiebt er Taster aus. Mit ihnen möchte er »planend« herausfinden, ob sich der Aufwand lohnt und der Wirt genug »hergibt«. Von der »betriebswirtschaftlichen« Einschätzung ihrer Fühltüpfel hängt ab, wie viele Windungen sie um den Wirt legt. Denn je mehr Windungen, desto mehr Sprossen, um an die Nährstoffe heranzukommen. Ist die Wirtspflanze aber schwach, bedeuten zu viele Sprosse einen Energieverlust.

Ob die Kleeseide tatsächlich »zuschlägt«, hängt davon ab, wie sie ihre Versorgung während der nächsten vier Tage einschätzt – wäre die nicht gesichert, würde sie eingehen. Nur wenn die Bilanz für die Parasiten positiv ausfällt, durchbrechen Saugorgane das Wirtsgewebe und zapfen Nährstoffe und Wasser ab. »Diese vorausschauende Planung der Pflanze verlangt ein flexibles Verhalten. So etwas setzt Lernfähigkeit und Erinnerungsvermögen voraus«, sagt Trewavas. »Es erfordert Intelligenz.«

Stenhouse weist darauf hin, dass sich »intelligente« Verhaltensweisen sowohl bei Tieren als auch bei Pflanzen entwickelt haben – in beiden Wesen zum selben Zweck: um Fitness zu optimieren. Deshalb könne die Intelligenz bei allen Unterschieden miteinander verglichen werden.

Der »IQ-Meter« für die Pflanzenintelligenz

Trewavas hellblaue Augen blitzen, wenn er davon spricht, dass es ihn geradezu gedrängt habe, den anthropomorphen Aspekt des Begriffs Intelligenz zu beseitigen. »Die menschliche Intelligenz ist nicht urplötzlich beim Schritt zum Homo sapiens in Erscheinung getreten«, sagt der Gelehrte. »Vielmehr entwickelte sie sich aus einem evolutionären Prozess, in den viele andere Organismen verwickelt waren. Daher ist es wichtig, Intelligenz so zu definieren, dass der Begriff nicht ausschließlich auf Tiere und Menschen bezogen wird.«

Aber entsteht wahre Intelligenz denn nicht erst durch Beweglichkeit? Sie bedeutet Ortsveränderung, Aufnahme und Verarbeitung von Eindrücken. Beweglichkeit heißt auch Kontakt mit anderen Lebewesen und Urteilsbildungen. Beweglichkeit bedeutet ebenso Gedächtnis und die Verbindung und Kombination von Gedächtnisbildern. Ist es also nicht immer die Beweglichkeit und die Fülle neuer Eindrücke und auch der Zwang, sich in einer neuen Situation zurechtzufinden, die die Intelligenz steigern? Pflanzen aber können sich nicht bewegen.

Trewavas kennt den Einwand – und dreht den Spieß um: Gerade weil Pflanzen nicht davonlaufen können, wenn es gefährlich wird, müssen sie wesentlich genauer als Tiere darüber im Bilde sein, was um sie herum geschieht. »Wir bewerten Intelligenz immer durch Aktionen. Was wir tun und was wir sagen – daran wird Intelligenz bemessen. Diese Auffassung setzt Bewegung mit Intelligenz gleich. Doch Bewegung ist nur ein Ausdruck von Intelligenz, nicht Intelligenz selbst.« Dies zeige schon der Schachcomputer Deep Fritz, der den amtierenden Schachweltmeister geschlagen hat.

Bei Tieren ist Verhalten in der Regel mit Bewegung verbunden. Bei ihnen ist es sinnvoll, Intelligenz in Bezug zu Schnelligkeit zu setzen. Tiere müssen fliehen, rennen. Sie sind auf schnelle Fortbewegung angewiesen; Pflanzen nicht, sie sind sesshaft. »Das entspricht ihrer unterschiedlichen Lebensweise und ist somit kein Grund, das eine Verhalten prinzipiell als intelligenter zu beurteilen als das andere.«

Tatsächlich ist es aus biologischer Sicht kaum berechtigt, eine Höherentwicklung von Tieren im Vergleich mit Pflanzen zu postulieren. Denn wie soll man die Einzigartigkeit des Nervensystems von Tieren gegen die Einzigartigkeit der Photosynthese aufrechnen?

Weil Pflanzen auf ihre Umgebung eher durch langsame Wachstums- und Entwicklungsprozesse reagieren, kann es Tage, auch Wochen dauern, bis sich flexibles Verhalten manifestiert. »Der Teufelszwirn«, sagt Trewavas, »braucht vier Tage vom ersten Kontakt mit der Wirtspflanze bis zum restlosen Aussagen des Opfers. Ist er deswegen nicht intelligent?«

Gibt es auch dumme Pflanzen, oder sind sie alle gleich gescheit? »Wie intelligent eine Pflanze im Vergleich zu einer anderen ist – das lässt sich beurteilen«, so Trewavas. Die Methode zur IQ-Messung für Pflanzen hat Kevin Warwick, Experte für künstliche Intelligenz, entwickelt. Er hat 16 »universell gültige« Kriterien für Intelligenz festgelegt. Sie gelten für Pflanzen genauso wie für Tiere, Menschen – und Roboter. Die Werte lassen sich auf eine »Rosette-Schablone« übertragen. Dort kann man den IQ eines Gänseblümchens oder einer Rose ablesen.

Wie tickt die Pflanze?

Den überzeugendsten Beleg für seine These von der Pflanzenintelligenz zieht Trewavas aus einem überquellenden Hängeordner: eine Arbeit, die er im Fachblatt *Plant Physiology* veröffentlicht hat. Sie beantwortet die Schlüsselfrage: Kann es Wahrnehmung ohne Sinnesorgane geben, Geist ohne Gehirn?

Viele Jahre hat der Gelehrte vorher nachgedacht. »Meine Familie beklagte sich immer, dass ich nur auf einem Stuhl sitze und ins Leere starre und nachdenke«, schmunzelt er. »Aber neue Gedanken kommen einem nicht schon beim Lesen. Man muss sich von den Büchern trennen und die Dinge sich im Kopf bewegen lassen.« Intuitiv erfasste Trewavas die Bedeutung des Botenstoffs Kalzium, der eine zentrale Rolle im Stoffwechsel von Tieren und Pflanzen spielt. Aber wozu dient er ihnen? Die Antwort gibt Trewavas in der Titelzeile seiner Arbeit: »Kalzium ist das Leben.«

Diese These baut auf einer Entdeckung auf, die im Jahr 2000 der Bochumer Pflanzenphysiologe Elmar Wilhelm Weiler und sein Team machten: dem »Calcium-Oszillator«. »Bis dahin«, so schwärmte Forscher Weiler, »hatte noch niemand einen pflanzlichen Ionenkanal im endoplasmatischen Retikulum entdeckt.« Dieses Retikulum ist ein reich verzweigtes Kanalsystem, das von Membranen umschlossen ist. Was es damit auf sich hat, verrät ein Blick durchs Mikroskop. In jeder Pflanzenzelle finden sich Kalziumionen (elektrisch geladene Kalziumatome). Sie dümpeln im Zytoplasma – und in Organellen. Diese membranumhüllten Säckchen wiederum schwimmen im Zytoplasma umher. Im Ruhezustand ist in den Vorratssäcken die

Kalziumkonzentration bis zum 10 000-Fachen höher als im Zytoplasma. Wozu das Ungleichgewicht?

Es wird bei einem Reiz als Auslösemechanismus genutzt: als Energiegefälle – wie bei einem Stausee. Ein Protein sorgt dafür, dass sich Schleusentore öffnen: Kalziumionen strömen gleichsam bergab. Ein anderes Protein pumpt sie wieder in die Speicher zurück – gegen deren Konzentrationsgefälle. Der ursprüngliche Zustand ist wiederhergestellt – für die nächste Reaktion auf einen Reiz.

Der Kalziumschwall versetzt die Zelle in einen Rausch: Enzyme schwimmen los, Hormone beginnen zu tanzen, Erbinformationen werden abgelesen, Proteine aktiviert. Selbst Aminosäureketten reißen auf und formieren sich neu. Das alles war neu; und eine tolle Entdeckung. Doch die Freude von Professor Weiler war dennoch getrübt. Denn der Calcium-Oszillator zeigte nur: Bei jedem Reiz wird die Kalziumschleuse geöffnet. Wenn aber jeder x-beliebige Reiz genügt, um den Mechanismus in Gang zu setzen – wie soll dann eine differenzierte Reaktion gelingen? Wie kann die Pflanze zwischen einem Hagelkorn und einem Sonnenstrahl, einem lockeren Draht und einer haltbietenden Zaunlatte unterscheiden?

Die Antwort fand Trewavas – mit einem gentechnischen Kunststück. Geholfen hat ihm dabei das Gen eines Meerestiers, dessen wundersames Blinken schon vor knapp 2000 Jahren der berühmte römische Naturforscher und Historiker Plinius der Ältere (23–79 n. Chr.) beschrieben hat. Es ist im Küstenwasser gut sichtbar und hilft vermutlich bei der Abwehr von Feinden. Plinius konnte nicht ahnen, dass die Biolumineszenz der Aequoria victoria dereinst – sobald man den Mechanismus des Leuchtgens verstanden hatte – ein alltägliches Handwerkszeug der Forscher sein würde. Er funktioniert nicht viel anders als eine Wohnzimmerlampe.

Die »Lampenfassung« – das ist ein Protein. In dieser Fassung sitzt die »Glühbirne«: ein scheibenförmiges Molekül. Dieses Coelenterazin gibt chemische Energie in Form von Licht ab. Jetzt fehlt noch der darübergestülpte »Lampenschirm«: das Green Fluorescent Protein (GFP). Protein und Molekül erzeugen in einer photochemischen Reaktion fahlblaues Licht. Vom GFP wird es in magisches Grün verwandelt. Zu jeder Leuchte gehört ein »Schalter«. Auch die Qualle will kontrolliert Licht abgeben. Dieser Lichtschalter ist ein Kalziumion.

Diese Entdeckung eröffnete den Kalziumforschern ganz neue Perspektiven. Jetzt bestand die Möglichkeit, das Aequorin in das Erbgut von Lebewesen einzuschleusen – und damit in Zellen quasi hineinzuleuchten. Was für ein faszinierendes Schauspiel man dabei erleben kann, zeigt Trewavas im Dunkelraum. Dort liegt das Ergebnis seines gentechnischen Kunststücks: eine Tabakpflanze, in die er den Leuchtmechanismus eingebaut hat. Der Lichtschalter wird immer dann betätigt, wenn die Kalziumkonzentration in der Zelle einen bestimmten Schwellenwert überschritten hat.

Vorsichtig greift der Biologe das transgene Gewächs. Es schwimmt in einem trüben, nährsalzreichen Gel. Behutsam legt er das Blatt auf die Tischplatte. Und schon passiert es: Innerhalb von Millisekunden schwingen leuchtende Ringe flüchtig durch das Blatt.

Das fahle Licht der aufleuchtenden Pflanze liefert des Rätsels Lösung für die vermeintliche Beliebigkeit der Kalziumantwort. »Die Lösung liegt in der Zelle selber«, erklärt Trewavas. »Niemals leuchtet nach einem Reiz die ganze Zelle auf, sondern immer nur ein bestimmter Bereich. Der Botenstoff wird entsprechend dem Auslöser auf eine bestimmte Weise in der Zelle verteilt.« Und es zeigen sich auch charakteristische Reaktionsgeschwindigkeiten – je nach Beschaffenheit des Reizes. Nach einem Kälteschock mit Eiswasser zum Beispiel setzt die Kalziumwelle unverzüglich ein. Nach fünf Sekunden hat sie ihr

Maximum erreicht und ist nach einer halben Sekunde abgeebbt. Hitze dagegen steigert die Konzentration des Botenstoffs erst nach einigen Minuten, hält diesen Zustand aber eine halbe Stunde lang aufrecht. »Beide Eigenschaften zusammen – die räumliche Verteilung und der zeitliche Verlauf der Kalziumreaktion – bilden einen Code«, erklärt Trewavas. »Er vermittelt die Informationen über den ganz spezifischen Auslösereiz.«

»In jeder Pflanzenzelle verbirgt sich ein winziger biochemischer Computer«, sagt Trewavas. Hier ist der Ort des Lernens. Hier werden die Signale entschlüsselt, verrechnet, kombiniert. Hier kommen die guten Antworten heraus. Hier ist das Gehirn? »Das Gehirn ist im ganzen Organismus. Die Pflanze als Ganzes ist das Gehirn. Das macht den Unterschied zwischen Pflanze und Tier aus. Anstelle von Neuronen übernehmen innerhalb einer Pflanzenzelle lokal begrenzte Kalziumwellen die Verarbeitung von Signalen«, erklärt er im *GEO-Magazin*. Doch die Arbeitsweise »ähnelt einem neuronalen Netz, in dem Nervenzellen 1000-fach miteinander verschaltet sind. Der prinzipielle Unterschied zum Gehirn besteht allein darin, dass nicht Milliarden hochspezialisierter Nervenzellen kooperieren müssen, sondern dass jede Pflanzenzelle Umweltsignale autonom verarbeitet.«

Pflanzen kann man sich vorstellen als eine Art offenes Konglomerat, das demokratisch organisiert ist. Entscheidungen werden auf Zellebene, an den Membranen des Zellplasmas, getroffen, wo sich viele Signalstoffe dicht gedrängt befinden. Es ist ein wachsendes und sich verzweigendes Netzwerk von sich teilendem Zellgewebe (Meristem), das effizient nach lokalem Licht, Mineralien und Wasser sucht, in einer Umgebung, die in stetem Wandel begriffen ist. Tiere hingegen sind autokratisch und hierarchisch organisiert; sie werden vom Nervensystem und vom Gehirn kontrolliert.

»Es stellt sich allerdings die Frage, ob Empfindungsfähigkeit notwendig von einem zentralen Nervensystem abhängt und ob Störungen bewusst wahrgenommen werden müssen«, schreibt Jürg Stöcklin. Der Dozent am Botanischen Institut der Universität Basel hat im Auftrag der Eidgenössischen Ethikkommission im Außerhumanbereich (EKAH) untersucht, was aus Sicht der Naturwissenschaft für die Schutzwürdigkeit der Pflanzen spricht, und kommt zu dem Schluss: »Aus biologischer Sicht ist kaum zu rechtfertigen, den Tieren einen höheren Entwicklungsstatus zuzuschreiben als den Pflanzen.« Sie seien genauso einzigartig wie Tiere, wenn auch auf andere Weise. Selbst die kognitiven Leistungen unterschieden sich nicht derart, wie dies »eine oberflächliche Sicht aus menschlicher Warte nahelegen könnte« – außer man schreibe dem Besitz eines Zentralnervensystems, das den Pflanzen fehlt, eine besondere Stellung zu.

Stöcklins Gutachten und die anderer Forscher haben dazu geführt, dass in keinem anderen Land Pflanzen juristisch so respektvoll betrachtet werden wie in der Schweiz. Artikel 120 der Schweizer Verfassung verlangt, dass die »Würde der Kreatur« zu achten ist. Ausdrücklich sind damit auch Pflanzen gemeint, die der Gesetzgeber auf dieselbe Ebene wie Tiere stellt. Wird man in Zukunft genauso dafür bestraft, wenn man einen Blumenstock in den Abfall wirft, als wenn man dies mit einer lebenden Katze täte? Darf man Pflanzen bald nicht mehr schneiden, trimmen oder pfropfen?

»Einer Katze dürfen Sie kein Bein ausreißen, aber Pflanzen haben einen ganz anderen Entwicklungsplan«, erklärt die Gentechnikerin Florianne Koechlin. »Sie wachsen modulär, das heißt, sie setzen ständig neue Teile an, weil sie ihre Ressourcen weit verteilt im Raum suchen müssen, in Luft und Boden. Sie können sich erneuern, darum kann man sie abbrechen.« Auch stressbedingte Reaktionen, die eine Pflanze erlebt, setzt Biologe

Stöcklin nicht den Schmerzen oder dem Leiden von Tieren gleich, würde man ihnen Vergleichbares antun.

Da Pflanzen und Menschen aber gleichen Ursprungs sind, müssen da nicht auch die Pflanzen die Grundeigenschaften haben, aus denen sich das menschliche Bewusstsein entwickelte? Haben Pflanzen nur andere Möglichkeiten, einen Schaden oder einen Nutzen zu erleben?

3 Menschen lieben Pflanzen – aber lieben Pflanzen Menschen?

Die »Akte X« der Biologie begann frühestens vor 2500 Jahren mit Aristoteles – und spätestens am 2. Februar 1966 mit Cleve Backster.

Vor 2500 Jahren konzedierte Aristoteles den Pflanzen eine »vegetative Seele«. Und 1966 hatte Backster eine Idee, von der er nicht ahnen konnte, dass sie sein Leben radikal verändern würde – und der Biologie eines ihrer größten Rätsel beschert.

Der damals 42-Jährige arbeitete als Vernehmungsleiter für den US-Geheimdienst CIA in New York und war Spezialist für Lügendetektoranalysen. Eines dieser Geräte stand zu Schulungszwecken in seinem Büro am New Yorker Times Square. Der Lügendetektor war damals die neueste Technik, um Aussagen bei Verhören zu überprüfen. Der Delinquent wird mit dem Polygraph (griech. *poly* = viel; *graphein* = schreiben) verkabelt. Dieser »Mehrkanalschreiber« misst Blutdruck, Atemtätigkeit, Fingerpuls und vor allem den elektrischen Hautwiderstand. Dieser Wert verändert sich bei Erregungszuständen; etwa, wenn jemand feuchte Hände bekommt, weil er eine falsche Aussage macht.

Die elektrische Leitfähigkeit der Haut wird mit dem Galvanometer gemessen. Den hatte gegen Ende des 18. Jahrhunderts zwar der Jesuitenpater Maximilian Hell, der Hofastronom der Kaiserin Maria Theresia, entwickelt, doch benannt ist er nach dem italienischen Physiker und Physiologen Luigi Galvani (1737–1798).

Über eine Schiene, die Wheatstonesche Messbrücke – erfunden vom englischen Physiker Sir Charles Wheatstone (1802 bis

1875) –, wird eine Nadel in Bewegung gesetzt. Ändert sich nun während der Vernehmung der elektrische Hautwiderstand des Befragten, kritzelt die Nadel die Höhe der Ausschläge auf eine laufende Papierrolle. Die Experten können aus den Reaktionen erkennen, ob jemand lügt.

Am Morgen des 2. Februar 1966 hat Backster den Einfall, seine Büropflanze an den Lügendetektor anzuschließen. Er will sehen, was passiert, wenn er sie gießt. Aufgrund der besseren Leitfähigkeit der feuchten Pflanze müsste sich ein niedrigerer elektrischer Widerstand einstellen. Und Backster will einfach mal ausprobieren, ob man diesen Wert messen kann. Sorgsam befestigt er die Elektroden seines Lügendetektors an den großen, schwertförmigen Blättern seines Drachenbaums (Dracaena massangean).

Als die Pflanze durstig das Gießwasser durch ihre Wurzeln und ihren Stamm emporsaugt, setzt sich der Schreiber auf der Papierrolle in Bewegung – doch ganz anders als erwartet. Der Galvanometer registriert keineswegs einen niedrigen elektrischen Impuls. Vielmehr zeigt das Diagramm eine reich ausgezackte Linie.

Diese Kurve kennt Backster aus zahlreichen Verhören von Menschen! Sie bedeutet, dass der Befragte kurzfristig positiv erregt ist. Wie kann eine Pflanze positiv erregt sein? Hat sie sich etwa über das Gießwasser gefreut?

Backster will einen Gegencheck machen: Ob sich die Pflanze wohl ärgern lässt? Er tunkt ein Blatt in die Tasse mit heißem Kaffe, die er zu jeder Tages- und Nachtzeit neben sich stehen hat. Aber der Polygraph zeigt keinen nennenswerten Ausschlag. Nun will Backster zu rabiateren Mitteln greifen und die Pflanze mit einem brennenden Streichholz traktieren. Und da passiert etwas schier Unglaubliches: In demselben Augenblick, in dem er daran denkt, und noch bevor er nach einem Streichholz greifen kann, ändert sich das Diagramm dramatisch! Die Feder beschreibt plötzlich eine langgezogene Kurve nach oben. Cleve Backster ist verwirrt: Sollte die Pflanze seine Gedanken gelesen haben?

Als wissenschaftlich ausgebildeter Mann macht er sich erst mal daran, jeden Instrumentenfehler auszuschließen. Dann denkt er sich immer skurrilere Versuche aus. So lässt er neben dem Philodendron Krabben in kochendes Wasser fallen. Um jeden menschlichen Einfluss auszuschließen, überträgt er einem Automaten die Aufgabe, die Opfertiere in unregelmäßigen Abständen in den Topf plumpsen zu lassen. Der Lügendetektor registriert bizarre Reaktionen in einer Art, die im botanischen Bereich wohl dem »Grauen« gleichkommt.

Je häufiger Backster allerdings das Krabbenexperiment wiederholt, desto mehr lassen die Schreckreaktionen nach. Verfügen Pflanzen etwa über eine »anpassungsfähige Logik«? Was auch immer in dem Philodendron vorgegangen sein mag, irgendwie muss er zu der »Erkenntnis« gelangt sein, dass der wiederholte Tod von Krabben für ihn keine Bedrohung ist.

Können Pflanzen empathisch sein?

Backster bekommt einen wahren Pflanzentick. Er baut eine automatische Vermessungsanlage mit exakt synchronisierten Stoppuhren. Dann geht er spazieren und notiert den Zeitpunkt, an dem er besonders intensiv an seine Pflanze gedacht hat. Nach der Rückkehr ins Labor kann er genau ablesen, dass die Pflanze und ihr Betreuer, also er, in einem engen Verhältnis zueinander stehen, das selbst durch Entfernungen nicht beeinträchtigt wird. Egal, wo er sich aufhält – »sein« Philodendron scheint auf die Ausstrahlungen seiner Gedanken zu reagieren.

Backster schirmt die Pflanze durch einen Faradayschen Käfig (ein dichtes Gitternetz) elektrostatisch von ihrer Umwelt ab und steckt sie auch in einen Bleibehälter. Doch keinerlei Abschirmung ist in der Lage, die Verbindung zwischen Mensch und Pflanze zu unterbrechen.

Die gleiche mysteriöse Fernwirkung erlebt Backster, als er sein Forschungslabor in das Hafenviertel von San Diego verlegt. Ihm fällt auf, dass nachts seine Detektoren oft heftige Reaktionen zeigen. Den Grund dafür vermutet er im Nachbarhaus, in dem ein Bordell betrieben wird. Auf die Idee, dass die dortigen Praktiken seine Versuchspflanzen ablenken, bringt ihn eine Veröffentlichung von Marcel Vogel. Der amerikanische Chemiker und Hobbybotaniker beschrieb darin ein Experiment, bei dem eine Runde von Psychologen versuchte, eine an ein Messgerät angeschlossene Pflanze durch Gespräche zu bestimmten Reaktionen zu bewegen. Dabei tat sich so lange nichts, bis einer der Teilnehmer die Gruppe aufforderte: »Lasst uns doch mal über Sex reden.« In diesem Moment schlug die Messnadel heftig aus.

Backster zufolge kann eine Pflanze knisternde erotische Atmosphäre erspüren: »In aktiven Schlafzimmern wird man niemals kranke Pflanzen finden. Auf Sex reagieren Pflanzen sehr stark.«

Nachdem Backster rund 30 verschiedene Arten von Pflanzen untersucht und festgestellt hat, dass alle die gleichen Wahrnehmungsfähigkeiten besitzen, zieht er Bilanz: »Es existiert offenbar ein wissenschaftlich zwielichtiger Zwischenbereich, in dem etwas spontan von einem Punkt zum anderen gelangen kann, ohne dass räumliche oder zeitliche Entfernung eine Rolle spielt.«

1968 beschließt er, seine Ergebnisse zu veröffentlichen. Und obwohl die Studie den trockenen Titel »Nachweis des primären Wahrnehmungsvermögens bei Pflanzen« trägt, schlägt sie ein wie eine Bombe. Backster sorgt für Schlagzeilen in der Weltpresse, und bald macht ein neuer Begriff die Runde – der

Backster-Effekt –, denn verschiedene Forscher wiederholen seine Versuche. Aber nicht in allen Fällen klappen sie.

Ist also doch nichts Wahres dran? Backster meint, dass jede Versuchsanordnung, die nur rein mechanisch aufgebaut wird und bei der die Versuchsleiter keinen gefühlsmäßigen Kontakt zu den Pflanzen haben, missglücken muss. Denn derjenige, der das Experiment unternimmt, ist zugleich Teil des Versuchs. Backster folgert daraus die Existenz einer kosmischen Energie, die alle Wesen umfasst, egal ob Pflanze, Tier oder Mensch – und dass bei der Aktivierung dieser Energie Empathie und Freundschaft ganz entscheidende Faktoren sind.

Die Versuche von Backster und anderen sind jedenfalls im Labor nicht beliebig reproduzierbar, weshalb der Backster-Effekt bis heute nicht zum Botaniklehrstoff gehört, sondern in den Bereich der Esoterik. Sein Entdecker wurde nach allen Regeln der Kunst verulkt. Der CIA kündigte ihm, und so musste Backster sich zeitweise als Nachtwächter durchschlagen, um seine Pflanzenexperimente finanzieren zu können. Mittlerweile ist der 84-Jährige ein gebrochener Mann, der vier Jahrzehnte nach dem magischen Polygraphenausschlag von Ehrenbezeichnungen wie »Vater der modernen Bio-Kommunikation« nichts wissen will: »Wenn überhaupt, bin ich die sitzengelassene Mutter.« Kein Wunder; denn der Hype um den Backster-Effekt hat in den 80er Jahren die Laborarbeiten der Pflanzenphysiologen diskreditiert.

Aus heutiger Sicht hat Backster das typische Schicksal des zu früh gekommenen Pioniers ereilt. Er hat eine Idee in die Welt gesetzt, die Forscher nun wieder ernsthaft beschäftigt. Die Vorstellung nämlich, dass Pflanzen Organismen sind, die Empfindungen besitzen und in der Lage sind zu kommunizieren: Eigenschaften, die man bislang nur Menschen und Tieren zugestanden hatte.

Pflanzen lieben es, gestreichelt zu werden

Vor noch nicht allzu langer Zeit galten Menschen, die durch liebevolle Streicheleinheiten ihre Gurken zu Wachstumsrekorden anstacheln wollten, als sehr naiv. Heute kann man Menschen, die ihre Zimmerpflanzen streicheln, nur empfehlen: Machen Sie weiter so! Die Zeiten, in denen Sie dafür belächelt werden, sind vorbei. Pflanzen wachsen besser, wenn man sie regelmäßig liebkost – und die Wissenschaft weiß auch warum. »Berührungen aktivieren bestimmte Pflanzengene«, erklärt Professor Volkmann. »Sie heißen Touch-Genes, also Berührungsgene.« Sind diese Gene erst einmal aktiviert, ändert sich das Wachstum der Pflanze: Die Stengel werden dicker. Ganz ohne Esoterik.

Jeder kann das leicht nachprüfen. Man muss nur zwei junge in Töpfen gezogene Bohnenpflänzchen auf einen zugfreien, ungestörten Platz stellen. Dann massiert man bei einer der Pflanzen den Stengelabschnitt oberhalb der kleinen Keimblätter während etwa einer Woche täglich viermal zehn Sekunden zwischen Daumen und Zeigefinger. Die Unterschiede im Wuchs sind frappant: hochgeschossen die ungestörte Pflanze, stämmig die gestreichelte.

Besserer Wein mit Mozart

Eine handfeste, wissenschaftlich fundierte Antwort gibt es jetzt auch auf die hitzig debattierte Frage: Wachsen Pflanzen besser mit Musik?

Das wichtigste Experimentierfeld fürs pflanzliche Hören ist der Weinberg Il Paradiso di Frassina im malerischen Montalcino. Hier wächst die rote Rebsorte Sangiovese, aus deren Trauben der berühmte Chianti aus der Toskana gewonnen wird.

Auf einem 42 Hektar großen Gelände berieselt der Biologe Stefano Mancuso von der Universität Florenz seit 2001 junge und alte Pflanzen. Aus 15 Lautsprechern tönt rund um die Uhr Mozart, Haydn, Vivaldi und Mahler – abgespielt von einem iPod. Eine Kontrollgruppe bleibt unbeschallt. Die Musik ist nicht sehr laut. Neugierige Touristen sind immer sehr verwundert, dass sie ganz nahe herangehen müssen, um überhaupt etwas zu hören.

Ob Sprösslinge keimen oder ob es andere Veränderungen gibt, wird einmal die Woche kontrolliert – von Mai bis Dezember. Der Biologe misst auch Chlorophyll- und Nitratgehalt; und er überwacht Photosynthesewerte und misst die Transpiration und die Duftstoffabgabe mit einem Gasanalysegerät.

Der jüngste Kontrollbericht zeigt: Die Blätter an beschallten Reben sind eindeutig größer als die der unbeschallten Vergleichsgruppe. »Musik«, so Stefano Mancuso, »übt nachweislich eine positive Wirkung auf Pflanzen aus.« Es ist vor allem Mozart, den die Reben offensichtlich lieben. Wein, der mit seinen Partituren »bespielt« wird, wächst kräftiger heran und wird süßer.

Die wissenschaftlichen Erkenntnisse aus Italien haben sich inzwischen einige Winzer zunutze gemacht; darunter ein Biowinzer bei Dangolsheim im Elsass. Er beschallt seine Reben in Abständen von zwei bis drei Minuten ebenfalls mit Klängen von Mozart. Seine Spätlese-Weine sind inzwischen deutlich aromatischer. Bei der nächsten Ernte wird er einen Spezialjahrgang mit der Bezeichnung »Melodie des Glücks« herausbringen.

Stefano Mancuso zieht nach fast zehnjährigen Feld- und Laborstudien Bilanz: »Unsere Sprache oder auch Musik sind stark genug, um Pflanzenmembranen zu reizen. Die Frequenzen der Töne können durchaus einen Einfluss auf das Wachstum haben. Auch wenn das manche Wissenschaftler nicht gern hören.«

Pflanzen haben zwar keine Ohren, aber auf der molekularen Ebene eine sehr ähnliche Ausstattung, mit der sie unterschiedliche Frequenzen wahrnehmen. Dafür gibt es inzwischen diverse Bestätigungen:

- Chinesischen Wissenschaftlern gelang der Nachweis, dass ein niederfrequenter Klang die Aktivität von Enzymen erhöht und die Zellmembranflüssigkeit stimuliert. Dabei werden messbar Gene (die DNA-Replikation) angeregt.
- Südkoreanische Forscher um Professor Jeong Mi Jeong erbrachten Mitte 2008 einen weiteren Beleg für die anregende Wirkung von Musik auf Pflanzen. Das Team vom Staatlichen Institut für Landwirtschaftliche Biotechnologie in Suwon beschallte Reispflanzen mit klassischen Musikstücken wie Beethovens Mondscheinsonate. Gleichzeitig untersuchte es die Genaktivitäten und entdeckte: Bei ganz bestimmten Frequenzen wurden zwei Gene in den Pflanzen besonders aktiv: rbcS und Ald. Sie sind vermutlich für das Wachstum zuständig.

Forscher Mi Jeong gelang es auch, tonsensitive Genschalter (Promotor) an andere Gene anzulagern. Die Folge: Nun können diese selbst auf Töne reagieren. Das verspricht großen praktischen Nutzen. Künftig könnten Landwirte durch die Erzeugung von Schallwellen spezifische Pflanzengene nach Belieben an- und ausschalten. Diese Methode ließe sich gezielt bei Genen anwenden, die beispielsweise das Blühen hervorrufen. Das wäre billiger und umweltfreundlicher als jedwede andere Technik.

Womöglich könnte dieser Traum schon heute wahr sein, wenn man wagen würde, einer umstrittenen Pflanzenmusiklehre Glauben zu schenken! Professor Joël Sternheimer von der Pariser Université Européenne de la Recherche hat die Methode im Jahr 1992 als Patent angemeldet. Der Physiker und Musiker ist davon überzeugt, dass seine Melodien die Pflanzen zu speziellem Wachstum anregen und sie besser vor Krankheiten schützen. Grundlage für Sternheimers Musik ist die Struktur der Eiweißmoleküle, die sich aus 20 Aminosäuren aufbauen. Der Wissenschaftler ordnet jeder dieser Säuren eine Note zu. Bei der Synthese der Aminosäuren entstehen Sequenzen von Frequenzintervallen. Sie hat Sternheimer in komplizierten Prozessen zu »Proteodien« umgewandelt: Lauten, die auch als »Melodien der Proteine« bezeichnet werden. Dazu hat er die Quantenvibrationen, die beim Zusammensetzen eines Proteins aus einzelnen Aminosäuren entstehen, in hörbare Schwingungen übertragen. »Jeder Ton ist ein Vielfaches der Originalfrequenzen, die beim Einbau der Aminosäuren in die Proteinketten entstehen; die Länge des Tons entspricht der Dauer dieses Vorgangs. Hören die Pflanzen die richtige Melodie, produzieren sie mehr von dem entsprechenden Protein.«

Bei Sternheimers Versuchen hat sich die Musikmethode als überaus erfolgreich erwiesen. Bei einer Berieselung von nur drei Minuten am Tag wuchsen Tomaten zweieinhalb mal schneller und schmeckten zudem süßer als eine in Stille aufgezogene Kontrollgruppe. Außerdem wurde eine Infektion der Tomaten verhindert, indem bestimmte Virusenzyme musikalisch gestoppt wurden.

Besonders aufregend an diesem Experiment ist, dass die Existenz der »vegetativen Seele« eine gewisse Bestätigung findet, die in allen lebenden Organismen wirken soll. Denn die Synthese der entsprechenden Proteine löste ein überraschend reflektiertes Reagieren aus – sicher weit entfernt von der Reflektiertheit menschlicher Reaktionen, dennoch ließ es Forscher vom »Subjekt Pflanze« oder von »Subjektdimensionen« sprechen.

Treibt Rockmusik Pflanzen zum Selbstmord?

Die jahrelangen und sorgfältig dokumentierten Studien des Pflanzenneurobiologen Mancuso und die neuen molekulargenetischen Erkenntnisse aus China und Südkorea rücken Experimente in ein neues Licht, die bislang vom wissenschaftlichen Establishment nur unverständiges Kopfschütteln ernteten.

In den 50er Jahren zeigte der indische Professor W. T. Singh, Leiter des Botanischen Instituts der Annamalai-Universität in Madras, dem renommierten Biologen Julian Huxley das Ergebnis seines Versuchs. Er hatte eine elektrisch betriebene Stimmgabel knapp zwei Meter von einer Wasserpflanze (Grundnessel/Hydra) entfernt summen lassen – eine halbe Stunde lang, am frühen Morgen vor sechs Uhr. Unter dem Mikroskop war zu sehen: Die Zellflüssigkeit in der Pflanze strömte zu dieser Tageszeit viel schneller als eigentlich üblich. Geigenlaute beschleunigten den Fluss weiter.

Insbesondere chinesische Taoisten waren begeistert von den Forschungsergebnissen. Sie fanden in den entdeckten Spannungen zwischen Plasma und Zellkernplasma die Lehre von den Wandlungen des Tao, des Ursprungs allen Seins, bestätigt. Für sie pulst das Leben zwischen den Grenzen dieser Plasmakernspannung.

Singh spielte seinen Pflanzen auch klassische indische Musik vor. Die Reaktion war verblüffend. Die Pflanzen wollten geradezu in die Lautsprecher hineinkriechen. Durch die regelmäßige Beschallung mit klassischen Raga-Klängen erzielte Singh bei verschiedenen Versuchspflanzen ein erstaunliches Wachstum: Balsampflanzen etwa, denen ein Musiker täglich 25 Minuten auf einer Laute vorspielte, hatten 72 Prozent mehr Blätter und waren 20 Prozent höher gewachsen als eine Kontrollgruppe. Der Botaniker folgerte daraus, »dass harmonische Klänge das Wachstum von Pflanzen und Früchten und den Ertrag an Pflanzensamen beeinflussen«.

Singhs Erfolge spornten den amerikanischen Botaniker und Farmer George Smith aus Illinois zu eigenen Versuchen an. Tatsächlich keimten im Gewächshaus gesäte Pflanzensamen früher und die daraus wachsenden Pflanzen wurden kräftiger und grüner, wenn man ihnen rund um die Uhr Gershwins Rhapsody in Blue vorspielte. Der Sojaertrag stieg mit Musik um 20 Prozent und die Maisernte sogar um 35 Prozent. Unter der wissenschaftlichen Aufsicht der Universität von Ottawa erzielte der Kanadier Eugene Canby aus Ontario 66 Prozent höhere Erträge, wenn er ein Weizenfeld mit Sonaten von Johann Sebastian Bach beschallte.

Öffentliche Aufmerksamkeit erhielten die Versuche, die von der Organistin Dorothy Retallack in ihrem Buch »The Sound of Music and Plants« beschrieben wurden. Sie hatte Kürbisse in zwei getrennten Kammern mit klassischer Musik beziehungsweise mit hartem Rock beschallt. Resultat: Triebe in der Hardrock-Kammer mieden den Lautsprecher, die »klassischen« Kürbisse aber wuchsen der Tonquelle freudig entgegen – und zeigten üppigeres Wachstum.

Solche Reaktionen beobachtete auch die Amerikanerin B. Bolton. Sie spielte ihren Petunien zunächst Mozartkompositionen vor, später einen Monat lang Rockmusik. Bei der klassischen Musik fühlten sich die Blumen wohl, während sie unter der Rockbeschallung eingingen.

Bei allen Experimenten kristallisierte sich ganz klar heraus: Unharmonische Klänge lassen Blumen welken und absterben; bei sanften Tönen gediehen sie. Zwar wurden Pflanzen, die ohne Musik aufwuchsen, auch stark und gesund, aber sie waren weniger grün und saftig und nicht so stark verwurzelt wie ihre Geschwister.

Hämische Schlagzeilen ließen nicht lange auf sich warten:

»Bach besser als Rock? Fragen Sie Ihre Blumen!« oder »Mutter strickt Ohrenschützer für unsere Petunien«.

Heute weiß Dale Kretchman, Gartenbauprofessor an der Ohio Agricultural Experiment Station: »Bestimmte Schallwellen regen die Pflanzen dazu an, ihre Poren länger und weiter zu öffnen. Dies beschleunigt ihren Stoffwechsel und damit auch ihr Wachstum.«

Verüben demnach Pflanzen, die bei Rockmusik eingehen, eine Art Selbstmord? Denn logischerweise muss die Musik sie doch dazu bewogen haben, die Poren ganz zu schließen ...

Hobbygärtner jedenfalls können jetzt von den Forschungsergebnissen profitieren: Mozart, Wagner und Bach sind wahre Wachstumsförderer, kreischende E-Gitarren hemmen dagegen die Entwicklung. Bei Roten Beten allerdings stoßen Töne auf taube Ohren: Diese Pflanze ist völlig unmusikalisch.

Macht Vogelgezwitscher Pflanzen glücklich?

Der amerikanische Farmer Roy McClurg beschallt regelmäßig seine 40 Morgen große Orangenplantage Gerber Grove in Florida. Allerdings nicht mit Musik. Aus den Lautsprechern dringt ein Geräusch, das sich, so der Autor Mathias Bröckers, »für Menschen wie ein Grillenchor anhört«. Vögel aber erkennen die ausgestrahlten Klangharmonien durchaus als Gesang und lassen sich in Scharen von der »Klangfarm« anlocken. Anders als die Zitrusfarmer ringsumher, die mit Pestiziden arbeiten, braucht McClurg seine Pflanzen nur dem lauten Gezwitscher auszusetzen, um Wachstum, Ertrag und Qualität zu steigern.« Und in der Tat erreichen seine Orangen fast den Umfang kleiner Grapefruits, verdoppelte sich der Vitamin-C-Gehalt der Früchte und stieg der Ertrag der Plantage um 30 Prozent.

Milchbauer Harold Aungst in Pennsylvania nutzt ebenfalls

diese Methode. Er erntet für seine Kühe pro Morgen 7,6 Tonnen Luzerne statt der üblichen 3,3. Auch weist sein »Klangheu« einen ungewöhnlich hohen Proteingehalt von 29 Prozent auf.

Don Carlson, der Entwickler der »Sonic Bloom«-Methode, kann die Keimzeit von Samen beschleunigen. »Der Klang«, sagt er, »ist für Pflanzen genauso wichtig wie das, was wir Photosynthese nennen.« Wenn das stimmt, dann trägt das Gezwitscher von Amsel, Drossel, Fink und Star zum Wachsen und Gedeihen der gesamten Natur bei.

Reagieren Pflanzen auf liebevolle Worte?

Nichts ist wohl so umstritten wie der positive Effekt, den liebevolle Worte bei Pflanzen hervorrufen sollen. Nach einer Umfrage im Jahr 2008 sprechen 26 Prozent der deutschen Frauen mit ihren Zimmer- und Gartenpflanzen, bei Männern sind es nur fünf Prozent. Wahrscheinlich liegt die Zahl aber weit höher, denn die meisten Leute, die mit Pflanzen plaudern, behalten das lieber für sich – aus Furcht, ähnlich verspottet zu werden wie der prominenteste Spezialist für den Plausch mit Buchsbäumen und Begonien: Prinz Charles. »Ist der Thronfolger noch ganz normal?«, titelte das einflussreiche britische Massenblatt *The Londoner*, als der Prinz of Wales bekannte: »Ich glaube, dass Gespräche Pflanzen guttun.«

Nicht nur der gebrandmarkte Prinz, auch der französische Expräsident François Mitterrand erzählte gern, wie er eigenhändig Bäume pflanzte und in Gegenwart seines Esels Zwiegespräche mit ihnen führte. Und der Weltstar Charles Bronson glaubt ebenfalls, »dass wir Menschen mit den Pflanzen sprechen können. Und sie können uns fühlen.«

Bronson hat einmal einen Versuch mit Hakenlilien unternommen. Mit dieser eigenartigen Zierpflanze konnte er sich nie richtig anfreunden. »Für den Test wollte ich sie missbrauchen«, erzählte er in einem Interview mit der SZ. »Eine der Blüten, die ich markierte, schrie ich jeden Morgen an, während meiner Jogaübungen. Ich beschimpfte diese Lilie: Sie solle kaputtgehen, sie sei hässlich. Ihr Schwesterchen dagegen lobte ich: Du bist die Schönste, ich brauche dich, dein Gelb glänzt schöner als Gold. Die Pflanzen haben mich verstanden. Schon nach zehn Tagen war ein Unterschied zu erkennen. Die Lilie, die ich beschimpft hatte, zeigte Schwächen. Obwohl ich sie wie die andere regelmäßig gegossen hatte, wurden die Blüten nicht so groß. Sie vertrocknete und ließ die Blätter hängen. Ihrem Lilienschwesterchen ging es dagegen prächtig. Ich bekam Mitleid mit der beschimpften Lilie und kümmerte mich einige Tage ganz besonders um sie. Durch gutes, liebevolles Zureden war der Unterschied bald nicht mehr vorhanden. Dann geschah etwas Außergewöhnliches. Die beschimpfte und dann wieder geliebte Lilie lebte länger, ihre Blüten wurden kräftiger, gesunder und schöner als die der vorher von mir so verwöhnten Pflanze.«

Die Wirkung von gutem Zuspruch und von Tadel erprobte auch Rolf Zingg vom Institut für praktische Biologie in Flawil bei St. Gallen. Einer anfangs schwächlichen Dieffenbachie (ein Aronstabgewächs) schwärmte er während rund einem Jahr täglich vor, wie schön sie sei, und sagte ihr, dass sie viele Blätter produzieren solle. »Daraufhin«, so Zingg, »ließ sie rund 20 Blätter sprießen, was eher unüblich für diese Pflanzenart ist.«

Auch Tadel wirkte – das hat Zinggs bei einem Einblatt festgestellt. Als dieses Aronstabgewächs sämtliche Blätter hängen ließ, drohte er ihr, sie zu entsorgen. Und siehe da: »Innerhalb von zwei Wochen richtete sie sich wieder auf und produzierte ein neues Blattwerk.«

Eine nicht minder erstaunliche Wachstumsförderung gelang jenen Hörern des Rundfunksenders WDR, denen für einen

Versuch jeweils sechs Tomatenstauden überlassen wurden. Die Aufgabe bestand darin, drei dieser Nachtschattengewächse nur mit Wasser und Dünger, die anderen zusätzlich mit Zuwendung zu versorgen. Letztere sollten täglich mit einem freundlichen »Guten Morgen, liebe Tomaten!« begrüßt werden. Das Ergebnis: Die »geliebten« Pflanzen brachten einen Mehrertrag von 22 Prozent.

Einen ganz ähnlichen Versuch führte der Biologe Manfred Hoffmann von der renommierten bayerischen Forschungsanstalt Weihenstephan durch. Auch er ließ Töpfe mit Tomatenpflänzchen unterschiedlich pflegen. Zwar erhielten alle Pflanzen die gleiche Menge Licht, Wärme und Wasser, doch wurden die einen mit menschlicher Zuwendung – Gesprächen und Liedern – bedacht, die anderen nicht. Ergebnis: Die umsorgten Tomaten blühten und fruchteten früher und brachten im Schnitt 500 Gramm mehr Früchte!

Eine wissenschaftliche Erklärung gibt es dafür nicht. Manfred Hoffmann: »Unsere Naturwissenschaft ist ja nur so gut wie ihre Messtechnik. Und wir haben keine Geräte, um Gedankenintensionen oder Wünsche zu messen.«

Deshalb bleiben die Versuche des amerikanischen Pflanzenzüchters Luther Burbank (1849–1926) wissenschaftlich ungesichert, einen Kaktus dazu zu bringen, dass er alle seine Stacheln abwirft. »Während meiner Versuche mit den Kakteen«, so Burbank, » sprach ich viel mit ihnen, um sie mit einer Atmosphäre der Liebe zu umgeben. ›Ihr braucht keine Angst zu haben‹, sagte ich oft. ›Ihr habt Stacheln doch gar nicht nötig. Ich werde euch beschützen!‹« Nach jahrelangem Zureden wurden seine Kakteen angeblich ebenso stachellos wie die des berühmten Yogi Paramahansa Yogandanda, dem dieses Kunststück ebenfalls gelungen sein soll.

Traditionelle Wissenschaftler halten nicht nur solche Berichte, sondern auch blumige Grüße an Lilien und Tomaten schlichtweg für Schwachsinn. Zwar mag sich in Einzelfällen die behauptete wachstumsfördernde Wirkung einstellen, doch der Grund dafür sei einfach zu erklären: Beim Sprechen wird Kohlendioxid ausgestoßen, also Pflanzennahrung.

Vor Pflanzen zu tanzen macht sie fitter – und Sie auch!

Wenn das mit dem Kohlendioxid stimmt, wie lässt sich dann erklären, dass bei einem Versuch von Professor Singh Astern und Petunien schneller wuchsen, wenn Mädchen vor ihnen Bharatnatyam (ein klassischer indischer Tanzstil) tanzten. »Die Pflanzen werden durch die Tanzschritte angeregt«, so Forscher Singh. »Die über die Erde übertragenen Schwingungen beschleunigen die molekularen Bewegungen und den Stoffwechsel.«

Beruhten demnach die Rituale, mit denen unsere Vorfahren Fruchtbarkeit und Ernten zu beeinflussen suchten, vielleicht doch auf mehr als nur dem primitiven Glauben, die Natur ließe sich mit Tänzen, Gesängen und Geschlechtsverkehr bezaubern?

Noch vor nicht allzu langer Zeit war es in der Gegend um Breslau üblich, die Größe von Kürbissen zu beeinflussen, indem sich Frauen mit ausladendem Gesäß singend (!) genau dort auf das Erdreich setzten, wo die Kürbiskerne eingesetzt worden waren. Und bis heute ist es bei den Hopi-Indianern in Arizona Brauch, Maissprösslinge durch passende Gesänge zum Keimen und Wachsen zu ermutigen.

Die Forscher der Biokommunikation sind mit den Breslauer Frauen und den Hopi einig, dass die Voraussetzung für einen erfolgreichen Kontakt Empathie ist. So wie der grüne Daumen – die Geschicklichkeit bestimmter Menschen im Umgang mit

Pflanzen – kein Produkt der Verstandestätigkeit oder langjähriger Übung ist, sondern der Fähigkeit, sich einzufühlen.

Ein Paradebeispiel dafür ist Dorothy Maclean. Die Kanadierin hatte in den 60er Jahren die Lebensgemeinschaft von Findhorn in Schottland mitbegründet. Findhorn wurde durch seinen »Zaubergarten« berühmt – auf dem unwirtlichen, sandigen Boden an der schottischen Nordküste wuchsen nicht nur alle Gemüsesorten, sondern sogar exotische Blumen, was selbst Agrarexperten in Erstaunen versetzte. Die medial veranlagte Kanadierin hatte sich in den »Geist der Pflanzen« hineinversetzt und nach deren Anweisungen den Garten anlegen lassen.

Doch Empathie, Emotion oder Liebe gelten nicht als Kriterien für wissenschaftlich korrekte Experimente und haben in der Wissenschaft daher keinen offiziellen Stellenwert – noch nicht. Das hat dazu geführt, dass Phänomene wie der grüne Daumen oder die sinnliche Wahrnehmungsfähigkeit von Pflanzen bis heute als Grenzfall zwischen Volksglaube und Naturwissenschaften gelten.

Die neue »Wissenschaft des Lebendigen« beruft sich auf die modernen Erkenntnisse der Biologie – und knüpft gleichzeitig an Lehren der Vergangenheit an, die die Einheit der Natur vor Augen führen. Die Avantgarde der Wissenschaft entdeckt die Innerlichkeit jedes Geschöpfs. Aristoteles gestand zwar die durch bewusstes Erkenntnisvermögen definierte Seelentätigkeit allein uns Menschen zu, doch sein Gedanke, dass Pflanzen eine »vegetative Seele« haben, war wahrscheinlich eine ganz richtige Idee.

4 Pflanzen und ihre »Gesprächsthemen«

Fühlt ein Baum Schmerz, wenn ihm ein Tier einen Zweig abbeißt? Rächen sich Bäume sogar dafür? In Südafrika jedenfalls haben Akazien über 3000 gefräßige Tiere »ermordet« …

Akazienblätter waren die Lieblingsspeise der verendeten Großen Kudus – einer afrikanischen Antilopenart. Sie hatten kräftig zugebissen – das zeigte die Obduktion. Und die Kudus waren nicht an Parasiten oder Krankheiten und auch nicht an Wassermangel oder Unterernährung gestorben. Im Gegenteil. Sie waren bei vollem Magen verhungert. Wie konnte das sein?

Des Rätsels Lösung fanden Forscher, die man Pflanzenflüsterer nennen könnte. Denn sie lauschen dem Geplapper und Gequassel von Bäumen und Blumen. »Pflanzen haben viel Gesprächsstoff«, sagt Professor Wilhelm Boland. Er ist Biochemiker und versteht die Unterhaltungen der Gewächse. Die »Sprache« ist Chemie. Und die »Worte« sind flüchtige Substanzen, die über den Wind verbreitet werden. Damit kann eine Pflanze ähnlich gut kommunizieren wie ein Tier mit Rufen.

»Das ist für mich das raffinierteste Phänomen. Diese Art der Duftkommunikation geht sehr schnell, binnen einiger Minuten. Es ist der Informations-Highway der Flora«, begeistert sich der Chef der Abteilung für Bioorganische Chemie am Max-Planck-Institut in Jena. Und worüber plaudern die grünen Gesellen? »Am meisten unterhalten sich Pflanzen über Angriffe von Fraßfeinden«, erklärt Forscher Boland.

Aber was bloß rufen sich Akazien zu, wenn eine Antilopenherde naht? Eine Beobachtung des Zoologen Wouter van

Hoven half, den Massentod der Kudus zu klären. Zwei Jahre lang hatte der Forscher im Krüger Nationalpark das Verhalten von Giraffen studiert. Auch deren Lieblingsspeise sind Akazienblätter. Normalerweise müssten sich die Tiere mit ihren langen Hälsen, ihren ledernen Zungen und ihrem Riesenhunger gefräßig über das stachelige Gewächs hermachen und es kahlfressen. Denn bis zu 80 Kilo Nahrung am Tag müssen sein. Aber die Giraffen, so beobachtete van Hoven, knabbern niemals länger als zehn Minuten von ein und demselben Baum. Den Grund dafür entdeckte der Forscher bei der Untersuchung der Blätter: Akazien halten Fressfeinde fern, indem sie bei Verbiss die Konzentration des Bitterstoffs Tannin in den Blättern drastisch erhöhen.

Auslöser ist die Schüttelbewegung der Blätter. Sobald die erste Akazie angefressen wird, steigt die Gerbsäureproduktion in den Blättern – und es wird ein ganz bestimmter Duftstoff ausgedünstet: Äthylen. Dieses Gas ist wie ein stummer Schrei, der die Nachbarbäume vorsorglich in Alarmbereitschaft versetzt. Sie erhöhen daraufhin ebenfalls den Gehalt der Gerbsäure in ihren Blättern. So war zwar kein Laut zu hören, als die eine Akazie aufgeschrien hat, doch der Ruf verhallte nicht ungehört ...

Dieses solidarische Alarmsignal ist Giraffen entwicklungsgeschichtlich irgendwann bewusst geworden. Deshalb wandern sie von Baum zu Baum, und zwar gegen die Windrichtung – möglichst weit genug weg von der Akazie, die sie zuletzt angeknabbert haben. Denn die könnte ja die Nachbarn schon informiert haben.

Giraffen fressen Akazien also nur kurz an – und das ist ein Glück für sie, denn sonst würde es ihnen so ergehen wie den Antilopen. Die allerdings konnten nicht weit genug zum nächsten Baum laufen, weil sie in einem Gehege gehalten worden waren. Mit dem Einzäunen von Arealen in der Savanne Südafrikas hatten die Farmer Anfang der 90er Jahre begonnen. Der Grund: Der Preis für das wohlschmeckende Kudufleisch war rasant gestiegen. Und so sperrte man die Tiere ein, um sie leichter jagen zu können. In den Gehegen aber waren die Kudus am Weiterziehen gehindert und fraßen weit länger an ein und demselben Baum als in freier Wildbahn. So stopften sie sich den Magen mit Blättern voll, die einen hohen Tanningehalt hatten. Solch giftiges Grün aber können Kudus nicht richtig verdauen. Nachträgliche Untersuchungen des aufbewahrten Bluts der verendeten Tiere bestätigten den Verdacht: Die Tanninwerte waren ungewöhnlich hoch.

Wie schnell der Äthylenalarm die Bitterstoffproduktion in den Blättern in Gang setzen kann, haben inzwischen Wissenschaftler in Pretoria bei einem Labortest ganz genau herausgefunden. Sie peitschten auf das Blattwerk ein, um einen Verbiss durch Tiere zu simulieren. Dann analysierten sie die Blätter. Ergebnis: Nach zwei Stunden war der Tanningehalt bis zum 2,5-Fachen des Anfangswerts gestiegen.

Weltweit haben Wissenschaftler mittlerweile diesen Bioalarm beobachtet. Auch die Pappeln in unseren Wäldern reagieren bei Wildverbiss mit einem Ausstoß von Äthylen. Über 50 Stunden lang ist dann der Tanningehalt in den Blättern doppelt so hoch wie sonst.

Bis zu 70 Millionen Tonnen jährlich beträgt die globale Emission allein dieses Pflanzenhormons. Nach groben Schätzungen schickt die Vegetation pro Jahr weltweit eine Milliarde Tonnen flüchtiger Duftstoffe in die Luft. Schon unter normalen Lebensverhältnissen verströmt die Pflanze 40 bis 50 dieser VOCs (Volatile Organic Compound) – und unter Stress, etwa durch Tierfraß, noch sehr viel mehr.

Die unwiderstehlichen Verführungskünste der Pflanzen

Alle Pflanzen bilden Duftstoffe in ihrem Sekundärstoffwechsel. Darunter verstehen Biologen Stoffwechselreaktionen, die für das Überleben der Zellen nicht unbedingt erforderlich sind, aber für den Organismus als Ganzes notwendig oder nützlich sein können. Mehr als 200 000 solcher Naturstoffe haben Forscher bisher isoliert. Doch nur von vergleichsweise wenigen sekundären Pflanzenstoffen ist bislang bekannt, welche Vorteile sie ihren Herstellern überhaupt bieten.

Klar ist: Sie dienen nicht nur der Abwehr, sondern auch der Fortpflanzung. Denn Duft spielt eine wichtige Rolle als Lockmittel für bestäubende Insekten – das ist zunächst eine Binsenweisheit. Weniger bekannt: Die Bestäubung stellt für die weltweite Agrarproduktion einen Wert von 153 Milliarden Euro dar. Das hat der französische Biologe Bernard Vaissière hochgerechnet und kam auf 100 Milliarden Euro »Bestäubungswert« bei Früchten und Gemüse und 39 Milliarden bei Ölsaaten. Der Rest verteilt sich auf Kaffee, Kakao und Gewürze.

Und relativ neu ist auch folgende Erkenntnis: Um bestimmte flüchtige Substanzen abzusondern, die Insekten anlocken sollen, erhöhen Pflanzen ihre Temperatur – die asiatische Voodoolilie sogar um bis zu 20 Grad.

Blütendüfte, die wir als wohlriechend empfinden, gefallen offenbar auch Bienen Viele Bienenblumen, wie zum Beispiel das Gartenveilchen, riechen sehr stark. Und besonders stark duften müssen Gewächse, die nachtaktive Tiere wie Fledermäuse, Schwärmer und Nachtfalter anlocken. Die Nachtfalterblume, die Nachtkerze, das Nickende Leimkraut oder Jelängerjelieber riecht man deshalb schon von weitem.

Die wohl raffiniertesten Odeurs versprühen Orchideen (Orchidaceae). Weil sie ihren Besuchern keinen süßen Nektar anbieten können, hat sich beinahe ein Drittel aller ihrer Arten darauf spezialisiert, Insekten im doppelten Wortsinn zu leimen. Sie sind sogenannte Täuschblumen.

Die im Mittelmeerraum heimische Wespenragwurz (Ophrys tenthredinifera) etwa lockt die Männchen der Langhornbienen an, indem sie ihnen den Duft der Bienenweibchen vorgaukelt. Und die Bienenorchis (Ophrys apifera) duftet nicht nur wie jene Substanzen, die von weiblichen Bienen in speziellen Drüsen im Hinterleib produziert werden: Der Mittelpunkt der Orchideenblüte hat exakt das gleiche Farbmuster wie die Umgebung des Geschlechtsteils eines Bienenweibchens. Selbst der Haarpelz im Genitalbereich wird vorgetäuscht – durch die pelzige Oberfläche der Blüte.

Im Glauben, eine Partnerin vor sich zu haben, stürzt sich die männliche Biene liebestoll in die Orchidee hinein. Während das Insekt versucht, mit ihr zu kopulieren, stößt es mit dem Rücken gegen die über ihm hängenden Pollensäcke. Die bleiben kleben – und die Biene trägt sie zur nächsten Blüte.

Im Experiment fanden frei fliegende Dolchwespenmännchen den Duft der Spiegelragwurz (Ophrys speculum) betörender als die eigenen paarungsbereiten Weibchen.

Aber auch mit üblen Gerüchen kann man auf sich aufmerksam machen. Auf Sumatra und Borneo wächst die Rafflesia arnoldii – für Botaniker der größte Stinker der Welt. Ihre riesige Blüte von mehr als einem Meter Durchmesser imitiert die Farbe und den fauligen Geruch von verwesendem Aas. Damit lockt sie Insekten als Pollenpostboten an.

Auf die Attraktivität von Verwesungsgeruch setzt auch die Titanenwurz auf Sumatra: Sie entwickelt ein bis zu sechs Meter hohes Laubblatt. Alle paar Jahre entfaltet sich ein bis über drei Meter hoher, eineinhalb Meter breiter Blütenstand. Damit ist der Amorphophallus titanum nicht nur die größte Täuschblume, sondern die größte Blume überhaupt.

Die Limabohne und der Raupenroboter

Das Interesse der professionellen Pflanzenflüsterer geht weit über Sexdüfte hinaus: Sie versuchen den Code für die chemische Kriegsführung der Pflanzen zu knacken. Dabei verfolgen sie ein Fernziel. »Wir wollen die Sprache der Pflanzen entschlüsseln, um sie künftig für die biologische Schädlingsbekämpfung nutzbar zu machen.«

Der erste Schritt auf diesem Weg begann vor wenigen Jahren mit einem Kraut, das jeder aus der Küche kennt: die gewöhnliche Bohne (Phaseolus vulgaris). Deren amerikanische Variante, die Limabohne (Phaseolus lunatus), lag auf Professor Bolands Labortisch. Schon seit Tagen versuchte der Biologe eine Reaktion wie bei einem Raupenbefall zu provozieren, um sie chemisch analysieren zu können. Dazu verletzte er die Pflanze ähnlich wie eine Raupe, indem er ein Blatt mit einer Rasierklinge anritzte. Doch die Bohne interessierte das nicht die Bohne. Sie produzierte keine giftigen Abwehrsubstanzen (Allelochemikalien), um damit – wie in der Natur – der Raupe den Appetit zu verderben. Und sie verströmte auch keine Duftstoffe, die sie sonst im Kampf gegen ihre Fressfeinde freisetzt. Diese Infomone locken räuberische oder parasitäre Insekten an: etwa Wespen, die Raupen töten. Beiden Reaktionen wären eine adäquate Antwort auf einen Blattfresserangriff gewesen, aber im Labor funktionierte das nicht.

Die Forscher waren ratlos. Denn eine Rasierklinge schädigt – zumindest oberflächlich betrachtet – eine Pflanze doch genauso wie eine Raupe: Beide Male wird das Blatt verwundet. Aber die Limabohne war ganz offensichtlich fähig, eine mechanische von einer biotischen Verletzung zu unterscheiden. Bloß wie?

Wenn Messerschnitte den mahlenden Mundbewegungen der Raupe nicht ähnlich genug sind, dann gibt es nur eine Möglichkeit, das Täuschungsmanöver zu perfektionieren: kauen statt ritzen!

Dies, so hofften die Forscher, sollte mit einem »Raupenroboter« gelingen. Er besteht aus einem Computer, einem Schrittmotor und einem kleinen Metallbolzen, der rhythmisch auf das Blatt schlägt. Tatsächlich »kaute« der »MecWorm« wie sein natürlicher Verwandter – kontinuierlich, im Takt und über einen langen Zeitraum. Doch die Messergebnisse entsprachen wieder nicht ganz den Erwartungen. Die Pflanze reagierte zwar – aber sie warf lediglich eine Sparversion ihrer chemischen Abwehr an. Und daran änderte sich auch nichts, als die Forscher als natürlichen Stimulus den Kot der Raupe auf das Blatt schmierten. Es ließ sich einfach kein chemischer Alarm aufrufen. Was bloß hatten die Wissenschaftler falsch gemacht?

Zur gleichen Zeit untersuchte der amerikanische Biologe Eric Schmelz hungrige Raupen, die an Blättern nagten. Dabei fiel ihm auf, dass sie beim Kauen ein ganz bestimmtes Pflanzenprotein aufnehmen (ATP-Synthase). Eine biochemische Analyse zeigte: Der Stoff wird während der Verdauung in ein Eiweißfragment umgewandelt. Dieses Inceptin gelangt dann in den Speichel der Raupe.

Der Verdacht lag nahe, dass die entscheidende Trigger-Substanz für die Verteidigungsreaktion der Pflanze im Raupenspeichel liegt. Und tatsächlich zeigte ein Test: Lässt man die Raupe ihre Mahlzeit auf einer anderen Pflanze fortsetzen, genügt schon eine extrem geringe Menge an Inceptin, um chemische Alarmreaktionen hervorzurufen. »Die Substanzen im Speichel des Angreifers sind also von großer Bedeutung«, sagt Forscher Schmelz. Sie erzeugen bei der Raupe eine Art verräterischen Mundgeruch, auf den die Pflanze durch die Produktion eines entsprechenden Duftmixes reagiert.

Jetzt war für Professor Boland alles klar. Um im Labor an den Speichelstoff zu kommen, kitzelte er eine Raupe mit einem winzigen Glaskapillarröhrchen im Maul. Sofort spuckte sie eine kleine Portion Speichel aus, den der Forscher auf den Bolzen des »MecWorm« auftrug – und der hackte wie eine Nähmaschine in das Blatt. Es dauerte nicht lange, und es strömten große Mengen an Duftstoffen aus: der von den Wissenschaftlern lang ersehnte »Gasschrei«.

Um die »Worte« zu verstehen, muss Boland die Duftkomponenten analysieren. Dazu hat er das Blatt in eine kleine, kastenförmige Kammer gelegt, durch die Luft strömt. Die aufgewirbelten Duftstoffe werden durch einen Schlauch in eine Glasglocke geleitet, in der Analysegeräte warten: Gas-Chromatographen und Massenspektrometer, die selbst wenige Milliardstel Gramm Duftchemie messen können.

»Diese Instrumente zeigen uns genau, wie raffiniert Pflanzen auf Angriffe reagieren«, sagt Biologe Boland. Erstaunliches wird in Gang gesetzt. Sobald das erste Tröpfchen Raupenspeichel in die Bisswunde des Blattes gesickert ist, beginnt im Pflanzenorganismus ein Tanz der Hormone – und zwar mit einem Paukenschlag, einer Reaktion, die so ähnlich ist wie bei einem höher entwickelten Lebewesen, das unter Stress steht!

Vergleichbar dem Adrenalinrausch des Menschen, versetzt ein pflanzliches Stresshormon den Pflanzenorganismus in Alarmbereitschaft. »Dieses Phytohormon Jasmon wird immer synthetisiert, wenn die Pflanze in Not ist«, erklärt der Biochemiker Ralph A. Backhaus von der Arizona State University. »Es ist ein bisschen wie Schmerz, der die Pflanze warnt, dass sie gerade angegriffen wird«, beschreibt er die Wirkung dieses »Wundhormons«.

Empfindet demnach eine Pflanze Schmerz? Noch vor wenigen Jahren hätte diese Frage unter Wissenschaftlern nichts als Hohngelächter ausgelöst. Inzwischen aber hat man festgestellt, dass die Jasmonsäure chemisch eng verwandt ist mit dem Gewebehormon Prostaglandin, das bei Menschen und Tieren die

Schmerzempfindlichkeit erhöht. Und mehr noch: Bestimmte Pflanzenstoffe fangen die Jasmon-Prostaglandine auch wieder ab und wirken schmerzstillend! Bei Tieren und Menschen ist es sinnvoll, dass der Schmerz irgendwann abgeschaltet wird. Aber worin liegt der Vorteil bei einer Pflanze, die doch angeblich nicht auf die gleiche Weise Schmerz empfindet?

Der Feind meiner Feinde ist mein Freund

Jasmon jedenfalls ist ein Schlüsselsignal. Denn anders alle anderen Stoffe flutet es innerhalb weniger Minuten durch sämtliche Röhrensysteme – vom Stengel bis in die Wurzeln. Dies ließ sich mit modernsten radiographischen Methoden sichtbar machen. Dazu markierten Wissenschaftler Methyljasmonat, den chemischen Abkömmling des Jasmons, mit radioaktiven Kohlenstoffisotopen. So konnten sie verfolgen, wie der Stoff durch alle Transportadern fließt.

Diese Flut löst eine Kaskade biochemischer Reaktionen aus, die Gene anschalten und damit die Produktion eines genau auf den Schädling abgestimmten Geruchs aktivieren. Der wird überwiegend über die Spaltöffnungen der Blätter in Form von »Green Leafy Volatiles« (GLV) ausgesendet. Solidarisch rufen dann Pflanzen derselben Art gemeinsam nach Unterstützung. Damit erhöhen sie die Chance, von Nützlingen gehört zu werden, die den Duftcode verstehen.

»Die Sinnesorgane der Insekten können diese Lockstoffe noch in Konzentrationen wahrnehmen, bei denen unsere besten Messinstrumente längst versagen«, staunt Biologe Marcel Dicke. »Für die kleinen Tiere sind Hunderte von Metern schon beachtliche Distanzen. Das wäre so, wie wenn wir ein Restaurant riechen, das mehrere Kilometer weit entfernt ist«, vergleicht es der Experte von der niederländischen Universität in

Wageningen. Er hat als Erster die im Pflanzenreich weitverbreitete Strategie entdeckt: den Feind des Feindes herbeizurufen. »Heute weiß man, dass die Beschäftigung von Bodyguards eine Charakteristik der meisten, wenn nicht aller Pflanzenarten ist.«

Im Kellerraum seines Instituts zeigt er, wie das Zusammenspiel von Pflanze, Raupe und Wespe funktioniert. Die Akteure warten schon: die Wespe Cotesia marginiventris und die Raupe Spodoptera exigua, die sich an einer Maisstaude gütlich tut. In einem Windkanal wird das Schlupfwespenweibchen vor die Wahl gestellt, zur Duftfahne einer unverletzten oder zu der einer verletzten Pflanze zu fliegen. Man kann es kurz machen: Die befallene Pflanze wird messbar häufiger angeflogen. Die Wespe legt ihre Eier in der Raupe ab. Und die Larven, die aus den Eiern schlüpfen, fressen die Raupe von innen her auf. So wird der Fressfeind selbst zum Fraß und entledigt sich der Mais seines Schädlings.

Solche groben Ergebnisse genügen den Forschern allerdings nicht. Sie wollen genau wissen, auf welche Duftkomponenten ein Insekt reagiert. Dazu setzt Biologe Dicke eine Wespe in eine Apparatur mit dem komplizierten Namen Vierfelder-Olfaktometer. Sobald aus den Ecken vier verschiedene Geruchsgemische strömen, verfolgt Dicke, in welchen der vier Quadranten das Insekt besonders häufig krabbelt. Jede Regung wird als Code in den Computer eingeben. So lässt sich präzise bestimmen, auf welchen Pflanzenduft das Insekt am meisten reagiert.

Doch der Forscher will es noch genauer wissen. Dazu setzt er mit viel Fingerspitzengefühl winzige Elektroden in die Fühler der Wespe ein. Ein Miniventilator weht jetzt einzelne Duftkomponenten über die Antennen. Sobald das empfindliche Organ die entsprechende Substanz wahrnimmt, zeigt das Messgerät eine Spannungsänderung.

All diese Versuche demonstrieren: Die Pflanze produziert bei einem Fraßschaden nicht irgendeinen Duft – im Gegenteil: Es werden spezifische Düfte komponiert, um den jeweiligen Helfer zu rekrutieren. »Pflanzen sagen sogar ganz genau, wer sie verletzt hat«, schwärmt Marcel Dicke über die 25 Pflanzenspezies unterschiedlichster Familien, die bisher im Labor die Fähigkeit, Retter herbeirufen, unter Beweis gestellt haben. So erhöht der Mais bei Raupenbefall durch die Zuckerrübeneule die Produktion des Alkohols Linalool sofort um das mehr als 100-Fache und dünstet ihn aus. Auf diese Weise werden Schlupfwespen angelockt, die die Raupen vernichten. Ähnliche SOS-Signale mobilisieren Stinkwanzen gegen Käferlarven auf Kartoffelpflanzen oder alarmieren Raubmilben, wenn Limabohnen von Spinnmilben heimgesucht werden. »Dabei wissen die Pflanzen immer genau, welche Milbenart sich auf ihnen mästet«, schreibt der Biologe Stephen Buhner. »Und jede Pflanzenart produziert eine andere Duftmischung, je nach Art der Spinnmilbe, die sich von ihr ernährt. Und diese Mischung lockt *ausschließlich* jene Raubmilbe an, die sich ihrerseits von der pflanzlichen Milbe ernährt.« Manche Pflanzen lösen bei großem Blattlausbefall mit dem Duftstoff E-Beta-Fanesene einen falschen Alarm bei Blattläusen aus. Denn diese interpretieren das ausgeströmte Pheromon so, als näherten sich Raubtiere, und ergreifen die Flucht.

Das raffinierteste Täuschungsmanöver aber wurde jüngst bei der auch in Süddeutschland beheimateten Orchidee Epipactis helleborine entdeckt. Sie imitiert den chemischen Hilfeschrei von Pflanzen, die von Raupen befallen sind. So lockt sie gezielt bestimmte parasitische Wespen an, zu deren Hauptbeute die Raupen zählen. »Die Wespen finden bei den Blüten dann zwar keine fleischliche Nahrung, dafür aber jede Menge Nektar«, erklärt Professor Manfred Ayasse vom Institut für Experimentelle Ökologie der Universität Ulm. »Das führt dazu, dass die

Wespen anschließend auch weitere Blüten dieses Weltmeisters der chemischen Mimikry besuchen und sie bestäuben.«

Das Waffenarsenal der Tabakpflanze

An die Fähigkeit der Pflanzen, echte oder falsche Hilferufe auszusenden, mochten viele Forscher lange Zeit nicht glauben, denn die Nachweise dieser Duftkommunikation zwischen Pflanzen und Tieren wurden nur im Labor unter unnatürlichen Verhältnissen erbracht. Und dort seien die Konzentrationen der chemischen Substanzen, mit denen die Pflanzen getestet wurden, unrealistisch hoch.

Deshalb reist Forscher Ian Baldwin schon lange regelmäßig zu Feldstudien in die Great-Basin-Wüste im US-Bundesstaat Utah. Dort wächst die Tabakpflanze, die eigenartigerweise erst nach einem Flächenbrand keimt. Das passiert manchmal nur alle 100 Jahre. »Dieser Tabak muss also neue Antworten auf neue Umweltbedingungen und neue Feinde finden«, sagt Baldwin, »das heißt, er muss über ein großes Arsenal an flexiblen Möglichkeiten verfügen.« Und dies macht den Tabak für Forscher so interessant. Tatsächlich ist er ein Meister der Kriegsführung mit C-Waffen. Denn Nicotiana attenuata hat sogar für jede Tageszeit ein anderes Arsenal. Tagsüber produziert sie ätherische Öle. Deren Aroma wirkt besonders abschreckend auf die Weibchen des Tabakschwärmers, der ein gefürchteter Schädling ist. Nachts hingegen werden mit einem anderen Geruch die lästigen Motten vertrieben – und mit einer besonders raffinierten Strategie hält sie den Schaden durch Nachtschmetterlinge, deren Larven ihr zusetzen, in Grenzen: Ein nur nachts ausgesandter Duftstoff alarmiert weibliche Falter, die auf der Suche nach einer geeigneten Tabakpflanze für ihre Brut sind, dass bereits eine Larve derselben Art auf dem Blatt sitzt. Diese

Nachtschmetterlinge bevorzugen nämlich Pflanzen, die noch nicht von Artgenossen befallen sind. So nützt das Signal beiden: Der Tabakpflanze bleiben weitere Belastungen erspart, und die Falter finden schneller, was sie suchen.

Gelingt es dennoch einem Schadinsekt, die Verteidigungslinie zu durchbrechen, kommt ein raffinierter chemischer Feuermelder zum Einsatz. Innerhalb von nur fünf Minuten wird Jasmonsäure gebildet, die zwei Stunden später in der Wurzel die Synthese von Nikotin ankurbelt. Einige Stunden danach schon findet sich dieses Abwehrgift in den Blättern: pro Gramm Blattmasse 120 Milligramm Nikotin – ein Achtel des Gewichts. Das entspricht dem Giftgehalt von 100 Zigaretten der Marke Camel ohne Filter, hat Ian Baldwin ausgerechnet. Selbst Kaninchen schlägt der Tabak damit in die Flucht.

»In diese Nikotinsynthese steckt die Pflanze rund sechs Prozent ihres gesamten Stickstoffgehalts«, sagt der Biologe. »Dieser Stickstoff steht somit für andere Leistungen, wie beispielsweise Wachstum und Samenproduktion, nicht mehr zur Verfügung.«

Es gilt also, eine Balance zu finden zwischen Wachstum und Verteidigung. Deshalb wird das Gift nur dann in extrem hohen Konzentrationen hergestellt, wenn es wirklich nötig ist. Dieser variable Fraßschutz ist eine optimierte Kosten-Nutzen-Rechnung: Ausdruck einer ökologischen Fitness, die das Überleben sichert.

Wie »bewusst« setzen Pflanzen taktische Waffen ein?

Alle Raffinesse kann nicht verhindern, dass das Heer gefräßiger Insekten irgendwann einmal gegen den Abwehrstoff immun wird; so, wie es vielen Raupen des Tabakschwärmers schon gelungen ist. Ihnen kann das Nervengift nichts mehr anhaben. Manduca sexta hat sich biochemisch auf die giftige Wirtspflanze eingestellt.

Doch die Pflanze weiß sich zu wehren. Wird sie von dieser Raupe befallen, reduziert sie die Nikotinherstellung, die ohnehin wenig nützt. Stattdessen produziert sie mehr flüchtige Stoffe zum Anlocken von Feinden der Raupe. Zu ihnen zählt die Wespe Cotesia congregata. Sie ist darauf spezialisiert, den Körper der Raupe als Brutkasten für den eigenen Nachwuchs zu benutzen. Sie legt ihre Eier in ihm ab, und die sich entwickelnden Larven fressen die Raupe von innen auf.

Irgendwie also weiß die Pflanze, dass Nikotin bei solch einem Angriff nicht funktioniert und dass daher der indirekte Weg die besseren Chancen eröffnet. Sie kann also entscheiden, welche spezifische Reaktion sie wählt. Verfügen Pflanzen demnach über Wahlfreiheit; vergleichbar einem Tier, das selbst entscheiden kann, wohin es geht?

»Für unser Gefühl setzt die Wahlfreiheit ein Bewusstsein voraus«, meint Professor Ted Turlings. »Dass es das bei Pflanzen auch gibt, kann man nicht ausschließen«. Nicht nur die Pflanze reagiere flexibel. Die parasitäre Wespe lerne während ihres Lebens immer mehr spezifische Pflanzensignale, erklärt der Forscher vom Institut für Zoologie der Universität Neuchatel. »Sie hat zu Beginn ihres Lebens eine angeborene Antwort auf bestimmte Chemikalien. Denn wenn sie aus ihrem Kokon schlüpft, weiß sie nicht, wo der beste Ort für Raupen ist. Ihre angeborene Antwort aber führt sie zu bestimmten verletzten Pflanzen. Und wenn sie dort Raupen begegnet, dann ›lernt‹ sie dieses Signal. So gelingt es den Wespen, neuartige Düfte mit Raupen zu assoziieren.« Im Labor wurden die Insekten sogar auf Schokoladenduft trainiert.

Und auch die Raupen lernen ständig dazu. Früher haben sie das Abwehrgift Nikotin einfach wieder ausgeschieden und sich somit entgiftet. Neuerdings aber bemächtigen sie sich des Nikotins, um ihrerseits giftig zu werden. Sie speichern das Nervengift in ihrer Leibeshöhlenflüssigkeit (Hämolymphe) und schützen sich so vor der parasitischen Wespe. Das Insekt kann zwar seine Eier immer noch in der Raupe ablegen; aber das gespeicherte Gift verhindert, dass sich Larven entwickeln. Man sieht: Es ist ein ewiger, evolutionärer Ringkampf zwischen Blatt und Raupe.

Pflanzen stärken ihr Immunsystem mit Aspirin

Das ständige Wettrüsten hat dazu geführt, dass die Pflanze aus einem Schädlingsbefall sogar etwas Positives ziehen kann. Denn durch die ständigen Attacken erfahren die internen Abwehrsysteme der Pflanzen eine Starthilfe, um größere Schäden durch späteren Insektenbefall besser abwehren zu können.

Diesen Mechanismus entdeckte Ian Baldwin, als er die Nikotinsynthese der Tabakpflanze künstlich stimulierte, indem er die Wurzeln mit Jasmonsäure behandelte. Nach der ersten Dosis reagierte die Pflanze wie erwartet. Die Nikotinproduktion stieg langsam an; und fiel dann bald wieder ab. Bei der zweiten und dritten Jasmongabe war die Pflanze schon »trainiert«: Die Giftsynthese funktionierte bedeutend schneller. Die Pflanze lernt also, immer effektiver zu reagieren – und muss demnach über ein Gedächtnis verfügen.

Ein Bakterien-, Pilz- oder Virenbefall macht die Pflanze ebenfalls widerstandsfähiger. Ihr Trick: Sie impft sich selbst, um künftige Attacken besser abwehren zu können!

»Wir sehen nun plötzlich die Parallelität bei Pflanzen und Tieren«, sagt der Basler Biologe Thomas Boller. »Man kann durchaus vom Immunsystem der Pflanzen reden und langsam die Anführungszeichen verschwinden lassen.«

Bei höheren Tieren besteht das Immunsystem aus zwei Komplexen, dem erworbenen *(aquired immune system)* und dem angeborenen *(innate immune system)*. Pflanzen haben immerhin ein angeborenes Immunsystem. Und sie reagieren damit bei einer Virusinfektion nicht viel anders als wir Menschen. Sie bekommen »Pflanzenkopfschmerzen«, wie die Forscher sagen. Und sie nehmen dann dieselbe Medizin ein, nach der auch unsereiner greifen würde: Aspirin. Wenn eine Pflanze von Bakterien, Viren oder Pilzen attackiert wird, schüttet sie einen chemischen Abkömmling des Pflanzenhormons Salicylsäure aus – und das ist der aktive Bestandteil von Aspirin!

Dieser hilfreiche Stoff kurbelt die pflanzliche Immunabwehr an und stärkt die Pflanze für einen neuerlichen Angriff. Vergleichbar mit dem Schutz nach einer Impfung laufen dann bei einer erneuten Infektion chemische Abwehrreaktionen schneller ab und hemmen die Verbreitung der feindlichen Mikroben.

Als erwünschter Nebeneffekt sorgt die Salicylsäure zudem dafür, dass sich die Poren an der Blattunterseite schließen und weniger Wasser verdunstet. So steigt die Temperatur im Gewebe an – und die Pflanze bekommt Fieber! Dies entdeckten belgische Forscher, als sie eine Tabakpflanze mit dem Tabakmosaikvirus infizierten und mit einer Infrarotkamera beobachteten. Schon wenige Stunden nach der Infektion waren kranke Stellen auf dem Blatt zu erkennen. Dort lag die Temperatur um 0,3 bis 0,4 Grad höher als bei nicht infizierten Blättern. Der Sinn der Erwärmung: Das heiß gewordene Gewebe stirbt ab, und das Virus kann sich nicht weiter verbreiten.

Pflanzen helfen sich gegenseitig.
Sind sie selbstloser als wir Menschen?

Von all den Abwehrmaßnahmen der Tabakpflanze profitieren auch die Artgenossen. Denn ein Teil der Salicylsäure wird in eine gasförmige Signalsubstanz umgewandelt. Sie entweicht den Blättern und versetzt als chemisches Morsezeichen das Immunsystem benachbarter Pflanzen in Habachtstellung.

Die Verständigung funktioniert sogar über Artgrenzen hinweg. Dieses Phänomen hat Boland nachgewiesen, indem er Wüstenbeifuß beschnitt. Daraufhin gab dieser eine kleine Wolke einer dem Methyljasmonat verwandten Substanz ab. Der Forscher konnte zeigen: Tabak, der in der Nähe des beschädigten Beifußes wuchs, erhöhte die Nikotinproduktion, stellte also seinen Stoffwechsel auf Abwehr um, und erlitt weniger Schäden durch Heuschrecken als einer, der unversehrten Beifuß als Nachbarn hatte und keine Vorwarnung erhalten hatte. Wenn der Forscher beschnittenen Beifuß in einer Plastiktüte versiegelte, reagierte der benachbarte Tabak nicht.

Was aber hat der Beifuß davon, dass er den Tabak warnt? Denn Kommunikation sollte normalerweise beiden dienen: dem Sender und dem Empfänger. Diese Frage stellt sich auch angesichts der angeknabberten Akazien und den von ihnen gewarnten Gewächsen in der Nachbarschaft. Beide Bäume stehen doch miteinander in Konkurrenz um Wasser, Licht und Nährstoffe. Welchen Nutzen also sollte eine attackierte Akazie haben, wenn sie ihre Nachbarn warnt? Welchen evolutionären Vorteil sollten Pflanzen daraus ziehen, den Konkurrenten auf die Gefahr vorzubereiten? Darwins Lehre spricht doch vom unerbittlichen Kampf ums Dasein, in dem die Konkurrenzstärksten obsiegen. Demnach müsste die Akazie profitieren, wenn die anderen um sie herum durch Schädlinge geschwächt werden und erkranken oder gar sterben.

Eine Erklärung für die vermeintliche Selbstlosigkeit der Pflanzen lieferte ein Versuch mit einem simplen Ventilator. Im Fachjournal *PNAS* berichteten der Biologe Martin Heil von der Universität Essen und sein mexikanischer Kollege Juan Carlos Silva Bueno über den Effekt des Luftstroms: Hielt der Ventilator das Aroma raupenbefallener Blätter von anderen Ranken derselben Pflanze fern, so blieben diese ungewarnt. Erst wenn der Wind in die andere Richtung blies, reagierten sie wie üblich.

»Mit einer Warnung im Wortsinne also hat die pflanzliche Kommunikation nichts zu tun«, so Marcel Dicke. »Denn keine Pflanze hat ein Interesse daran, ihren Konkurrenten einen Überlebensvorteil zu verschaffen. Man sollte lieber davon sprechen, dass manche Pflanzen andere belauschen.«

Sicher: Der Nachbar hört mit – das ist nicht zu vermeiden. Er profitiert als Informationsparasit, was der Pflanze ganz recht sein dürfte. Denn ein gesunder Nachbar ist besser als ein kranker. Der Schwächling nämlich wird anfällig für Ungeziefer und somit zur latenten Gefahr. Trotzdem bleibt die Frage: Wie weiß die Pflanze über all diese Zusammenhänge Bescheid?

Grüne Gentechnik verspricht eine pestizidfreie Zukunft

Für die duftenden Signalstoffe der Pflanzen interessieren sich nicht nur die Wissenschaftler, sondern auch die Agrokonzerne. Ihr Ziel: Wiesen, Felder, Plantagen und Nutzwälder auf natürliche Weise besser vor Schädlingen zu schützen. Ihr ganz besonderes Augenmerk richten die Agroforscher auf natürliche Abwehrreaktionen, die mit Schutzimpfungen auf dem Feld aktiviert werden können. So hat der Novartis-Vorgänger Ciba-Geigy als erster Produzent von Pflanzenschutzmitteln einen solchen Pflanzenaktivator auf den Markt gebracht. Der Impfstoff imitiert das Pflanzenmolekül Salicylsäure und wirkt als Warnsignal und Immunstimulanz. Eine ganze Reihe von Nutzpflanzen, von der Banane über den Reis bis zum Weizen, bildet nach der Behandlung antimikrobielle Substanzen und Enzyme, die als mechanische Barrieren gegen Eindringlinge in die Zellen eingebaut werden. Kommt dann ein Erreger, tut er sich schwer, eine Pflanze zu infizieren.

Je besser es gelingt, die botanische Geheimsprache wirkmächtiger Wildpflanzen auf die Felder zu bringen, umso mehr Pestizide lassen sich einsparen. Denn: Viele heutige Nutzpflanzen sind durch extreme Züchtungen fast unempfindlich gegenüber Insekten geworden: chemisch schwerhörig und sprachlos. Sie hören die Hilferufe von Nachbarpflanzen nicht mehr und haben das Vokabular verlernt, solche SOS-Signale selbst abzusetzen. Ebenso mangelhaft beherrschen sie die biochemische Grammatik der Schädlingsabwehr.

Kultivierte Limabohnen etwa produzieren deutlich weniger Nektar, um Ameisen als Helfer gegen Schädlinge bei Laune zu halten. Nordamerikanischer Mais bildet kein Beta-Caryophyllen mehr, wodurch er keine Fadenwürmer mehr anlocken kann, die gegen den Maiswurzelbohrer vorgehen, der sich in seine Wurzeln gräbt. Wilde Baumwollpflanzen indes geben bis zu zehnmal mehr Duftstoffe ab als ihre domestizierte Verwandtschaft. Und auch die Abwehr der Wildkartoffel ist sehr wirkungsvoll, denn sie wird praktisch überhaupt nicht von Insekten angegriffen. Ganz im Gegensatz zum kultivierten Kürbis. Er hat seine Bitterstoffe eingebüßt, weshalb Insekten mit Pestiziden abgehalten werden müssen.

Dass viele Kulturpflanzen schwächeln, kann man fast jeden Frühsommer den Lokalzeitungen rund um Villingen-Schwenningen entnehmen. Dort häufen sich die Meldungen von verheerenden Fressorgien der Traubenkirschen-Gespinstmotten.

In Oberbayern wüten deren auf Apfelbäume spezialisierten Verwandten. Obstbäume, Kartoffeln, Bohnen, Wein, Hopfen und etliche Zierpflanzen stehen auf der Speisekarte der Gemeinen Spinnmilbe (Tetranychus urticae). Die wirtschaftlichen Schäden sind beträchtlich.

»Feldfrüchte sind in Sachen Selbstverteidigung ziemlich dumm, weil die Kompetenz dafür nie Zuchtziel war«, erklärt Biologe Baldwin im *Spiegel*. »Wir fragen uns jetzt, wie man den Kulturpflanzen wieder die Verteidigungsfähigkeit ihrer Vorfahren anzüchten kann.« Erste Erfolge verzeichnen Forscher um Iris Kappers von der Wageningen-Universität. Ihr gelang es, die Ackerschmalwand gentechnisch mit dem SOS-Signal auszurüsten, das hungrige Raubmilben anlockt, die sich dann gierig auf die Spinnmilben stürzen. »Schlaue Wildpflanzen, deren Fähigkeiten sich für die grüne Gentechnik nutzen lassen, gibt es noch reichlich«, meint die Forscherin. »Es muss sich«, ergänzt Baldwin, »nur jemand entschließen, ihnen zuzuhören.«

Projekt Eden:
Der neue Lauschangriff auf die Pflanzen

Um dieses Zuhören zu verbessern, ist ein neuartiger Lauschangriff auf Pflanzen geplant. »Dabei werden chemische Duftsignale und elektrische Impulse der Pflanzen in elektromagnetische Zeichen umgesetzt«, schwärmt Professor Patrizio Giulini von der Universität Padua über die digitale Übersetzungsarbeit im »Project Eden«.

Unter diesem Logo hat sich im größten botanischen Garten Europas, in Cornwall (England), ein Heer von Experten darangemacht, mit digitaler Technik einen Code zu entwickeln, um die Sprache der Pflanzen so perfekt wie möglich zu erlernen. »Es wird relativ einfach sein, mit Hilfe von Computerprogrammen von der Pflanze zu erfahren, wie sie sich fühlt«, meint Biologe Giulini. »Das Hauptproblem wird sein, dass die Pflanze einen Menschen versteht. Ich bin mir sicher, dass es eines Tages ein Fach geben wird, das die Psychologie der Pflanzen untersucht.« Stehen wir vor einem neuen Zeitalter der Pflanzen-Kommunikation?

5 Das Rätsel Wachstum

Es ist jedes Frühjahr das Gleiche: Die Pflanzen erwachen aus ihrem Winterschlaf. Gerade noch sahen die Sträucher wie Reisigbesen aus, und plötzlich bekommen sie einen Anflug von Grün – und schon eine Woche später stehen sie im Schmuck frischer hellgrüner Blätter da. Alles ganz normal. Und doch packt uns jedes Mal aufs Neue der Zauber, der vom Phänomen Wachstum ausgeht.

Ganze Generationen von Philosophen haben sich schon an der Frage des Lebens – dessen wichtigste Erscheinungsform das Wachsen ist – versucht. Der französische Philosoph Henry Bergson postulierte einen *élan vital*, eine ursprüngliche Lebenskraft also, die alles vorantreibt. Der Naturphilosoph Teilhard de Jardin sprach vom »Prinzip Bewusstsein« und meinte, dass schon ein Stein ein Bewusstsein habe und danach strebe, es auf eine höhere Ebene zu heben. Die Liste ließe sich beliebig fortsetzen, bis hin zu einem Gedanken des Philosophen Erwin Cargaff. Er meinte, das Leben verstehen kann vielleicht nur der, der selbst tot ist – aber der publiziert in anderen Verlagen.

Die Biologie bringt das Leben auf eine einfache Formel: Wachstum, Anpassung und Verbreitung. Sich ausbreiten und überleben – das beginnt beim Samen. Pflanzen haben eine riesige Palette verschiedenster Dimensionen, Farben und Formen entwickelt. Manche sind schon von Anfang an sehr mächtig. So erreicht der größte Samen der Welt (genauer: eine einsamige Frucht), die Seychellennuss oder Coco de mer, eine Länge von etwa einem halben Meter, einen Umfang von fast einem Meter und ein Gewicht von bis zu 20 Kilogramm. Zu den Federgewichten zählen die Orchideensamen. Die winzigsten sind nur etwa 0,11 Millimeter lang und wiegen weniger als 0,0000005 Gramm; was bedeutet, dass zwei Millionen von ihnen gerade einmal ein Gramm ausmachen.

Etwas ganz Besonderes ist der Samen des Johannisbrotbaums (Ceratonia siliqua). Er besitzt stets das gleiche Gewicht von 0,2 Gramm. Diese Präzision wurde schon früh erkannt. Sie diente Apothekern und Juwelieren früher als Gewicht für Heilmittel, Gold- und Edelsteine. Noch heute kennen wir die Messeinheit eines Johannisbrotbaumsamens: das Karat. Mittlerweile werden die Samen allerdings nicht mehr zum Goldwiegen verwendet, denn wenn man die Samen mit einer modernen feinen Analysewaage wiegt, fallen doch geringe Gewichtsunterschiede auf.

2000-jähriger Dornröschenschlaf

Am Samen erkennt man: Wachstum ist Schicksal. Denn ein Samen kann jahrelang ruhen. Sobald sich aber der Keim in ihm regt, bleibt ihm nichts anderes übrig, als zu wachsen. Das ist beispielsweise das Geheimnis der »blühenden Wüsten« in Südafrika. Dort gedeiht eine Braunwurzart, deren Knollen nicht größer sind als Stecknadelköpfe. Nach dem ersten ausgiebigen Regenguss schießen innerhalb von Minuten kleine Blätter hervor. Und über Nacht bilden sich Blüten. Diese Wüstenblumen haben in der Samenhülle keimhemmende Chemikalien eingelagert, die ein Aufgehen bei zu schwachem Regen verhindern. Erst eine bestimmte Wassermenge schwemmt diese chemischen Stoffe von der Kapsel ab, und die Pflanze drängt ans Licht.

Kürbissamen können bis zu zehn Jahre überdauern, ohne Schaden zu nehmen – Dattelsamen sogar über 2000 Jahre. Der israelischen Archäologin Sarah Sallon ist es gelungen, einen solchen Methusalem aus seinem Dornröschenschlaf zu wecken. Seit Beginn der christlichen Zeitrechnung, das zeigte eine Altersbestimmung nach der Radiokarbonmethode, hatte der Dattelsamen im Wüstensand geruht. Ob der 2005 gepflanzte und mittlerweile 1,20 Meter große Palmsprössling einmal Datteln haben wird, hängt von seinem Geschlecht ab – denn nur die weiblichen Pflanzen tragen die süßen Früchte –, und das wird sich erst in einigen Jahren herausstellen. Der bisherige Rekordhalter übrigens war der Samen einer Lotuspflanze mit einem Alter von 1300 Jahren.

Schweben, Schießen, Hüpfen – Wie sich Samen fortbewegen

So unterschiedlich wie die Samengrößen, so variantenreich sind die Strategien, den Samen auszubreiten. Mit einem Fallschirm aus kuppelförmigen Haarzellen schweben die winzigen Samen von Pappeln und Weidenröschen durch die Luft. Und auch die erbsengroßen Samen von Baumwollpflanzen haben einen Fallschirm, der den freien Fall bremst, damit die Samen leicht vom Wind verweht werden können. Allerdings besteht er bei ihnen aus rund 7000 extrem lang gestreckten Zellen. »Ballonsamen« hingegen bilden durch große leere Zellen zwischen Samenschale und dem eigentlichen Samengewebe Luftsäcke. Das Oberflächen-Volumen-Verhältnis solcher »Staubsamen« reduziert ihre Sinkgeschwindigkeit: Ein kleiner Orchideensamen sinkt mit ungefähr vier Zentimetern in der Sekunde sehr langsam nieder – im Vergleich zum Ulmensamen mit einer Fallgeschwindigkeit von etwa 60 bis 70 Zentimetern pro Sekunde.

Anstatt ihn dem unzuverlässigen Wind anzuvertrauen, sorgen manche Pflanzen lieber selbst für die Verbreitung des Nachwuchses. Bei dieser Selbstausbreitung (Autochorie) schießt die

Spritzgurke ihre Samen mit bis zu 15 Bar über zehn Meter weit durch die Luft. Dieser Druck ist rund fünf Mal so hoch wie in einem Autoreifen. Er entsteht beim Reifen der Frucht; dann nämlich baut die innere, fruchtmusartige Fruchtwand (Endokarp) einen hydrostatischen Zelldruck (Turgor) gegen die dicke, relativ unelastische äußere Fruchtwand auf.

Eine Sollbruchstelle an der Basis des Stengels sorgt dafür, dass er irgendwann wie ein Korken herausknallt – und die Samen herausspritzen.

Der Rekordhalter dieser Explosionsmethode ist die Zwergmistel. Der Druck, der sich in der dunkelgrünen Fruchtwand aufbaut, schießt ihre mehr als zwei Millionen winzigen, klebrigen Samen mit 97 Stundenkilometer über eine Entfernung von bis zu 16 Metern.

Auch Tiere lassen sich – zuverlässiger als der Wind – als Kuriere für den Samentransport nutzen. Dabei macht die Teufelskralle ihrem Namen alle Ehre. Sie hat eine diabolisch anmutende Strategie entwickelt. Die verholzten Samenkapseln sind mit langen, groben, widerhakenbewehrten Stacheln ausgerüstet. Jedes Säugetier, das darauftritt, schleppt das scharfkantige Gebilde mit sich herum. Gewünschter Effekt: Die Kapsel wird langsam durchgescheuert, der Samen allmählich frei.

Jetzt gilt es, einen nährstoffreichen Untergrund zum Gedeihen zu finden. Und wie löst der Samen dieses Problem? Er zwingt dem Kurier gleichsam seinen Willen auf, denn er steuert ihn zum optimalen Platz. Die spitzen Dornen sorgen nämlich für eine Verletzung, die sich entzündet. Und sobald das geschwächte Tier Fieber bekommt, sucht es eine Wasserstelle auf, um sich zu kühlen. Hier nun findet der Pflanzensamen günstige Bedingungen zur Keimung. Wie bloß konnte er dies alles »planen«?

Und was machen Samen, die auf trockenen Boden fallen? Sie graben sich ein – so lange, bis sie auf feuchtere Schichten stoßen.

Das jüngste erforschte Beispiel für diese Fähigkeit ist der Samen der alten Weizensorte Triticum turgidum. Zunächst paddelt er wie ein Frosch über den Boden – mit einer Spitzengeschwindigkeit von einem zehnmillionstel Kilometer pro Stunde. Das macht fast einen Zentimeter in vier Tagen.

Die treibende Kraft dabei wurde erst mit dem Rastertunnelmikroskop entdeckt: unsichtbare, lange, nur Bruchteile eines milliardstel Millimeter dicke Härchen. Diese sogenannten Grannen besitzen knapp oberhalb des Korns eine Art Gelenk, das aus ähnlichen Zellen besteht, wie man sie im Astgelenk eines Baums findet.

Durch abwechselndes Spreizen und Zusammenlegen der Grannen kann das Korn über den Boden wandern. Der Trick: Für diesen Fortbewegungsmechanismus wird die wechselnde relative Luftfeuchtigkeit des Tag-Nacht-Rhythmus genutzt. Herrscht niedrige Luftfeuchtigkeit, was in der Regel tagsüber der Fall ist, ziehen sich Häutchen so zusammen, dass die beiden Grannen die Form eines V bilden. Bei hoher Feuchtigkeit, also nachts, quillt das Gewebe auf, so dass die Grannen sich parallel aneinanderlegen.

Um sich ganz von selbst in die Erde zu graben, nutzt der Weizen winzige nadelartige Glashärchen, die alle vom Weizenkorn weg zeigen. So wirken die Nadeln wie Widerhaken und geben Halt in der Erde. Wenn sich die Antennen tagsüber zum V formen, schieben sich die Widerhaken ein Stück tiefer ins Erdreich. Strecken sich die Grannen nachts, verhaken sich die Glashärchen in der Erde, so dass sich der Samen weiter in die Erde bohrt. Am nächsten Tag biegen sich die Grannen wieder auseinander, um den eingebauten Bohrer des Getreidekorns erneut zu spannen.

Biologen sprechen von einem Motorgewebe. Damit fassen sie jene Grannen, Borsten, Fortsätze zusammen, mit deren Hilfe im Pflanzenreich mehr oder weniger schnelle Bewegungen möglich sind. So kriecht auch der Samen des Moschus-Reiherschnabels mit einem korkenzieherartigen Fortsatz über den Boden und gräbt sich damit ein.

Jeder schlägt Wurzeln, aber jeder anders

Wachstum ist Bewegung – auch unsichtbare Aktivität. Im Samen werden Nährstoffe bewegt. Enzyme beginnen, die Vorräte aus dem Nährgewebe im Sameninneren abzubauen. Sie werden zur Wachstumszone des Keimlings transportiert, damit dieser sein erstes Organ ausbilden kann: die Keimwurzel (Radikula). Sie bewegt sich ins Erdreich und holt sich von dort jetzt selbst das benötigte Wasser mit den darin gelösten Nährstoffen. Dann bewegt sich der Keimling, um die ihm eigene Gestalt zu entwickeln.

Um an möglichst viele der lebenswichtigen Substanzen zu gelangen, bewegt sich die Wurzel und vergrößert ihre Oberfläche – erst durch zahlreiche Wurzelhaare, dann durch Seitenwurzeln.

Wurzeln wachsen auch, um den Pflanzen den nötigen Halt zu verleihen. Bäume des Regenwaldes bilden wegen der dort dünnen Humusschicht oft oberirdische Brettwurzeln aus, während Bäume aus gemäßigten Breiten ihre Fortsätze meist in den Untergrund wachsen lassen. Eichenwurzeln dringen bis in neun Meter und die Wurzeln der violetten Luzerne (Medicago sativa) sogar bis in zwölf Meter Tiefe vor. Dabei entwickelt Letztere eine derartige Kraft, dass sie selbst Beton durchbohren kann.

Wachsen bis zum Umfallen

Und ebenso geht die Bewegung in die entgegengesetzte Richtung – zum Licht. Auch wenn man es nicht sieht: Eine Pflanze wächst ein Leben lang. Unermüdlich ist dabei die südwestafrikanische Wüstenpflanze Welwitschia mirabilis; zwar bildet sie in ihrem ganzen Leben nur zwei bandförmige Laubblätter aus – die aber wachsen manchmal 2000 Jahre lang. Selbst der älteste Baum der Welt, eine 7000 Jahre alte japanische Sicheltanne auf der Insel Yakushima, befindet sich noch im Wachstum. Manche Bäume wachsen bis zum Umfallen; zum Beispiel die Weide. Bei ihr ist ein Alter von 160 Jahren keine Seltenheit. Weil sie bevorzugt an Flussufern siedelt, muss sie schnell wachsen. Denn wenn sie nicht eine bestimmte Größe erreicht und viele Wurzeln ausbildet, mit denen sie sich im Boden festkrallen kann, wird sie bei der nächsten Überschwemmung weggerissen. Wegen des schnellen Wachstums aber bleibt das Holz weich. Deshalb wird die Weide irgendwann sich selbst zu schwer und bricht unter ihrem eigenen Gewicht zusammen.

Der Wachstumswille der Weide ist wirklich ungewöhnlich. Jeder Zweig, der den Boden berührt, wurzelt sich sofort ein, und daraus entsteht eine neue Pflanze. Ohne Pollen, Wind oder Insekten. Einfach nur die Tatsache, dass der Zweig in die dunkle Region am Boden gelangt und die Feuchtigkeit des Erdreichs spürt, weckt in ihm den Drang, Wurzeln zu schlagen – und zu wachsen.

Von einem eindrucksvollen Beispiel dafür erzählt der Ökologe Rupert Sheldrake: »Als kleiner Junge war ich oft auf dem Bauernhof meines Onkels. Eines Tages fiel mir eine Allee von Weiden auf: Aus jedem Baum ragten rostige Nägel heraus. Mein Onkel erklärte mir, dass diese Weiden einmal Zaunpfähle waren. Doch dann hätten die Pfähle aus unerklärlichen Gründen Wurzeln bekommen und seien zu Bäumen gewachsen.«

Warum werden Bäume nie erwachsen?

Selbst der höchste Baum der Welt wächst immerzu weiter. Den historischen Rekord hält mit einer Höhe von 132,58 Metern ein im 19. Jahrhundert gemessener australischer Rieseneukalyptus. Der aktuelle Rekordhalter steht im Redwood National Park in Kalifornien. Die Wissenschaftler nennen ihn Hyperion, nach einem Titanen der griechischen Mythologie. Vom Boden bis zum Wipfel ragt er 115,5 Meter auf,

Ob über 100 Meter hoch oder über 7000 Jahre alt – das Wachstum wird mit zunehmendem Alter nur langsamer. Ein junger Baum kann noch kräftig anschieben und bringt leicht Jahresringe von einem Meter und mehr hervor. Wenn ein mitteleuropäischer Baum um die 60 Jahre alt ist, nimmt sein jährlicher Höhenzuwachs deutlich ab. Ein großer Baum muss seine Wachstumskraft auf viele Äste verteilen und wächst so, unbemerkt von unserem Auge, jedes Jahr nur noch Zentimeter in die Höhe. Aber immer noch besitzt er aktive Wachstumszonen, die Knospen austreiben, neue Zweige, Blüten, Blätter und Früchte hervorbringen.

Warum hört die Pflanze nicht auf zu wachsen? Die biologische Erklärung: Die Pflanze bildet an den Wachstumspunkten von der Wurzel bis zur Krone ständig »Wachstumsinseln«, sogenannte Meristeme. Diese Zellen sind zunächst undifferenziert, also noch nicht auf eine bestimmte Aufgabe spezialisiert, und können sich aufgrund ihrer genetischen Informationen in alle Pflanzenzelltypen entwickeln. Je nachdem, was gebildet werden soll – ob Zellen in den Blättern, Gefäßzellen im Leitungsgewebe oder dickwandige Zellen zum Stützen der ausgewachsenen Pflanze –, wird der jeweilige genetische Bauplan aktiviert, und die Zellen in den Wachstumszonen teilen und verändern sich nach dessen Vorschriften.

Damit sind diese Multitalente den embryonalen Stammzellen bei Menschen und Tieren vergleichbar – mit dem Unterschied, dass eine Pflanze diese Zellen eben immer wieder neu ausbildet. Bei Menschen und Säugetieren kommen diese Zellen nur im Anfangsstadium der Entwicklung vor, wenn sich im Mutterleib eine befruchtete Eizelle zu teilen anfängt und durch Vermehrung in viele – ebenfalls noch unfertige – Zellen zu einem Embryo heranwächst. Man spricht deshalb vom Embryonalstadium. Bäume und Sträucher haben ständig Zellen im Embryonalstadium, die den Baum »ewig« wachsen lassen.

Mit Ausnahme der Zellen an den Wachstumszonen werden die Stengel und Äste einer Pflanze aus dem Dauergewebe gebildet. Es besteht aus nicht mehr teilungsfähigen Zellen. Sie nehmen an Volumen zu und lassen die Pflanze in die Höhe wachsen – ein Vorgang, der bei Tieren und Menschen nur durch Zellteilung erreicht wird.

Einjährige Pflanzen – dazu zählen unter anderem die Gräser – haben oft nur wenige Monate Zeit, um vom Samen bis zur Frucht zu reifen. Deshalb müssen sie schneller wachsen und eher blühen als etwa Bäume und Sträucher. Ein Paradebeispiel dafür ist der Kürbis, der besonders bestrebt ist, seinen Spross möglichst schnell nach oben zu treiben. Bei optimaler Temperatur, ausreichend mit Wasser und Nährstoffen versorgt, kann der Spross täglich gut 14 Zentimeter wachsen – also mehr als einen halben Zentimeter pro Stunde. Damit ist er 20-mal schneller als die meisten Pflanzen.

Warum schießen Triebe so schnell?

Das Kommando zum Wachsen kommt von elektrischen Impulsen. Sie regen die Bildung eines Wachstumshormons an. Über diesen Stoff schrieb schon im Jahr 1881 Charles Darwin in seinem Werk »Die Kraft der Bewegung bei Pflanzen«.

Darwin vermutete, dass in der Wurzelspitze ein Botenstoff gebildet wird, der in der Wachstumszone des Stengels die beschattete Seite stärker wachsen lässt als die belichtete. 1926 erst wurde dann die wachstumssteigernde Substanz in der Spitze von Haferkeimlingen nachgewiesen und nach dem griechischen *auxein* (wachsen) benannt.

Auxin wird im Frühjahr immer dann gebildet, wenn Licht und Temperatur stimmen. Dabei kommt es mehr auf die Nacht- als auf die Tagtemperatur an. Selbst wenn es während des Tages schon warm ist, reagieren die Pflanzen nicht, solange es nachts noch Frost gibt. Denn gingen die Knospen zu diesem Zeitpunkt bereits auf, würden die Blätter – wegen des Wassers, das sie enthalten – in Frostnächten erfrieren. Erst wenn die Temperaturen nachts nicht mehr unter fünf bis sechs Grad sinken, geben die Knospen die Blätter frei.

Die Blätter sind die Ersten, die aus dem Winterschlaf erwachen. Denn zum Wachsen braucht die Pflanze Photosynthese, die in den Blättern abläuft. Das Blatt ist in der Knospe schon fertig vorhanden – entstanden durch Zellteilung des Meristems. Wenn die Knospen im Frühjahr anschwellen, ist die Zellteilung längst beendet. Die Knospe (und die Blüte) wird dick, weil die Zellen Wasser aufsaugen, sich strecken, wodurch das Blatt wächst. Dadurch übt es immer stärkeren Druck auf die Knospenhülle aus – bis sie platzt. Nur weil das schon fertige Blatt sich lediglich noch auf seine Länge ausstreckt, können Blätter wie beispielsweise die Kastanie über Nacht erscheinen. Durch die Streckung werden die Zellen lang und flach, liegen enger auf- und nebeneinander und geben so dem Blatt und der Blüte größere Stabilität.

Für das Streckungswachstum der Dauergewebszellen sorgen neben den Auxinen die Gibberelline. Diese beiden Moleküle beeinflussen zwei voneinander unabhängige physikalische Prozesse: die Fähigkeit der Zelle zur Wasseraufnahme und die

Dehnbarkeit ihrer Zellwand. Die Auxine säuern die Zellwand an und weichen sie dadurch gewissermaßen auf. Die Gibberelline ermöglichen gleichzeitig die Einlagerung zusätzlichen Baumaterials. Dadurch vergrößert sich das Zellvolumen, was wiederum dazu führt, dass Wasser nachströmen kann.

So ist es möglich, dass eine Pflanzenzelle mehr als 1000-mal so groß werden kann wie im Embryonalzustand. Und dies innerhalb kürzester Zeit – manche Dauergewebszellen benötigen nur eine Stunde, um ihr Volumen zu verdoppeln. Dies führt zu erstaunlichen Leistungen: Einige Bäume können im Frühjahr binnen weniger Stunden ihre Blätter austreiben – Zellteilungen wie bei den Tieren brauchen dagegen viel mehr Zeit.

Kürzlich wurde im Übrigen ein neues Pflanzenhormon entdeckt, das das Beschneiden von Bäumen und Sträuchern überflüssig machen könnte, denn es unterdrückt die Bildung von Seitentrieben. Strigolacton heißt die Substanz, und sie eröffnet die Möglichkeit, Obst-, Waldbäume und Sträucher selbst in exotischen Formen wachsen zu lassen – ohne Säge oder Heckenschere. Das Hormon muss nur auf die Pflanzen gesprüht werden – wie ein Unkrautmittel. Dann treiben keine unnötigen Seitenzweige mehr aus, nur der zentrale Stamm wächst gerade nach oben.

Der Baum überwacht sich selbst mit Sensoren

Warum aber will der Baum eigentlich immer weiter wachsen? Weshalb ist dieser gewaltige Aufwand an Holz überhaupt nötig? Schließlich könnte eine strauchhohe Konstruktion doch ebenso effektiv Photosynthese betreiben.

Der Grund ist, so sagen Evolutionsbiologen, ein entwicklungsgeschichtlicher Wettlauf zwischen den Bäumen. Jene Individuen, die ihre Nachbarn überragten, bekamen am meisten

Licht ab und konnten sich besser behaupten und fortpflanzen. So erreichten sie im Lauf der Jahrmillionen die enorme heutige Höhe – und eine feiste Dicke; beim Affenbrotbaum gar einen Durchmesser von bis zu 47 Metern. Können Bäume ewig zunehmen? Theoretisch ja. Aber sie wachsen nicht blindlings drauflos. Das Wachstum in die Breite steht mathematisch genau im richtigen Verhältnis zur Höhe und zum Gewicht des Baumes. Und ein Baum passt auch seine Äste auf subtile Weise den angreifenden Belastungen an.

Wissenschaftlern zufolge haben Bäume im Lauf der Evolution gelernt, Verluste einzukalkulieren. Gelegentliche Schäden kosten weniger als ständiger Aufbau. So sind Bäume zu Ingenieuren und Konstrukteuren geworden, die man sich auch in unserem Wirtschaftsleben wünschte: Sie erreichen mit minimalem Materialaufwand eine maximale Stabilität.

Das Erfolgsgeheimnis sind »intelligente Biosensoren«. Sie sorgen für die punktgenaue Feinsteuerung des Wachstums. Verursacht etwa starker Wind oder Schneefall eine hohe Biegebelastung an einem Ast, spürt der Baum die höheren Spannungen und lagert an den entsprechenden Stellen so viel Gewebe an, bis sich die Spannungen wieder gleichmäßig verteilen. Solche Wachstumsprozesse hinterlassen Spuren – und erzählen so die Spannungsgeschichte jedes Baumes.

Dieses Phänomen hat der Physiker Peter Fratzl studiert. »Jetzt verstehen wir, wie Bäume überhaupt wachsen können«, sagt der Leiter der Abteilung Biomaterialien des Max-Planck-Instituts für Kolloid- und Grenzflächenforschung in Golm bei Potsdam. Er hat das Funktionsprinzip der »Holzmuskeln« enträtselt, mit denen Bäume es schaffen, im Lauf ihres Wachstums immer mehr eigene Last zu stemmen.

Das Geheimnis liegt in den röhrenförmigen Holzzellen, die wie ein Schwamm Wasser aufsaugen. Möglich macht dies ein poröses Knäuel aus Hemizellulose, ein Makromolekül ähnlich der Zellulose. Durch den Schwamm ziehen sich die Fasern aus echter Zellulose. Sie sind 100 000-mal dünner als ein menschliches Haar, aber extrem steif: 100-mal steifer als der sie umgebende Schwamm, mit dem sie fest verbunden sind. Wenn der Schwamm Wasser einsaugt, quillt er. Die Zellulosefäden hingegen nehmen kein Wasser auf.

Die Orientierung der Zellulosefasern entscheidet, ob sich die Holzzelle streckt oder zusammenzieht. Da sich die Zellulosefasern nicht dehnen, kann sich die Holzzelle nur senkrecht zu ihr ausdehnen. Liegen die Fasern also quer zum Ast, dehnen sich die Holzzellen in Längsrichtung des Astes aus. Wenn die Fasern hingegen fast parallel zum Ast laufen, geschieht etwas anderes: »Obwohl die Zelle insgesamt aufquillt, zieht sie sich in der Richtung des Astes zusammen«, erklärt Forscher Fratzl. Die feuchten Zellulosefasern verdrillen sich und werden kürzer. So kommt es zu einem wundersamen Effekt: Nimmt die Last zu, die ein Ast tragen muss, bilden sich an seiner Oberseite ziehende und an seiner Unterseite drückende Zellen.

»Hinter den muskelähnlichen Holzzellen und dem Mechanismus der Weizengrannen steckt das gleiche Prinzip«, sagt Fratzl, in dessen Institut auch die beweglichen »Weizenfrösche« (s. S. 99) entdeckt wurden. »In beiden Fällen bestehen die Zellen aus einer steifen, unflexiblen Komponente, die in ein elastisches Gel eingebettet ist.« Nach diesem Vorbild will Fratzl jetzt neue Verbundwerkstoffe kreieren, die aus unterschiedlichen Komponenten bestehen. So führt die Erforschung der Holzmuskeln zu neuen Hightech-Materialien.

Überleben um jeden Preis

Die Alternative zum Wachstum ist bei den Pflanzen der Tod. Wie sie darüber denken, wissen wir nicht. Mexikanische Wissenschaftler haben aber herausgefunden, dass Bäume Töne von sich geben, wenn sie vertrocknen. Sie »schreien« nach Wasser. Menschen können die hohen Frequenzen (zwischen 50 und 500 Kilohertz) nicht hören – aber Borkenkäfer. Sie stürzen sich gefräßig auf den sterbenden Baum. Der indische Physiologe Sir Jagadis Chandra Bose (1858–1937) glaubte, »Todeszuckungen wie bei einem Tier« zu erkennen, als er 1886 einen an ein Messgerät angeschlossenen Farn so lange mit einer dicken Nadel durchbohrte, bis dieser starb. Die Versuche von Cleve Backster, der Pflanzen an einen Lügendetektor anschloss, haben gezeigt, dass Pflanzen sogar sensibel auf den Tod anderer Lebewesen reagieren – nicht nur bei anderen Pflanzen, auch bei einzelligen Lebewesen, Amöben, Bakterien und besonders bei Tieren.

Was immer man davon halten mag, eines kann man an den Pflanzen in jedem Fall erkennen: Das Leben wehrt sich gegen den Tod. Sonst würden sie nicht ums Überleben kämpfen, indem sie sich der Umwelt anpassen.

Sie verhalten sich dabei selbst dann unterschiedlich, wenn sie gleich aussehen und die gleiche Chromosomenzahl haben. Ein Paradebeispiel dafür ist der dreiblättrige Klee, der im Tal und auf den Bergen wächst: Auf der Wiese in 1800 Metern Höhe misst er nur etwa zehn Zentimeter, während er im Tal auf stattliche 45 Zentimeter kommt.

Manche Arten passen sich derart an, dass sie gar nicht mehr dem landläufigen Bild einer Pflanze entsprechen. Die Nestwurz ist so ein Gewächs. Dessen Lebensweise lässt sogar an Selbstverleugnung denken. Diese kleine Orchideenart lebt im Untergehölz, wo Licht Mangelware ist. Also verzichtet sie auf das für sie nutzlose Chlorophyll und ernährt sich wie ein Pilz von organischen Molekülen im Humus, die durch die Zersetzung abgestorbener Pflanzen frei werden.

Das andere Extrem zeigt ihre Verwandte, die echte Vanille. Diese tropische Orchideenart siedelt im Urwald in den Kronen der Baumriesen und lässt ihre Wurzeln in der Luft baumeln. Um an Wasser zu kommen, fängt sie Regentropfen, die an ihren Wurzeln entlangrinnen, an deren unteren Enden in einem speziellen Speichergewebe auf. Es besteht aus leeren Zellen und gleicht einem Schwamm, der sich mit Wasser vollsaugt.

Was treibt die Pflanzen zu solchen Lebenskünsten an? Wissenschaftler des Max-Planck-Instituts in Jena untersuchten einen zufällig gewählten Genomabschnitt der Modellpflanze Ackerschmalwand und schlussfolgerten, dass das gesamte Genom Hunderte von Genen enthalten muss, die einen Einfluss auf das Pflanzenwachstum haben. Zudem vermuten sie, dass noch weitere, bislang unbekannte Gene in anderen Bereichen des Genoms, dem sogenannten genetischen Hintergrund, interagieren.

Aber das ist nur die biologische Seite. Zum Wachsen gehört offenbar auch noch ein geheimnisvolles Wissen. Denn Pflanzen tun immer sofort das Richtige – ohne lange herumzuexperimentieren. Viele Biologen sprechen deshalb von einem »zellulären Bewusstsein«. Weiß zum Beispiel die Silberhaut aus diesem zellulären Bewusstsein, dass man in Südafrikas Wüsten gut überleben kann, wenn man wie ein Stein aussieht? Diese Pflanze wurde zu einem »lebenden Stein«. Wächst sie auf hellem Untergrund, sind ihre Blätter weiß. Ist die Umgebung dunkel, sind es auch ihre Blätter. Und die Blätter gleichen sogar in der Form den herumliegenden Steinen und können rund oder eckig sein. So schützt sich die Silberhaut vor Pflanzenfressern.

Vermehrung wie am Fließband

Sinn des Lebens ist es, nicht nur zu überleben, sondern auch ständig neues Leben zu erzeugen, um so die Arten zu erhalten. 90 Prozent aller Pflanzen sind zweigeschlechtlich; das heißt, sie tragen männliche und weibliche Geschlechtsorgane zugleich. Deren unterschiedliche Reifung verhindert eine Selbstbefruchtung, solange die Pflanze von Insekten besucht wird. Und wenn die Tiere aus irgendeinem Grund ausbleiben?

Die Raute weiß sich zu helfen. Sie streut ihre Pollen zwar lange Zeit vor der Geschlechtsreife ihrer Narben aus. Wird sie dann jedoch nicht von einem Insekt bestäubt, richten sich einige Staubfäden wieder auf und berühren die Narbe zur Selbstbefruchtung. Das Unkraut – hemmungslos, wie es ist – praktiziert das ständig. Dies ist einer der Gründe, warum es sich so erfolgreich verbreitet hat. Ein anderer findet sich unter der Erde. Dort wird Samen gelagert und führt zur Schaffung einer Bodensamenbank. Diese vielen, unterschiedlich reifen Samen erklären das Sprichwort: »Ein Jahr gesät, sieben Jahre gejätet.« Denn wenn ein unachtsamer Gärtner es auch nur eine Saison lang zulässt, dass Unkräuter ihre Samen ausbreiten, werden ihn ihre Nachkommen viele Jahre verfolgen.

Viele Gewächse pflanzen sich zudem ohne Pollen, Ei und Frucht einfach dadurch fort, dass sie durch Zellteilung die Wurzeln vermehren. Die Brutblätter (Bryophyllum) können sogar Embryos aus Ecken ihrer Blätter bilden; das ist ein bisschen so wie Athene, die dem Kopf von Zeus entsprang.

Innerlichkeit – Die Triebfeder des Lebens

»Das Geheimnis des Lebens ist auch die Unerbittlichkeit, mit der es ausbricht«, schreibt Autorin Karin Haglund. »Sobald es eine Möglichkeit findet, sich zu regen, kann es nicht mehr stoppen. Es ist diese Unerbittlichkeit, ja Aggressivität des Wachstums, die junge Bambussprosse mit solcher Gewalt nach oben schießen lässt, dass sie beim Durchstoßen von Erde und Pflanzen quietschen; die die Hyazinthenblüte beim Aufbrechen so stark gegen die steifen Blätter drücken lässt, dass diese laut knacken; und die einem Spross die Kraft verleiht, selbst Asphalt zu durchstoßen.«

Was treibt Pflanzen an? Nicht allein die funktionalen Zwecke – Fortpflanzung und Überleben –, denn »alles Lebendige strebt nach Sein«, schreibt Biologe Andreas Weber, der den Ursprung dieses Strebens in jener »Innerlichkeit« vermutet, die der Schweizer Biologe Professor Adolf Portmann (1897–1982) jedem Lebewesen zugestand. Sie ist eine Art Triebfeder für alles Lebendige. Und da Pflanzen Lebewesen sind, sah Biologe Portmann diese Innerlichkeit bei ihnen ebenfalls. Ihr Geheimnis liegt dort, wo ihre Urkraft auch beim Menschen beginnt: »Wenn ich weiß, dass eine Pflanze, dass ein Baum aus einem einzigen Samen hervorgeht, so muss ich annehmen, dass der Anlass zu seiner Art von Innerlichkeit genauso dort ist, wie der Anlass zu der meinigen in dieser Eizelle steckte, die ich einmal war.«

6 Pflanzen sehen mit Milliarden Augen

Jeder hat es schon beobachtet: Pflanzen wachsen zielstrebig dem Licht zu. Bei Gewächsen auf dem Fensterbrett krümmen sich die Sprossen in Richtung des seitlich einfallenden Lichtes, und die Blätter drehen sich senkrecht zum Lichteinfall.

Bei Sonnenblumen zeigt sich diese Sonnenverliebtheit besonders eindrucksvoll: Die Blütenköpfe der Helianthus annuus drehen mit dem Verlauf der Sonne von Osten über den Süden nach Westen mit. Im Spanischen heißt der Korbblütler deswegen auch *girasol*. Im Französischen gibt es das Pendant *tournesol*. Beides bedeutet übersetzt »die sich nach der Sonne dreht« – was ihr mit einer zeitlichen Verzögerung von gerade einmal 45 Minuten gelingt.

Dasselbe Prinzip wenden moderne Photovoltaikanlagen an, um effektiver Strom zu produzieren. Und entsprechend gut zahlt sich das eigenwillige Drehvermögen der Sonnenblume aus. Während der Wachstumsperiode erhascht sie 15 Prozent mehr Sonnenenergie.

Die scheinbar rotierende Bewegung wird abgeschaltet, wenn die Pflanze ausgewachsen ist. Dann verhärtet sich der Stengel, und die Blüte bleibt stehen – meist mit Blickrichtung Osten, dem Sonnenaufgang entgegen. Die Pflanze ist dann nicht mehr heliotrop.

Wie können Pflanzen wie Miniaturradaranlagen agieren und sich in Richtung der Sonne drehen? Womit stellen sie fest, woher das Licht kommt? Die Antwort: Pflanzen haben Augen – und zwar überall! Es ist, als hätte der Mensch auch noch an seinen Zehenspitzen welche. Denn selbst die Pflanzenwurzeln können sehen. Geraten sie nämlich mal zufällig an die Oberfläche, korrigieren sie die Richtung.

Ähneln Pflanzenaugen dem Auge des Menschen?

Den Einfallswinkel des Lichtes wahrzunehmen ist für Pflanzen lebensnotwendig. Denn nur wenn die Blätter ständig »ins rechte Licht gerückt« werden, erhält die Pflanze genügend Energie für die Photosynthese, also zur Nahrungsgewinnung. Für diesen Prozess nutzt sie ihr Chlorophyll. In denselben Organen und Zellen, in denen sich dieses Blattgrün befindet, haben Pflanzen noch andere Farbstoffe: Pigmente, die Licht verarbeiten.

Lange Zeit glaubte man, die biologischen Vorgänge in den Pflanzen würden beginnen, sobald Licht auf diese Pigmente trifft. Aber Gewächshauspflanzen, die man künstlichem Licht aussetzte, entwickelten sich schlecht. Und Keimlinge »vergeilten«, wie die Biologen sagen: Es entwickelte sich nur ein langgestreckter, wachsweißer Spross mit bleichen Blättchen und halbfertigen Versorgungsleitungen.

Normalerweise strebt jeder Keimling mit unbändiger Energie dem Licht entgegen. Im Urwald, wo am Boden nur 0,1 bis maximal zwei Prozent des Sonnenlichts ankommen, durchdringt der Winzling dicke Schichten abgestorbener Pflanzen, indem er ein Vielfaches seiner eigenen Masse beiseiteschiebt. Wie groß die Kraft eines Keimlings ist, zeigt eine Foltermethode der frühen Chinesen: Sie ließen widerspenstige Gefangene von Bambussprossen durchbohren.

In der Natur wird das Streckenwachstum des Keimlings gebremst zugunsten der Entwicklung der Blätter, die möglichst viel Sonne einfangen sollen. Aber im Gewächshaus war kein normales Wachstum zu erreichen: egal, ob man einfarbiges

Kunstlicht einsetzte oder Glühlampen bzw. Leuchtstoffröhren, die ihre Energie nur auf wenigen Wellenlängen abgeben. Damit war die Sache klar: Sonnenlicht muss bestimmte Informationen enthalten, nach denen die Pflanze ihr Wachstum ausrichtet. Um feststellen zu können, welche Informationen das sind, mussten die Forscher erst herausfinden, wo sich die Lichtsensoren befinden. Dabei stießen sie schon in den 30er Jahren in der Spitze von Maiskeimlingen auf die lichtabsorbierenden Koleoptile: eine fingerhandschuhartige durchsichtige, einige Zentimeter lange und wenige Millimeter dicke Schutzschicht. Sie umhüllt das erste Blatt des Keimlings und soll es unverletzt ans Tageslicht bringen, weshalb diese Region stark in die Länge wachsen kann.

Nun galt es aufzuspüren, welche Art von Licht diese Reaktion auslöst. Dazu zerlegten die Forscher das Sonnenlicht in seine Spektralfarben, die der Deutsche Joseph von Fraunhofer (1787–1826) rein zufällig entdeckt hatte. Der Physiker und Glastechniker, der sich mit der Produktion von Fernrohren und wissenschaftlichen Instrumenten einen Namen gemacht hatte, untersuchte 1814 mit einem Prisma das Sonnenlicht. Wer sich jemals einen geschliffenen Glaskristall ans Fenster gehängt hat, kennt die Verwandlung, die ein Sonnenstrahl beim Durchtritt durch den Kristall erfährt: Der Strahl weißen Lichts wird zu einem bunten Strauß aus Farben. Nach demselben Prinzip fächerte Fraunhofer mit einem Glasprisma das Tageslicht in seine farbigen Komponenten auf und identifizierte deren verschiedene Wellenlängen. Das menschliche Auge erkennt davon nur einen Ausschnitt: die Regenbogenfarben vom kurzwelligen Violett bis zum langwelligen Dunkelrot.

Als die Forscher den Maiskeimling mit verschiedenen Spektralfarben untersuchten, stellten sie fest: Er reagiert ausschließlich auf blaues Licht. Dann werden verschiedene chemische Signale ausgesandt, die letztlich zu der Krümmung des Keimlings führen. Bedeckt man die Blattspitze mit einem Hütchen, reagiert das Organ nicht mehr, der Keimling ist »blind« geworden.

Der Sensor, der die Richtung des Lichteinfalls erkennt, liegt also in der obersten Spitze der Koleoptile. Und erstaunlicherweise ist die Lichtempfindlichkeit dieser Region fast so groß wie die des menschlichen Auges. Schon Kerzenlicht löst die Krümmung aus.

Die Biologen fanden auch heraus, wo genau in den Zellen des Keimlings die Photorezeptoren liegen. Sie befinden sich ausschließlich in den Zellmembranen (Plasmalemma) der Koleoptilspitze. Dies bestätigte, dass sich das Auge des Maiskeimlings nur dort befindet; und sonst nirgends.

Mit diesen Erkenntnissen bestätigten die Forscher Vermutungen, die schon über 100 Jahre zuvor Charles Darwin angestellt hatte. Er beschrieb 1881, dass sich Pflanzen nicht mehr nach dem Sonnenstand ausrichten, wenn man das Licht zuvor durch eine Kaliumdichromatlösung passieren lässt. Diese Flüssigkeit verschluckt den Blauanteil, während sie alle anderen Wellenlängen ungehindert durchlässt. Offenbar, so die Folgerung Darwins, spielte kurzwelliges Licht eine wichtige Rolle bei der räumlichen Orientierung. Das war ein erster Hinweis auf die Existenz von Blaulichtrezeptoren bei Pflanzen. Sie erhielten die Bezeichnung »Kryptochrome« – verborgene Farbstoffe.

Inzwischen weiß man, dass der pflanzliche Lichtrezeptor große Ähnlichkeiten mit einem Photorezeptormolekül hat, das in den Stäbchen der Netzhaut von Tier und Mensch vorkommt. Dieses Rhodopsin besitzt im Zentrum ebenfalls ein lichtabsorbierendes Pigment, in diesem Fall das Retinal. Allerdings ist die Weiterleitung des Lichtreizes in Tier und Pflanze verschieden: Das Rhodopsin leitet das Lichtsignal über Nervenbahnen sehr schnell zum Gehirn. Bei Pflanzen ist die Signalleitung langsamer. Sie erfolgt vom Photorezeptor über eine Kaskade weiterer Proteinanregungen in den Zellkern. Dort werden die Aktivitäten bestimmter Gene verändert. Dies führt wiederum dazu, dass der Transport des Wuchshormons Auxin verringert wird. Das Zellgewebe, das sich unterhalb der lichtangeregten Sensorzellen in der Lichtflanke befindet, wächst dann langsamer als die Schattenflanke. Die Folge: Der Stengel krümmt sich zum Licht. Bei der Sonnenblume werden auch noch sogenannte Motorzellen angeregt. Sie liegen im Pulvinus, einem flexiblen Segment des Stamms unterhalb der Knospe, und sorgen dafür, dass sich der Blütenkopf in Richtung Sonne neigt.

Die blaulichtabsorbierenden Proteine der Pflanzen sind nicht nur ähnlich aufgebaut wie das Rhodopsinmolekül, ähnliche Strukturen wie bei diesem Lichtrezeptor finden sich auch bei Neurotransmittern im Gehirn.

Somit bergen die Kryptochrome offenbar ein tiefes evolutionäres Geheimnis. Als »seltenes Beispiel für parallele Evolution« bezeichnet denn auch Anthony Cashmore vom Plant Science Institute an der University of Pennsylvania die zweifache Entstehung dieser Gruppe von Pigmenten während der Stammesgeschichte. Da Blaulichtrezeptoren bei heutigen Bakterien und Archaebakterien fehlen, argumentiert Cashmore, seien sie vermutlich mit den ersten Eukaryonten (Lebenwesen mit einem Zellkern) vor etwa 1,8 Milliarden Jahren entstanden. Tiere hätten ihren Typ von blauempfindlichen Pigmenten erst nach der Trennung ihrer Entwicklungslinie vom Pflanzenreich erworben, also frühestens vor rund einer Milliarde Jahren.

Die Kryptochrome sind nur eine Klasse von Sehpigmenten. Eine andere Gruppe entdeckten Forscher, als sie das Verhalten von Samen des Kopfsalats untersuchten. Er ist ein sogenannter Lichtkeimer, der helles Licht braucht – im Gegensatz zu einem Dunkelkeimer wie der Kartoffel, die selbst im dunklen Keller keimt; jedenfalls solange die Stärkereserve in der Knolle reicht.

Die Biologen zerlegten wieder das Licht in seine Spektralfarben und testeten, welche davon die Keimung des Salatsamens auslöst. Resultat: hellrotes Licht von 660 Nanometern. Und als sie Samen mit dunkelrotem Licht von 730 Nanometern Wellenlänge bestrahlten, wurde die Keimung abrupt unterbrochen. Dafür genügte bereits eine fünfminütige dunkelrote Phase. Auf alle anderen Farben reagierten die Samen nicht.

Zufall? Oder zeigt sich hier eine phantastische Einrichtung der Natur? Bei Sonnenaufgang ist das Licht erst dunkelrot, dann hellrot; bei Sonnenuntergang erst hellrot, dann dunkelrot. Weil Lichtkeimer weißes Licht brauchen, wird die Keimung durch das hellrote Licht bei Sonnenaufgang »angeknipst« und durch das dunkelrote Licht bei Sonnenuntergang wieder »ausgeschaltet«.

Wie Pflanzen das Licht erkennen

Mit welchem Pigment erkennt zum Beispiel der Salat das Licht? Eine Antwort auf diese Frage zu finden dauerte zehn Jahre. So lange bemühten sich vier amerikanische Wissenschaftler, H. A. Borthwick, Sterling B. Hendricks, W. H. Siegelmann und Warren Butler darum, ein Krümelchen des Pigments zu isolieren. Es ist nur in winzigsten Mengen vorhanden: Um den Boden eines Reagenzglases zu bedecken, müssen 20 Kilogramm Haferkeimlinge verarbeitet werden, das sind 300 000 Pflanzen.

Die Arbeit der Forscher hat sich jedenfalls gelohnt. Denn das Sehpigment, das man Phytochrom nannte, kommt in fast jeder Pflanzenzelle vor und reguliert Dutzende biochemischer Prozesse und damit den Aufbau der Infrastruktur einer Pflanze.

Das Pigment ist ein grün-bläuliches Eiweißmolekül (Protein) mit einem sogenannten Chromophor (Farbträger). Dieser

Farbgeber verleiht dem Sehpigment seine Farbe und die Fähigkeit, Licht zu absorbieren. Zudem ist der Chromophor für eine Kette molekularer Änderungen und die Weitergabe eines Signals im Organismus verantwortlich. Strukturell verwandt ist dieses Sehpigment mit den Gallenfarbstoffen von Tieren.

Das Phytochrom existiert in zwei Formen, die durch Licht gegenseitig ineinander umwandelbar sind. Je nachdem, ob hell- oder dunkelrotes Licht (mit 660 respektive 730 Nanometer Wellenlänge) vorherrscht, überwiegt die als P660 oder die als P730 bezeichnete Form. »Weil zum Beispiel der Lichtkeimer sich nach dem Sonnenaufgang richten muss, ist das Sehpigment in dem Keim auf Hellrot eingestellt«, erklärt die *P.M.*-Autorin Karin Haglund. »Durch Bestrahlung mit hellrotem Licht wird das Sehpigment aktiv und löst die Keimung aus.« Gleichzeitig verwandelt es sich durch das Licht. Der Chromophor verändert geringfügig seine Molekularstruktur. Ergebnis: Das Pigment absorbiert jetzt dunkelrotes Licht. Durch das dunkelrote Licht bei Sonnenuntergang wird die Keimung gestoppt und das Pigment wieder aufnahmefähig für hellrotes Licht, für den nächsten Sonnenaufgang. Und so weiter.

Die Umwandlung der Sehpigmente von einer aktiven in eine inaktive Form allein durch Licht ist eine chemische Meisterleistung. Denn bislang ist es in keinem Labor gelungen, eine Verbindung herzustellen, die sich durch Licht beliebig umwandeln ließe.

Noch eine andere Eigenschaft ringt den Fachleuten Bewunderung ab: Pflanzen messen mit ihren Sehpigmenten auch die Intensität der Sonnenstrahlung. Blätter brauchen möglichst optimalen Lichteinfall; das heißt: nicht zu viel und nicht zu wenig. Viele Blätter und Blüten drehen sich je nach Sonnenstand hin und her. Deshalb kann man an Bäumen und Büschen häufig sehen, dass ihre Blätter zu einem geschlossenen Blätterdach verschmolzen sind. Durch kleine Orientierungsbewegungen hat jedes einzelne Blatt ein unbeschattetes Plätzchen mit relativ viel Sonnenlicht gefunden. In der Nacht richten sich die Blätter so aus, dass ihre Blattspreiten am nächsten Morgen der aufgehenden Sonne entgegenblicken. Und nicht nur das ganze Blatt, auch die Chloroplasten in jeder Zelle, die für die Ernährung durch Sonnenlicht zuständig sind, wandern je nach Lichteinfall hin und her. Im schwachen Licht nehmen sie eine Position senkrecht zum Lichteinfall ein, bei starkem Licht ordnen sie sich parallel zu den Lichtstrahlen an den seitlichen Zellwänden an. Botaniker aus Erlangen haben herausgefunden, dass es kontrahierende Fasern (sogenannte Aktinfilamente) wie in tierischen Muskeln sind, die die Chloroplasten in der Zelle bewegen.

Wird bei Abschattung durch ein dichtes Blätterdach zu viel rotes Licht weggefiltert, reagieren Pflanzen mit verstärktem Streckenwachstum, um den Blätterwald zu durchstoßen. Dieses verstärkte Wachstum wird über das Phytochrom reguliert und lässt sich bei Mangel an rotem Licht bereits nach wenigen Minuten beobachten.

Mit ihren Augen nehmen die Pflanzen auch die Schwingungsebene des vom Himmel einfallenden polarisierten Lichts wahr. So können sie direktes und indirektes Licht unterscheiden, was ihnen eine Fähigkeit verleiht, die an übersinnliche Kräfte glauben lässt: das Vermeiden von Schatten (vgl. Kapitel 2). Denn Pflanzen scheinen vorauszuahnen, wenn Nachbarn sie zu überwachsen und vom Sonnenlicht abzuschneiden drohen. Dann geben die Sehpigmente das Kommando »Höhenwachstum«.

Diese Reaktion nutzt Michael Kasperbauer an einem Forschungszentrum des US-Landwirtschaftsministeriums in Florence, South Carolina, um den Ertrag seiner Tomatenpflanzen zu steigern: Er deckt die Erde mit roten Kunststofffolien ab. Ergebnis: eine 20 Prozent höhere Ernte. Der Effekt beruht auf einem Täuschungsmanöver. Die rote Folie reflektiert dunkelrote Strahlung besonders intensiv. Und trifft diese nun auf die Blattunterseiten, suggeriert sie den Pflanzen, dass ein Nachbar im Kampf um Licht die Oberhand gewinnen will. Dann steigern die Pflanzen das Wachstum.

Könnte es sogar sein, dass jede Pflanze eine ganz bestimmte Lieblingsfarbe hat, die sie aus dem Gesamtspektrum des Sonnenlichtes herausfiltert? Davon jedenfalls ist Professor Viktor Injuschin, Leiter des Lehrstuhls für Biophysik an der Kasachischen Universität in Alma-Ata überzeugt. Ihm zufolge bevorzugen Zwiebeln Orangerot, Radieschen Blau, Sonnenblumen dagegen Violett. Der Nutzwert dieser Erkenntnis: Gemüse und Obst gedeihen geradezu märchenhaft schnell, wenn man sie ausschließlich mit ihrem Lieblingslicht bestrahlt.

Noch sind zwar längst nicht alle Rätsel der Pflanzenaugen gelöst, aber eines lässt sich bereits mit Sicherheit sagen: Auch wenn Pflanzen nicht so sehen wie wir Menschen, so können es ihre »Augen« dennoch mit unserer Sehfähigkeit aufnehmen.

7 Pflanzen haben ein Zeitgefühl

Wenn die grauen Wintertage gezählt sind, geht es in der Natur wieder bunt her: Weiße Schneeglöckchen, blaue Krokusse und gelbe Narzissen leuchten. Und die Haselnussblüten sorgen für erste Pollenwarnungen bei Allergikern.

Doch woher wissen die Pflanzen, wann sie blühen müssen? Das ist ja nicht immer der Frühling, denn jede Pflanze hat ihre eigene Jahreszeit. So ist etwa der Märzenbecher, auch Frühlingsknotenblume genannt, schneller, als sein Name erlaubt. Er zeigt sich schon im Februar – stellenweise früher als das Schneeglöckchen. Ein Hauch von Kirschblüten schmückt regengraue Städte oft schon im April, die Margeriten werden von Mai bis September von Bienen umschwärmt, Mohnblumen verstreuen ihre Pollen im Juli und August, und die Herbstzeitlosen leuchten von August bis Oktober. Je nach Saison zeigt sich die Natur in einem für sie typischen Kleid – egal, wie das Wetter ist. Wie aber merkt die Pflanze, wann ihre Zeit gekommen ist?

Die Erforschung dieses Phänomens begann mit Beobachtungen, die jeder selbst machen kann; beispielsweise am Glücksklee (Oxalis tetraphylla), dem Schlafmützchen (Eschscholzia) oder bei der vergleichsweise neuen Zimmerpflanze Sleeping Beauty. Sie gehen schlafen – zumindest sieht das für uns so aus.

Sobald es dunkel wird, klappt der Glücksklee seine Blättchen wie einen kleinen Schirm zusammen. Am nächsten Morgen wird das Schirmchen wieder aufgespannt. Die Bewegung geschieht mit Hilfe kleiner Gelenke, die als winzige Verdickungen am Grunde jedes Blättchens sitzen. Allabendlich schwillt ihre Oberseite kurzfristig an, wird dadurch ein wenig länger und senkt so das Blatt. Am nächsten Morgen wird der Zellsaft in die Unterseite des Gelenks gepumpt, und das Blatt streckt sich wieder.

Beim Schlafmützchen legen sich abends die Blüten zusammen und schützen damit die empfindlichen Staubgefäße und Stempel. Mit ihren hängenden Blättern, so meinte schon Charles Darwin, schütze sich die Pflanze vor Auskühlung. Heute glaubt man, dass sie an den hängenden Blättern Tau abtropfen lässt, um Pilzerkrankungen zu vermeiden.

Bei der Sleeping Beauty, einem Abkömmling des tropischen Chikrassybaumes (Chukrassia tabularis), klappen die großen gefiederten Blätter einfach nach unten und hängen scheinbar schlaff in zwei Reihen nebeneinander. Auch der Schlafbaum (Albizia julibrissin) legt seine doppelt gefiederten Blätter zusammen.

Die Blumenuhr – Ein farbenprächtiger Zeitmesser

Schlafbewegung oder Nyctinastie wird diese Reaktion auf das Dunkelwerden genannt, die Carl von Linné (1707–1778) vor mehr als 250 Jahren als Erster beschrieb. Der schwedische Professor für Medizin und Botanik hatte im Botanischen Garten in Uppsala ein Blumenbeet in Form eines Zifferblatts mit reihum zwölf Unterteilungen so angelegt, dass die Pflanzen entsprechend der Uhrzeit ihre Blüten öffnen. Er behauptete, die Blumenuhr ginge bis auf fünf Minuten genau.

Tatsächlich ist es ziemlich genau drei Uhr morgens, wenn der Wiesenbocksbart seine gelben Strahlenblätter öffnet. Mittags schließt er sie wieder – so pünktlich, dass sich früher die Bauern an ihm orientierten, um vom Feld zum Mittagessen aufzubrechen. Um vier Uhr früh wacht die Hundsrose auf; eine Stunde später folgen Kürbisblüte und Klatschmohn; um sechs

Uhr klingelt der Wecker von Acker-Gänsedistel und Zaunwinde; um sieben Uhr bei Huflattich, Seerose und Ringelblume. Wenn an den Schulen der Unterricht beginnt, ist die Zeit für Habichtskraut, Acker-Gauchheil und Sumpfdotterblume gekommen.

Um neun Uhr geht der Stengellose Enzian auf, eine Stunde später Ehrenpreis und Steifer Sauerklee. Dann legen auch Stockrose und Malve frischen Pollen in ihre Blütenauslagen. Bienen und andere Insekten wissen das und umschwärmen die Blumen sofort. Zeit für den Frühschoppen wird es beim Öffnen des Tausendguldenkrauts, und Mittagessen gibt es, wenn das aufrechte Fingerkraut seine Blüte öffnet.

Eine Siesta folgt bis 15 Uhr; dann schließt sich die Kürbisblüte und eine Stunde später der Huflattich. Klappte der Sauerklee die Blüten zu, dann nahm im Sommer der Forscher Linné den Fünfuhr-Tee. Wenn sich Klatschmohn und Wegwarte um 18 Uhr zur Nachtruhe begeben, werden Stechapfel und Geißelblatt erst munter. Und die Taglilien (Hemerocallis) öffnen ihre Blüten für die Nachtfalter. Zur gleichen Zeit beginnen die weiße Lilie und die Engelstrompete zu duften. Als Letzte öffnet um 21 Uhr die Königin der Nacht ihre großen, wohlriechenden Blüten, die sie bis sie um Mitternacht geöffnet hält.

Die »Flora-Uhr« des Begründers der modernen Botanik war ein farbenprächtiges Beispiel angewandter Forschung. Denn der Gelehrte hatte früh erkannt, dass Pflanzen ihre Blüten stets zu konstanten, aber von Art zu Art unterschiedlichen Tageszeiten öffnen und schließen.

Ob im dunklen Weinkeller oder im heißen Treibhaus: Die Pflanzenuhr tickt stets gleich

Seit alters her dachte man, dieses Phänomen hänge mit der Wirkung des Sonnenlichts zusammen. Doch im Jahr 1729 wurde diese scheinbare Selbstverständlichkeit in Frage gestellt.

Der französische Astronom Jean Jacques d'Ortous de Mairan (1678–1771) betrachtete seine Mimose, die tagsüber ihre vielen kleinen Fiederblätter der Sonne entgegenstreckt und abends nach unten klappt. Aus einer Laune heraus fragte sich der Wissenschaftler, ob die Pflanze diesen Rhythmus wohl auch ohne Sonnenlicht beibehalten würde.

De Mairan zog die Schubladen hinter einer Tür seines Schreibtisches heraus, stellte die Mimose hinein und machte die Tür zu. Als am nächsten Morgen das erste Tageslicht durch das Fenster drang, öffnete er die Schreibtischtür und stellte erstaunt fest: Die Blätter waren nach oben gebogen. Während er weiter an einem wissenschaftlichen Manuskript schrieb, schaute er in regelmäßigen Abständen nach der Mimose und beobachtete die Stellung der Fiedern. Sie blieben den ganzen Tag lang aufgespannt, obwohl die Pflanze im Dunkeln stand. Erst gegen Abend, als es schließlich draußen dunkel wurde, klappte sie ihre Blätter ein.

De Mairan verfolgte das Verhalten der Mimose über mehrere Tage. Doch es änderte sich nicht. Auch ohne Informationen über das Sonnenlicht behielt die Pflanze ihre gewohnten Bewegungen bei – im richtigen Rhythmus. »Diese Eigenschaft ist eigentümlich«, schrieb der Pariser Forscher in der *Histoire de l'Academie Royale des Sciences,* »da sich die Pflanze ohne Abhängigkeit von der Sonne (oder Uhrzeit) in genau gleicher Weise bewegt wie mit Sonnenlicht.«

Mit dieser Schlussfolgerung aber stieß er bei seinem Landsmann Henri-Louis du Monceau (1700–1782) auf Skepsis. Der

Botaniker vermutete, dass die Pflanzen in de Mairans Versuch einfach nicht gut genug isoliert gewesen waren. 1758 wiederholte er das Experiment – unter verschärften Bedingungen. Er wickelte die Pflanze in ein Ledertuch und legte sie in einen Schrank in einem dunklen Weinkeller. Doch wann immer er die Mimose hervorholte – immer entsprach der Stand der Blätter ihrem gewohnten Rhythmus. Um auszuschließen, dass eventuell die Temperatur im Weinkeller die Pflanzenreaktion ausgelöst haben könnte, stellte Forscher Monceau sein Versuchsobjekt in ein dampfendes Treibhaus. Doch am Ende musste er eingestehen, »dass die Bewegungen der sensiblen Pflanze weder vom Licht noch von der Hitze abhängig sind«.

Die Erkenntnis, dass es die Pflanze selbst sein musste, die diese rhythmischen Veränderungen hervorbrachte, war die Geburtsstunde der Chronobiologie (griech. *chronos* = Zeit). In diesem eigenen Forschungszweig untersuchen heute Molekular- und Verhaltensbiologen, Zoologen und Botaniker, Psychologen und Neurologen das faszinierende System der zeitlichen Aspekte der Lebensvorgänge.

Doch es dauerte noch gut zwei Jahrhunderte, bis die grundlegende Bedeutung der inneren (endogenen) Rhythmen erkannt wurde. Es war vor allem der Marburger Botaniker Erwin Bünning (1906–1990), der in vielen Versuchen nachweisen konnte: »Alles, was lebt, tickt im Takt innerer Uhren.« So heben und senken sich die Blätter der Mimose; selbst ein halbiertes Blattgelenk schwingt weiter, und sogar im isolierten Darmstück einer Maus tickt die innere Uhr immer noch – in ständigem Kunstlicht ebenso wie im Dauerdunkel.

Bei Pflanzen scheint es mehrere Bio-Taktgeber zu geben, die über die gesamte Pflanze verteilt sind. So bewegen sich zum Beispiel die Bohne und die indische Telegrafenpflanze (Desmodium motorium) außer im Tag-Nacht-Rhythmus zusätzlich im Minutentakt. Bei der Telegrafenpflanze sieht das so aus, als würde sie mit ihren kleinen Nebelblättchen »winken«. Die Menschen früher glaubten deshalb, sie sende Botschaften an ihre Artgenossen – daher der Name.

Mit den »Augen der Zeit« blicken Pflanzen in die Zukunft

Warum Lebewesen solche Uhren eingebaut sind, ist inzwischen sonnenklar. Die Umwelt ändert sich fortwährend in regelmäßigen Zyklen: Tag und Nacht, Sommer und Winter. Diesem Wechsel müssen die Lebewesen angepasst sein.

»Die innere Uhr erlaubt es den Pflanzen, sich vorzubereiten auf das, was kommt«, sagt Georg Coupland vom Kölner Max-Planck-Institut für Züchtungsforschung. »Man muss nicht nur reagieren.« So kann die Mimose die Blätter schon vor Sonnenaufgang aufstellen und auch die Biochemie ihrer Photosynthese rechtzeitig optimieren. Die Bio-Uhr also verschafft den Pflanzen die Möglichkeit, Aktivitäten energiesparend über den ganzen Tag zu verteilen.

Am intensivsten untersucht wurden die Tagesrhythmen. Für sie hat sich das Wort »circadian« eingebürgert: »circa einen Tag während«. Denn die Tag/Nacht-Takte dauern ungefähr 24 Stunden. Dies zeigt sich immer dann, wenn man die Rhythmik sich selbst überlässt. Wird eine Pflanze für einige Zeit isoliert und von allen äußeren Hinweisen auf die Tageszeit abgeschnitten, offenbart sich die unverfälschte Periodik: Sie beträgt beim Menschen rund 25 Stunden und bei Pflanzen bis zu 27 Stunden. Da die innere Uhr also nicht genau geht, muss sie täglich neu gestellt und mit dem 24-Stunden-Tag der Umwelt synchronisiert werden. »Nur so kann sie zuverlässige Voraussagen über die Zukunft machen«, schreibt der Chronobiologiepionier

Jürgen Aschoff (1913–1998). Erst der ständige Abgleich mit der Realität lässt die Kreaturen wissen, wann beispielsweise mit dem Sonnenaufgang zu rechnen ist.

Wer nicht blüht zur rechten Zeit ... bleibt Single

Die Erde rotiert nicht nur um sich selbst, sondern kreist auch um die Sonne. Rund 365 Tage braucht sie für einen Jahreszeitenzyklus. Aus der elliptischen Bahn und ihrer Ekliptik, einer etwa 23°27'-Abweichung der Erdachse zu dieser Bahn, folgen die Jahreszeiten. Sie zu erkennen ist insbesondere für die Fortpflanzungschancen einer Pflanzenart wichtig – etwa, um die Blütezeit zu koordinieren. Denn es ist entscheidend, sich dabei im Gleichtakt mit den Artgenossen zu befinden: Wer zur falschen Zeit blüht, findet keinen Partner. Doch woher wissen Pflanzen, wann der richtige Zeitpunkt ist?

Wichtigstes Maß ist dabei die Tages- und Nachtlänge. Bei uns in Mitteleuropa hat der längste Tag 16 Stunden (21. Juni, Sommeranfang) und der kürzeste knapp acht Stunden (22. Dezember, Winteranfang). Der Tag mit acht Stunden gilt als Kurztag, der mit 16 Stunden als Langtag. Genauso sind auch die Pflanzen eingeteilt, in Kurztag- und Langtagpflanzen (KTP und LTP). Die einen benötigen eine lange Nacht, um Blüten zu bilden, die anderen lassen die Blüte erst sprießen, wenn der Tag eine bestimmte Länge überschreitet. Die sogenannten tagneutralen Pflanzen können sowohl im Kurztag als auch im Langtag blühen.

Pflanzen haben offenbar die Fähigkeit, die Länge von Lichtperioden zu messen (Photoperiodismus). Als Forscher dieses Phänomen zu analysieren begannen und in Klimakammern Pflanzen nach einem vorgegebenen Temperatur- und Lichtprogramm beobachteten, zeigte sich, dass nicht die Tageslänge

(Lichtphase), sondern vielmehr die Dunkelphase für die Zeitmessung und eine Blütenbildung entscheidend ist.

Dies haben auch Störlichtexperimente bewiesen, bei denen die Dunkelphasen durch kurze Lichtphasen unterbrochen wurden. Stoppt man mit hellrotem Licht die lange Nacht, die eine Kurztagpflanze zur Blütenbildung braucht, bildet sie keine Blüte. Genau umgekehrt reagiert die Langtagpflanze. Hier reicht schon ein hellroter Blitz während einer langen Nacht, um die Blütenbildung anzuregen: Werden Rosen (Langtagpflanzen) in langen Winternächten mit hellrotem Licht bestrahlt, blühen sie. Dieser Umkehreffekt zeigt, dass Phytochrome dabei eine Rolle spielen. Denn diese lichtabsorbierenden Pigmente werden durch dunkelrotes Licht deaktiviert, durch hellrotes aber aktiviert.

Diese Photosensoren sitzen in den Blättern, die gewissermaßen das Gedächtnis der Flora bilden. Denn sie vergleichen die aktuelle Lichtdauer mit Werten der Tage zuvor. Wird ein bestimmter Schwellenwert überschritten, geben die Blätter über einen chemischen Stimulus der Pflanze Bescheid – vor allem der Sprossspitze *(growing tip)*, an der sich die Blüten bilden.

Das millionenschwere Hormon Florigen

Welcher geheimnisvolle Stoff steckt hinter dem Signal, das Pflanzen zum Blühen bringt? Nach diesem »Blühhormon« fahnden Forscher in ihren Laboren schon seit über 70 Jahren. 1936 hat der russische Pflanzenphysiologe Michael Chailakhyan die Existenz dieses Botenstoffs postuliert – und ihn Florigen genannt.

Seither bemüht sich die Grundlagenforschung, diesem Stoff auf die Spur zu kommen. Die Suche wird befeuert von wirtschaftlichen Interessen. »Hinter der Entdeckung des Blühhormons steckt großes kommerzielles Potenzial«, räumt Forscher Coupland ein. Schnittblumen beispielsweise lassen sich erst verkaufen, wenn sie reif sind zur Blüte. Wollen etwa holländische Tulpenproduzenten die Frühjahrsboten vor der Zeit in die Blumenläden bringen, müssen sie ihnen die entsprechende Jahreszeit vorgaukeln – indem sie mit Rotlichtstrahlern über Felder fahren und Treibhäuser beleuchten und beheizen.

Einfacher und billiger wäre es, wenn man die Blütenpracht durch einen Hormonspritzer ins Gießwasser nach Belieben erzeugen könnte. Blumenhändler weltweit würden jährlich Millionen an Energiekosten sparen – und auch für Gartenfreunde liegen die Vorteile auf der Hand. Mehr noch: Blüten gibt es ja nicht nur bei Blumen. Die wichtigste Aufgabe von Blüten ist es, Früchte und Samen einschließlich der Getreidekörner hervorzubringen; mithin einen großen Teil unserer Nahrung. Das Blühhormon könnte demnach zu enormen Ertragssteigerungen bei Nutzpflanzen führen. Mehrmals im Jahr ließen sich Erdbeeren ernten oder der Reifezeitpunkt nachwachsender Rohstoffe so manipulieren, dass sie das ganze Jahr über verarbeitet werden können.

Doch seit über einem halben Jahrhundert geistert das mysteriöse Florigen durch die Labore, ohne dass man es zu fassen bekommt. In den 1990er Jahren fanden Kölner Forscher zumindest einen vielversprechenden Kandidaten für den langgesuchten Blütentreiber: ein Protein, das in den Blättern gebildet wird und innerhalb von vier Tagen durch die gesamte Pflanze bis in den Wuchskegel der Sprossspitze wandert. Diese Fließrichtung ließ sich live beobachten – dank einer damals neuartigen Technologie: der Fluoreszenzmikroskopie.

Um das Protein sichtbar zu machen, wurde es mit einem grün fluoreszierenden Stoff markiert, der von einer Leuchtqualle stammt. Dank dieses Leuchtstoffs gelang es, sich an die

Fersen des Flowering-Locus-T-Proteins (engl. *flowering* = blühen) – kurz FT-Protein – zu heften. Mit gentechnischen Experimenten wurde dann überprüft, ob es zwischen Protein und Blütenbildung tatsächlich einen Zusammenhang gibt. Dabei veränderten die Forscher ihre Laborpflanze Ackerschmalwand auf eine Weise, die verhindert, dass sich das FT-Protein bildet. Dann wurde ein nicht manipulierter Sprössling aufgepfropft – und tatsächlich ließ sich das Protein auch in den zuvor FT-freien Pflanzenteilen nachweisen. Bei einem weiteren Versuch wurde das Eiweiß derart vergrößert, dass es sich nicht mehr durch die Pflanzenkanäle bewegen konnte – und prompt bildeten sich keine Blüten mehr.

Nun machten sich die Forscher daran, den Weg des Proteins zurückzuverfolgen – und stießen auf ein Gen, das aktiviert wird, nachdem die Pflanze das Signal zur Bildung von Blüten erhalten hat. Zwischen diesem Flowering-Locus-T-Gen (FT-Gen) und dem Protein musste also eine Verbindung bestehen – aber welche? Wie beeinflussen sie sich gegenseitig? In direktem Kontakt oder über einen biochemischen Staffellauf, bei dem die Informationen über Zwischenläufer weitergereicht werden?

Erst sechs Jahre später fand das Team um Forscher Coupland die Antwort: Das FT-Protein bindet ein weiteres Eiweiß. Entscheidend: Dieses FD-Protein ist nur dann aktiv, wenn es an das FT-Protein andockt. »Es ist ein raffinierter Trick der Natur, dass zwei Komponenten zusammenkommen müssen, damit sich Blüten bilden können«, sagt Coupland. »Eine bestimmt, zu welcher Jahreszeit die Pflanze blüht, die andere, wo an der Pflanze sich die Blüten bilden.« So ist garantiert, dass beispielsweise Kirschbäume – deren Blüten mit Pollen befruchtet werden müssen – zur gleichen Zeit blühen.

Wie erkennt man Jahreszeiten, wenn es gar keine gibt?

Nirgendwo anders ist synchrones Blühen so wichtig und schwierig zugleich wie in den tropischen Regenwäldern. Denn dort sind Bäume im Schnitt nur mit einem Exemplar pro Hektar vertreten. Zu einer erfolgreichen Befruchtung kann es also nur kommen, wenn diese Arten jedes Jahr zur genau gleichen Zeit blühen. Wie aber kann die Absprache am Äquator gelingen? Dort gibt es keine saisonalen Änderungen in der Tageslänge, keine Umweltsignale für eine Zeitmessung.

Die Antwort fand ein internationales Forschungsteam, das über viele Jahre hinweg Tausende von Bäumen untersuchte. Dabei entdeckten die Biologen, dass tropische Pflanzen nicht nur fähig sind, mit ihren verschiedenen Pigmentsystemen die unterschiedliche Lichtintensität bei Sonnenauf- und Sonnenuntergang wahrzunehmen, sie können darauf auch unterschiedlich sensitiv reagieren, indem sie geringe Unterschiede bei den Zeiten der Sonnenauf- und Sonnenuntergänge »verrechnen«. Sie bewegen sich nämlich vorhersagbar im Verlauf eines Jahres in einem zeitlichen Rahmen von 30 Minuten.

»Gemessen werden die Veränderungen als Unterschiede zwischen der Sonnenzeit gemäß einer Sonnenuhr und der Standardzeit gemäß einer herkömmlichen Uhr«, schreiben die Forscher im Fachmagazin *Nature*. »Pro Jahr ergeben sich zwei Maxima und zwei Minima, wenn also die Sonnenzeit am weitesten voraus beziehungsweise zurück ist.« Diese größtmöglichen Unterschiede – zu den Herbsttaggleichen und den Tagundnachtgleichen – lösen zwei Blühperioden pro Jahr aus.

Warum entblättern sich Bäume im Herbst?

Obwohl Regenwälder immergrün sind, kommt es auch bei ihnen zu einem Laubfall – der aber nicht synchron abläuft und vor allem nicht mit dem herbstlichen Farbenspiel in unseren Breiten zu vergleichen ist.

Hierzulande lässt ein großer Laubbaum rund 200 000 Blätter fallen, deren Gesamtoberfläche gut 1000 Quadratmeter beträgt. Im Wald schafft das Laub als herabregnende Biomasse Nahrung für Regenwürmer, Asseln und Milben; während es auf Asphalt zu Abflussverstopfung, Rutschgefahr und enormen Entsorgungskosten führt. Allein in Berlin müssen Jahr für Jahr 90 000 Kubikmeter »öffentliches Laub« von 400 000 Entblätterten mit Besen, Rechen und lärmigen Laubbläsern bekämpft werden. Den Bäumen dürfte das ziemlich egal sein. Doch nicht nur bei der Stadtreinigung fragt man sich: Warum dieser wenig ästhetische Striptease der Natur, der nur spillerige Äste zurücklässt?

Die Blattablösung erklärt sich aus dem effizienten Energiesystem des Baumes. In den Sommermonaten werden täglich bis zu 500 Liter Wasser von den Wurzeln in die Blätter gepumpt. Ein Teil dieser Energie wird gespeichert. Um keinen Frostschaden zu erleiden, lässt der Baum seine Blätter fallen. Dies ist viel effizienter, als in der kalten Jahreszeit die Blätter aufwendig vor dem Erfrieren zu schützen. Dafür gibt es an der Ansatzstelle der Blätter sogar eine Sollbruchstelle: eine korkartige Trennschicht zwischen Blattstiel und Zweig. Sobald der Baum Abscisinsäure (ein Pflanzenhormon) ausschüttet, wird das Blatt vom Saftstrom des Zweiges abgeschnitten und stirbt ab. Jetzt genügt ein kleiner Windstoß, und es taumelt zu Boden.

Warum aber wird vorher der Aufwand betrieben, rund 100 Millionen Tonnen grünen Farbstoff, die alle Pflanzen der Welt jedes Jahr produzieren, abzubauen? Warum entflammen die Blätter in leuchtendem Gelb und Rot, bevor sie abfallen? Bis vor wenigen Jahren glaubte man, dass das prächtige Farbenspiel nur das äußere Zeichen des »Vergammelns« der Blätter sei. Doch inzwischen weiß man, dass die Verfärbung eine biologische Funktion hat, und es existieren gleich mehrere konkurrierende Erklärungen dafür.

Unbestritten ist: Pflanzen haben mehrere Blattfarbstoffe, wobei die Grundfarbe von Blättern gelb ist, hervorgerufen durch Karotinoide. Grün wird das Laub erst durch das Chlorophyll, das für die Photosynthese nötig ist. Wenn dieser Prozess im Herbst zurückgefahren wird, kommt die gelbe Farbe zum Vorschein, die eigentlich die ganze Zeit da ist; aber vor lauter Blattgrün nicht zu sehen war.

Schwieriger zu erklären ist die Rotfärbung. Denn sie ist energieaufwendig, weil die roten Farbpigmente, die Anthocyane, erst gebildet werden müssen. Dieser Stoff, der zum Beispiel auch Möhren und Kürbissen, Brombeeren und roten Trauben ihre typische Farbe verleiht, hat offenbar nicht nur eine, sondern gleich mehrere Funktionen. Er dient unter anderem als Schutz vor der »Photoinhibition«. Davon jedenfalls sind Martin Schaefer von der Universität Freiburg und sein Kollege David Wilkinson von der John-Moores-Universität in Liverpool nach der Auswertung pflanzenphysiologischer Daten überzeugt: »In den herbstlichen Morgenstunden ist ein Baum Licht- und Kältestress ausgesetzt. Diese Kombination« – eben die Photoinhibition – »hemmt die Photosynthese«, erklärt Forscher Schaefer. Auch wird das Sonnenlicht nicht wie üblich in Energie umgewandelt, sondern es bilden sich aggressive freie Radikale, die das Blattgewebe zerstören. Die Anthocyane wirken »wie ein Schutzschild« sowohl gegen zu viel Licht als auch gegen freie Radikale, erklärt der Biologe.

Den beiden Forschern zufolge schützen farbige Blätter also das Blattgewebe, woraus ein Energieplus resultiere. Denn bei einer Vegetationsdauer von April bis September liefern drei zusätzliche Wochen Photosynthese noch einmal etwa zehn Prozent mehr Energie für den Baum. »Im Gegensatz zur weitverbreiteten Meinung hört die Photosynthese nämlich nicht auf, wenn sich die Blätter färben«, so Schaefer. Demnach lohnt sich der energetische Aufwand, bunte Blätter herzustellen.

Die andere Hypothese beruht auf einer Vermutung, die bereits im späten 19. Jahrhundert kursierte. Ihr zufolge soll die rote Farbe Schädlinge, insbesondere Blattläuse, abschrecken. Sie wechseln im Herbst von ihren Sommerquartieren – Sträuchern – auf Bäume, um dort ihre Eier abzulegen; damit sich die Brut im Frühjahr an den frisch ausgetriebenen Blättern laben kann.

Diese sogenannte Signalhypothese wird durch Versuche von Marco Archetti von der Universität Freiburg in der Schweiz gestützt. Als der Biologe das Verhalten von Blattläusen im Herbst beobachtete, stellte er fest: Die Tiere zeigen eine klare Vorliebe für grüne Blätter, die gelben und roten Exemplare hingegen meiden sie. Und norwegische Forscher haben bei der Untersuchung von Birken entdeckt, dass die gesündesten Bäume das bunteste Laub tragen.

Allerdings können die Forscher nicht erklären, wie die Blattläuse die Farben wahrnehmen. Denn Thomas Döring von Imperial College London fand heraus, dass Insekten im Allgemeinen und Blattläuse im Besonderen in ihren Augen keinen Rezeptor für die Farbe Rot haben. Er vermutet, dass Rot nur eine Tarnfarbe sei, mit der die besonders verlockenden gelben Blätter partiell unsichtbar gemacht würden.

Ganz sicher ist bei dem Herbstprogramm nur eines: Innere Uhren teilen den Pflanzen treffsicher mit, wann sie die Blätter abwerfen müssen. Und das prächtige Farbenspiel der Blätter hat dabei offenbar einen Nutzen für die Bäume – sagen die Forscher. Noch können sie die Frage nach der biologischen Funktion der rätselhaften Verfärbung allerdings nicht eindeutig beantworten.

Ein falscher Frühling kann tödlich sein

Aber die Pflanzen sind gewappnet. Das konnte C. Robertson McClung vom Dartmouth College nachweisen, der zwei Gene entdeckt hat, die im Frühjahr aktiv werden – und dem jahreszeitlichen Ticken der inneren Pflanzenuhr dienen. Während das eine Gen (CAB2) keine große Überraschung darstellte, weil es auf Licht reagiert, war der Befund beim zweiten umso verblüffender: Gen CAT3 reagiert empfindlich auf Temperaturreize. Beide Gene befinden sich zwar in unmittelbarer Nachbarschaft im Mesenchym, der schwammartigen Mittelschicht der Keimblätter. »Doch sie werden offensichtlich von unterschiedlichen Regulatoren kontrolliert«, sagt Forscher McClung. »Also von inneren Uhrwerken, die sich durch Temperatur einerseits und Lichtintensität andererseits justieren.«

Und tatsächlich können Pflanzen auf beide Reize differenziert reagieren. Die voneinander unabhängigen inneren Uhren bilden ein flexibles System, das die Pflanzen sicher durch alle saisonalen Widrigkeiten steuert. Da sie sowohl Licht als auch Temperatur registrieren, können sie einigermaßen sichergehen, nicht den oftmals trügerischen Reizen der Natur zu erliegen. Denn in Monaten mit bereits langen Tagen und kurzen Nächten kann der Winter unverhofft zurückkehren. Und eine Reihe warmer Tage ist noch keine Garantie dafür, dass frostige Nächte ausbleiben – in denen voreilige Triebe erfrieren.

Wintereinbrüche im Frühjahr sind darüber hinaus im chronobiologischen Programm vorgesehen. Blumenzwiebeln können durchaus ein zweites Mal austreiben. Und die meisten Gehölze lassen ebenfalls einfach neue Triebe sprießen, wenn die ersten erfrieren.

Frostige Zeiten haben aber genauso ihre guten Seiten. Sie nämlich tragen überraschenderweise zum saisonalen Farbenspiel bei. So blühen Tulpen nur, wenn sie zuvor einige Monate die tiefen Temperaturen des Winters gespürt haben. Und auch zweijährige Pflanzen wie Karotten, Kohl und Petersilie brauchen eine längere Kälteperiode, um ihre Blütenpracht zu entfalten; ihr erstes Lebensjahr verbringen sie blütenlos. Während wir uns im tiefen Winter auf wärmere Tage freuen, erinnern sich viele Pflanzen an Eis und Schnee, um sicherzustellen, dass sie im Frühjahr zur richtigen Zeit blühen.

Das richtige Timing für pflanzliche Frühlingsgefühle wird allerdings immer schwieriger. Denn wir befinden uns mittendrin im Klimawandel. Und das hat Auswirkungen auf die Natur vor unserer Haustür. Mediterrane Rotweinreben in der Pfalz? Das ist keine Science-Fiction, sondern bereits Realität!

Solche Veränderung erfassen 1600 geübte Beobachter in über 500 »Naturräumen«, um daraus Trends für die Zukunft zu entwickeln. Sie sind Vertreter der Lehre der Pflanzenphänologie. Das griechische Wort *phainein* bedeutet »sichtbar machen«. Dementsprechend ist die Phänologie die Lehre von dem, was sichtbar ist. Gemeint sind die periodisch wiederkehrenden Wachstums- und Entwicklungserscheinungen von Pflanzen und Tieren. Phänologen beobachten bei Pflanzen die Eintrittszeiten charakteristischer Wachstumsstufen, die »phänologische Phasen« genannt werden. Darunter fällt zum Beispiel der Beginn der Blüte, der Blattentfaltung oder der Blattverfärbung.

Entweder wird das Datum genau definierter Ereignisse, sogenannter Phänophasen, oder der Verlauf des mengenmäßigen Auftretens von Phänostadien über eine gewisse Periode festgehalten. Mit Hilfe dieser Daten können Phänologen feststellen, dass heute der phänologische Frühling rund drei Wochen früher beginnt als im Beobachtungszeitraum von 1961 bis 1990. So blüht der Haselnussstrauch in manchen Regionen bereits im Januar, früher war Mitte Februar die Regel. Und auch der Herbst wird länger. Insgesamt hat sich die Vegetationsperiode je nach Region um zwei bis vier Wochen verlängert.

Von Vorteil ist das insbesondere für den Weinbau. Er ist mittlerweile in Gegenden möglich, die früher den Trauben nicht genug Zeit zum Reifen ließen. Auch der Ackerbau profitiert. Denn es wird möglich, zwei Getreideernten einzufahren.

Fördern Mondrhythmen das Wachstum?

So sehr sich auch das Klima ändern mag – der Tag-Nacht-Rhythmus bleibt ebenso unveränderlich wie der Rhythmus des Mondes. In 27 Tagen, sieben Stunden, 43 Minuten und zwölf Sekunden bewegt sich Mutter Luna einmal um die Erde. Der Trabant ist geradezu eine Kultfigur. Als Mondgöttin verehrt, ist dieser Himmelskörper seit alters sowohl Quelle als auch Objekt von Aberglauben, Mythen und Märchen und angeblicher Urheber vielfältiger Einflüsse auf den Menschen – und auf Pflanzen.

Den Mondeinfluss auf die Vegetation propagiert insbesondere die Lehre der »biologisch-dynamischen Wirtschaftsweise«, die 1924 vom Anthroposophen Rudolf Steiner in den »Geisteswissenschaftlichen Grundlagen zum Gedeihen der Landwirtschaft« beschrieben wurde. Alles irdische Geschehen, so die These, steht in engem Kontakt zum Kosmos. Und dem Mond kommt dabei eine besondere Rolle zu.

Auch wenn dieses Weltbild als esoterisch gilt, so scheinen sich doch die Ergebnisse wissenschaftlicher Experimente der Chronobiologie mit einigen Behauptungen der Anthroposophen zu decken. Die Versuche der Biologin Lilly Kolisko zum

Beispiel weisen darauf hin, dass es konkrete Zusammenhänge zwischen den Erscheinungen auf der Erde und den Mondperioden gibt. Zehn Jahre lang – zwischen 1920 und 1930 – hat sie den Wahrheitsgehalt einer alten Bauernregel erforscht, die auch von den Anthroposophen propagiert wird. Der zufolge wachsen Pflanzen, deren essbare Teile sich über der Erde befinden, besser, wenn man die Samen bei zunehmendem Mond aussät. Pflanzen, deren unterirdische Teile man verwendet, sollen dagegen bei abnehmendem Mond ausgebracht werden. In dieser Phase, in der die Pflanzen die Kräfte an die Wurzeln abgeben, soll man auch ernten oder die Pflanzen beschneiden.

Wenn der Mond zunimmt, würden auch die Kräfte der Pflanzen ansteigen. Sie erleben in dieser Zeit, so der Glaube, einen Wachstumsschub, von dem die oberen Pflanzenteile profitieren.

»Mit erstklassigem Saatgut«, das niemals mit Kunstdünger behandelt worden war«, säte Biologin Kolisko Weizen, Mais, Salat, Wirsing, Weiß- und Rotkohl, Busch- und Stangenbohnen, Brockelerbsen, Tomaten und Gurken jeweils zwei Tage vor Vollmond aus. Zwei Tage vorher deshalb, »damit die Pflanzen in den Hauptstrom der aufsteigenden Mondenkräfte hineingestellt werden«, notierte die Forscherin in ihrem Bericht über das Experiment. »Wählt man nämlich den Vollmond selbst, dann wird die Keimung bereits in die absteigenden Mondenkräfte hineingeführt.«

Das Ergebnis ist auf Seite 14 in Koliskos Originalmanuskript dokumentiert: Früchte und Gemüse, deren essbare Teile über dem Boden wachsen, gedeihen prächtig, wenn die Samen zwei Tage vor Neumond ausgebracht wurden. Und Pflanzen, wie Kohlrabi, Wirsing, Rettiche, Rote Rüben und Karotten, deren essbare Teile im Boden wachsen, entwickeln sich exzellent, wenn ihre Samen bei abnehmendem Mond ausgesät werden.

Diese Experimente von Kolisko wurden mittlerweile von

Hartmut Spieß vom Institut für biologisch-dynamische Forschung in Darmstadt bestätigt. Und es gibt zumindest für Bohnen auch eine Erklärung für das mondbeeinflusste Wachstum. Die Biologen Klaus-Perter Enderss und Wolfgang Schad vom Institut für Evolutionsbiologie und Morphologie der Universität Witten/Herdecke haben herausgefunden: Bei den Samen der Gartenbohne ist die Wasseraufnahme am höchsten bei Vollmond und bei Neumond oder jeweils zum Halbmond; also wenn der Mond in ein anderes Viertel wechselt. Im August und September erreicht die Wasseraufnahme ihr Maximum. Im Frühjahr (Februar, März) nehmen die Bohnenkerne aber selbst bei Voll-, Neu- oder Halbmond auffallend wenig Wasser auf. Das könnte erklären, meinen die Forscher, warum die Bohnen bei uns im Frühjahr unabhängig vom Stand des Mondes bei der Aussaat nur zögernd keimen.

Den Biologen zufolge beeinflusst der Mond auch die Blüte von Pflanzen. Bei Kurztagpflanzen wie etwa der Prunkwinde werde sie durch einen hellen Vollmond um einige Tage verzögert; und bei Langtagpflanzen wie Gerste und Weizen verkürze sich unter dem Einfluss eines starken Mondlichts die Zeitdauer bis zur Blüte.

Einen Mondeinfluss auf Pflanzen scheinen statistische Aufzeichnungen zu belegen, die seit Beginn des 15. Jahrhunderts dokumentieren: Bessere Weinernten sind immer dann zu erwarten, wenn zur Zeit der Rebenblüte, in der ersten Junihälfte, Neumond herrscht. Auch Pilzsucher freut die wachstumsfördernde Mondwirkung. Auf mondbeschienenen Flächen einer Waldlichtung finden sich meist mehr Pilze als anderswo.

Viele Holzfäller und Tischler berichten, dass »mondgerecht« geschlagenes Holz robuster ist. In Afrika wusste man schon immer, dass der dort heimische Wallabaum nur dann ausgezeichnetes Holz liefert, wenn er einige Tage vor Neumond geschlagen wird. In unseren Breitengraden kommen solche

Erkenntnisse nur zögerlich an. Doch immer mehr Holzverarbeiter, wie zum Beispiel der österreichische Zimmermeister Erwin Thomas, feiern beachtliche Verkaufserfolge mit »Mondholz« (bei bestimmten Mondphasen im Winter eingeschlagenes Holz). Es braucht keine Chemie, um Fäulnis oder Käferbefall vorzubeugen.

Drei optimale Termine nennt der niedersächsische Forstwirt Udo Deister, an denen er Mondholz schlägt: am 24. Juni zwischen zwölf und 13 Uhr Sommerzeit, zum Neumond im November und speziell für Bauholz kurz vor Vollmond im Sternzeichen der Fische. »Zum Vollmond ist der Saft im Wipfel, zum Neumond in der Wurzel«, sagt der Holzexperte.

Doch die Frage, ob es tatsächlich einen Mondeinfluss auf Holz gibt, ist noch nicht entschieden. Denn bei Tests an der Universität Freiburg und der TU Dresden konnte man keinen Härteunterschied zwischen Neumond- und Vollmondholz finden.

Solche Widersprüche indes interessieren die Pfälzer Weingutbesitzerin Regina Menger-Krug nicht. Sie lässt die Lese aus einigen ihrer besten Weinstöcke in eigens angefertigten Fässern aus Mondholz vergären und reifen – und sagt: »Ich bin total begeistert von diesem Experiment. Obwohl es ganz neue Fässer sind, kommt das Aroma des Holzes nur ganz dezent durch.« Häufig schmecken die ersten Weine, die in einem neuen Holzfass gärten und reiften, hart und sperrig. Sie brauchen einige Zeit der Reifung. Nicht so die ersten Weine aus den Mondfässern. »Das Holz«, so der Küfer Klaus-Michael Weibrodt aus Rödersheim-Gronau, »hat weniger Spannung und ist weniger aufgesprungen als andere Hölzer.«

Noch gibt es zwar keine unumstößlichen Beweise für den Einfluss von Mondrhythmen auf das Wachstum von Pflanzen, aber die Chronobiologie hat eines ganz deutlich gemacht. Nicht nur bei Mensch und Tier, sondern auch bei Pflanzen verlaufen Lebensprozesse rhythmisch. Und eine der neuesten Erkenntnisse zeigt, wie sehr Pflanzen- und Tierrhythmen miteinander verquickt sind. Forscher stießen nämlich jüngst auf folgendes Phänomen: Grüne Pflanzen im Käfig bringen Kanarengirlitze dazu, bis zu drei Monate früher mit der Eiablage und dem Nestbau zu beginnen – selbst wenn die Tage dafür noch zu kurz sind. Hier zeige sich zum ersten Mal, dass Grünpflanzen einen ausreichenden Reiz darstellen, um bei einer saisonal brütenden Art Brutaktivitäten hervorzurufen, schreibt Stefan Leitner vom Max-Planck-Institut für Ornithologie in Seewiesen im *Journal of Biological Rhythms*.

Diese Beobachtung wirft neue Fragen auf: Wie stark beeinflusst die Rhythmik des Reifens und des Blühens der Pflanzen das innere »Taktgefühl« von Tieren? Gibt es ein geheimes Band rhythmischer Tier-Pflanzen-Kommunikation, von dem wir noch gar nichts ahnen?

Lebender Stein: Die in Südafrikas Wüsten beheimatete Silberhaut sieht aus wie ein Stein. Die Blätter gleichen sogar in Form und Farbe dem herumliegenden Geröll – eine perfekte Tarnung, die vor Pflanzenfressern schützt.

Nektar-Verschwender: Insekten, die eine Kürbisblüte besuchen, können geradezu in Nektar baden. Die Pflanze scheidet große Mengen davon aus und lockt so Bienen und Hummeln besonders stark an. Die Bestäubung durch Insekten, so haben Forscher hochgerechnet, stellt für die globale Agrarproduktion einen Wert von 153 Millionen Euro dar.

Sexualtäuscher: Die Bienenorchis duftet wie eine weibliche Biene, und ihre Blüte sieht auch deren Geschlechtsteil zum Verwechseln ähnlich. Im Glauben, eine Partnerin vor sich zu haben, stürzt sich die männliche Biene liebestoll in die Orchidee hinein. Während das Insekt versucht, mit der »Sexualtäuschblume« zu kopulieren, stößt es an Pollensäcke. Sie bleiben kleben – und die Biene trägt sie zur nächsten Blüte.

Kühler Rechner: Umschlingt der fadenförmige Teufelszwirn seinen Wirt, führt er erst einmal eine Art betriebswirtschaftliche Kalkulation durch: Je mehr Nahrung sein Opfer verspricht, desto mehr Saugorgane werden zum Anzapfen eingesetzt. Erscheint die Beute zu mager, setzt sich der Schmarotzer ab.

Diabolischer Samen: Die verholzten Samenkapseln der Teufelskralle sind mit Widerhaken bewehrten Stacheln ausgerüstet. Tritt ein Tier auf das scharfkantige Gebilde, schleppt es die Kapsel mit – meist bis zu einer Wasserstelle, wo der verletzte Huf gekühlt wird. Dort befreit sich der Samen aus der durchgescheuerten Kapsel und findet günstige Bedingungen zur Keimung.

Bissige Bodyguards: In ihren hohlen Dornen bietet die Flötenakazie Ameisen eine Nestkammer. Zusätzlich produziert der Baum eine Extraration Nektar für seine Untermieter. Als Gegenleistung wehrt das bissige Ameisenvolk pflanzenfressende Insekten ab – und stürzt sich sogar auf große, blätterkauende Tiere. Die hohlen Dornen erzeugen Töne, wenn der Wind durch sie pfeift; daher der Name Flötenakazie.

Luftige Mikro-Teiche: Bromelien haben ihre ganz eigene Strategie entwickelt, um dem Lichtmangel auf dem Urwaldboden zu entkommen. Die Aufsitzerpflanzen (Epiphyten) wachsen auf Ästen im Kronendach. Um in luftiger Höhe trotzdem an Wasser und Nährstoffe zu gelangen, bilden ihre Blätter einen Trichter. In ihm sammeln sich Regenwasser, Humusreste und Exkremente von Vögeln. Über feine Wurzeln (Trichome), die in diese Mikro-Teiche einwachsen, kann sich die Pflanze mit Nahrung versorgen.

Mächtiger Stinker: Die tiefrote Blüte der Riesenrafflesie hat einen Durchmesser von bis zu einem Meter und wird bis zu sieben Kilogramm schwer. Diese größte Blüte im Pflanzenreich stinkt nach verwesendem Fleisch, um Insekten zur Bestäubung anzulocken. Rafflesia besitzt weder Blätter noch Wurzeln und lebt als Parasit. Statt Fotosynthese zu betreiben, ankert sie sich im Untergrund an anderen Gewächsen fest und holt sich von denen Nährstoffe.

Riesenbäume: Die nordamerikanischen Mammutbäume der Art Sequoia sempervirens *zählen zu den höchsten der Welt. Der aktuelle Rekordhalter »Hyperion« steht im kalifornischen Redwood National Park und misst 115,5 Meter. Den historischen Rekord hält ein im 19. Jahrhundert gemessener australischer Rieseneukalyptus mit 132,58 Metern – fast so hoch wie die Cheops-Pyramide.*

Wandernder Baum: Die Laufende Palme wandert aus dem Schatten größerer Bäume, indem sie gezielt Stelzwurzeln ausbildet und andere abfaulen lässt. Sie ist immer auf der Suche nach dem besten Standort.

Monsterwurzeln: Wie Riesententakeln umklammern Wurzeln die Gemäuer der kambodschanischen Tempelanlage Angkor Wat. Wurzeln entwickeln enorme Kräfte, durchbrechen Gestein und können selbst Beton durchbohren.

Falscher Glitzer: Die Blätter des Sonnentaus sind mit roten Härchen bekränzt, die in einem Köpfchen enden. Sie glänzen wie Tau in der Sonne, weil sie mit Flüssigkeit gefüllt sind – einem klebrigen Drüsensekret. Insekten werden von diesen vermeintlichen Nektartröpfchen angezogen und bleiben auf den Leimruten hängen. Die Tentakel sondern Enzyme aus, die das Opfer zersetzen. Dank dieser Protein-Nahrung kann die fleischfressende Pflanze Territorien erobern, die so arm an Nährstoffen sind, dass dort kaum andere Arten wachsen können.

8 Warum Pflanzen mit Tieren »Blutsbrüderschaft« schließen

Es war ein ganz normaler Tag in der Savanne Ostafrikas. Zebras grasten, Löwen gähnten, und ein paar Geier hackten auf einem Stück Aas herum. Doch in dem Moment, in dem eine Giraffe in die saftigen Blätter einer Flötenakazie (Acacia drepanolobium) biss, begann ein Kampf auf Leben und Tod.

Die erste Angriffswelle eines Söldnerheeres raste auf den Fressfeind zu: Ameisen der Gattung Crematogaster mimosae. Sie prallten auf die Schnauze des kauenden Tiers – aus ihrer Sicht ein braunes Ungetüm, Millionen Mal so groß wie jede von ihnen. Deswegen forderten sie Verstärkung an. Und die kam schnell. Sie quoll aus Ästen und Zweigen, hastete über Dutzende von Laufstraßen herbei. Es ging um ihre Existenz. Denn großer Blattverlust kann die Akazie so schwächen, dass sie im Wettstreit der Savannenbäume untergeht. Stirbt aber der Baum, verlieren die Ameisen ihren Schutz und ihre Nahrungsquelle.

Schutz und dauerhafte Behausung bieten die an der Basis der Akazienblätter paarig angeordneten Dornen, umgewandelte Nebenblätter (Stipeln). Diese Stipulardornen sind mehrere Zentimeter lang und hohl und erzeugen Töne, wenn der Wind durch sie pfeift. Deshalb wird der Baum auch Whistling Thorn Acacia genannt, da der »Wind auf ihm Flöte spielt«.

Die Nahrungsquelle der Ameisen ist der schmackhaft-süße Nektar, den sie als Sold für ihre tapferen Kampfeinsätze erhalten; daran können sich die wehrhaften Kerbtiere ganzjährig laben. Er sprudelt sogar außerhalb der Blüte (extrafloral) aus den Nektarien: Drüsen auf der Mittelrippe der Fiederblätter.

(Manche Akazien produzieren den Nektar nur bei Bedarf.) Die Sechsbeiner erhalten außerdem Elaiosomen: nahrhafte Anhängsel an den Samen. Auf dem Speiseplan stehen zudem nährstoffreiche, gelbliche Körnchen, die nach ihrem Entdecker, dem Naturforscher Thomas Belt (1832–1878), Belt'sche Körperchen genannt werden.

Der Engländer spekulierte schon 1784, dass Ameisen von den Akazien als »stehendes Heer gehalten werden«. Und dies konnte 1964 vom Biologen Daniel Janzen experimentell bewiesen werden: Entfernt man die bis zu 13 000 Leibwächter, die sich eine Akazie leisten kann, wird sie bald von allerlei Schädlingen und Schlingpflanzen befallen. Denn auf ihren Kontrollgängen – rund ein Viertel der Arbeiterameisen patrouilliert unablässig über »ihren« Baum – vertreiben sie jeden Eindringling, von Insekten bis zu Säugern; sogar der Geruch eines Menschen löst eine Abwehrreaktion aus. Die Ameisen beißen außerdem Moose, Flechten und Schlingpflanzen ab, die sich emporranken wollen. Und wenn auch nur ein Zweig einer anderen Pflanze die Ameisenfestung berührt, ringeln die Tiere die Rinde des eingedrungenen Zweigs und bringen ihn zum Absterben. Obwohl Ameisen im Normalfall gern Raupen und andere Insekten fressen, ernähren sie sich in manchen Fällen ausschließlich pflanzlich. Doch auch als Vegetarier sammeln sie weiterhin alle Schadinsekten von den Bäumen – und lassen sie auf den Boden fallen.

Manche Akazien binden ihre Bewohner derart eng an sich, dass diese nur noch auf ihnen leben können. So bauen zum Beispiel die Ameisen der Gattung Pseudomyrmex ihre Nester nur in ganz speziellen Akazien und sind absolut abhängig von deren Nektar, denn ihnen fehlt ein bestimmtes Verdauungsenzym, das Rohzucker abbaut. Damit ihnen der Nektar nicht auf den Magen schlägt, produziert die Pflanze das Enzym selbst und verdaut den Pflanzensaft damit schon einmal vor. Mit dieser speziellen Schonkost verhindert der Baum, dass Ameisen angelockt werden, die nur zum Fressen kommen. So werden Akazienbäume zu Ameisenpflanzen: Myrmecophyten.

Das Geben und Nehmen zwischen Ameisen und Akazien ist ein Paradebeispiel für Symbiose; das Zusammenleben zweier verschiedener Organismusformen, die sich gegenseitig nützen oder unterstützen.

Der flotte Dreier – Baum, Ameise und Pflanzenfresser

Wie sensibel das Beziehungsgeflecht zwischen Baum, Ameisen und Pflanzenfressern ist, zeigte ein zehnjähriger Feldversuch, der mit Akazien in der ostafrikanischen Savanne durchgeführt wurde. Beim Projekt Kenya Long-term Exclosure Experiment (KLEE) hatten 1995 afrikanische und amerikanische Wissenschaftler mehrere Areale auf dem Laikipia-Plateau mit einem 8000-Volt-Elektrozaun umgeben, um herauszufinden, was passiert, wenn Pflanzen von großen Pflanzenfressern verschont bleiben. Überraschendes Ergebnis: Den umzäunten Akazien ging es nicht besser als jenen in den Kontrollgebieten außerhalb – im Gegenteil. Sie waren in einem deutlich schlechteren Zustand als ihre Artgenossen, die von Giraffen, Elefanten und Antilopen regelmäßig angeknabbert wurden. Viel Ungeziefer hatte sich breitgemacht. So wuchsen sie um 65 Prozent langsamer, und die Wahrscheinlichkeit eines vorzeitigen Absterbens verdoppelte sich. »Das Letzte, was man erwarten würde, ist, dass die einzelnen Bäume unter dem Ausschluss der Säugetiere leiden – doch genau das haben wir beobachtet«, beschreibt Studienleiter Todd Palmer verblüfft.

Wie ist das zu erklären? Akazien wissen sich doch durchaus gegen hungrige Pflanzenfresser zu wehren. Die Forscher kamen zu dem überraschenden Ergebnis, dass die erfolgreiche Symbiose leidet, wenn die *großen* Pflanzenfresser fehlen! Sobald nämlich die Bäume von großen Pflanzenfressern verschont bleiben, reduzieren sie die Zahl der Nektarien und Dornen. Folge: Ihrer Wohnung und Nahrung beraubt, verlassen die Ameisen den ungastlich gewordenen Ort; die Bestände gehen um ein Drittel zurück. Dafür nehmen holzfressende Bockkäfer überhand. »Wenn die Großsäuger fehlen, verschiebt sich das Gleichgewicht der Mächte, weil die Bäume aus dem Handel ausgestiegen sind«, erklärt Todd Palmer von der Universität von Florida in Gainesville. »Ihre schwer schuftenden Angestellten hungern und schwächeln und werden schließlich verdrängt. Paradoxerweise wachsen deshalb die einzelnen Bäume langsamer und sterben eher, sobald sie die Säugetiere losgeworden sind.« Man sieht: Pflanzenfresser tun den Pflanzen gut.

Ameisen helfen Pflanzen bei Verdauungsstörungen

Die Zusammenarbeit mit Ameisen ist eine so erfolgreiche Strategie, dass weltweit rund 3000 Pflanzenarten darauf bauen. Dabei kommt es manchmal zu skurrilen wechselseitigen Anpassungen. Die im Regenwald von Borneo heimische Kannenpflanze (Nepenthes bicalcarata) fängt Insekten und verdaut sie anschließend. Die Fallen des Tropengewächses sind die zu länglichen Kannen umgeformten Blätter, an deren Rand süßer Nektar produziert wird, der die Insekten anlockt. Die Ameisen laufen auf dem Kannenrand umher und fallen irgendwann in den Behälter. Liegt die Beute schließlich entkräftet am Grund der Kanne, wird sie von Enzymen zersetzt – so entsteht eine Art Zusatzfutter für die Pflanze, die an nährstoffarmen Stellen wächst.

Die Ökologen Charles Clarke und Roger Kitching von der australischen Griffith University im Regenwald von Borneo haben entdeckt, dass die Ameisen jedoch keineswegs immer die Beuteopfer sind. Geraten nämlich manchmal allzu große Beutetiere in diese Falle, dann zieht sich die Zersetzung hin – und die Sekrete drohen zu verderben, noch ehe der Prozess abgeschlossen ist. Damit es keine »Verdauungsprobleme« gibt, kommen säureresistente Ameisen der Gattung Colobopsis zu Hilfe. Sie krabbeln in die Speisekammer der Blattkanne, schwimmen unbeschadet durch das Sekret und zerren das Opfer mit vereinten Kräften heraus – um es anschließend zu verzehren. Die Kannenpflanze hält sich diese Ameisen als Untermieter in ihren Blattstengeln, damit immer genügend kleine Helfer in der Nähe sind.

Ameisen sind aber auch eifrige Gärtner, die Pflanzensamen im Dach des Urwalds verbreiten. Die Pachycondyla goeldii etwa trägt Samenkörner zu ihrem Nest. Dort frisst sie die klebrigen Außenfasern und lässt den bleibenden Keim einfach liegen. Der treibt später aus, und so gedeihen Ameisenpflanzungen wie hängende Gärten hoch über dem Boden im Astwerk.

Ein Beispiel für eine besonders enge Zusammenarbeit mit Ameisen ist die tropische Schlingpflanze Dischidia major. Sie bezieht sogar Atemluft von den Krabbeltieren. Die Vertreter der Gattung Philidris (Dolichoderinae) besiedeln die beutelförmigen Dischidiablätter, die einen Hohlraum bilden. Über Spaltöffnungen an der Innenseite dieser sogenannten Urnenblätter »saugt« die Pflanze rund 30 Prozent ihres Kohlendioxidbedarfs ab. Dischidia, die aussieht wie eine Rebe und auf Bäumen wächst, lässt sich von den Ameisen sogar düngen. Über eine kleine Öffnung in der Nähe des Blattstiels wachsen Wurzeln in den Hohlraum der Blätter und durchdringen die von Ameisen eingetragenen Abfälle. So deckt die Pflanze fast 30 Prozent ihres Stickstoffbedarfs. Im Gegenzug erhalten die Ameisen eine Behausung mit weitgehend konstanter Sauerstoffkonzentration, Luftfeuchtigkeit und Temperatur; das ist beispielsweise für ihre Larven wichtig, die auf 20 Grad Celsius »Raumtemperatur« angewiesen sind.

Den Nachweis für diese besonders skurrile Form der Symbiose konnte die Biologin Kathleen Treseder mit einer Isotopenanalyse führen. Die Forscherin von der Stanford University in Kalifornien berechnete, wie viel CO_2 und Stickstoff von der Pflanze selbst und wie viel von den Ameisen stammt. Ameisen veratmen Kohlendioxid, dem das Isotop 13 fehlt; die Ameisenabfälle wiederum sind reich am Stickstoffisotop 15. Die Forscherin wusste, wie viel Kohlendioxidisotop 13 die Pflanze verarbeiten müsste, wenn sie CO_2 ausschließlich aus der Atmosphäre beziehen würde. Und den von den Ameisen abgezwackten Stickstoffanteil konnte sie ermitteln, indem sie den Stickstoff in den Blättern einer anderen Dischidiaart ermittelte, die zwar auf demselben Baum wächst, aber nicht von Ameisen bevölkert wurde. »Eine so enge Verbindung zwischen einem Tier und einer Pflanze ist ungewöhnlich«, sagt die Wissenschaftlerin. »Dies ist in einem hohen Grad ein leistungsfähiges kleines Ökosystem, in dem die Pflanze wirklich ihre eigene private Atmosphäre herstellt.«

Die bizarre Doppelnatur der Flechten

Es gibt ein ganzes Reich von Wesen, die Symbiose deutlicher als andere zu ihrem Lebensprinzip gemacht hat: die Flechten.

Flechten sind Organismen der besonderen Art. Lange Zeit war den Naturforschern nicht klar, worum es sich bei diesen recht formlosen Gebilden handelt. Auswüchse anderer Pflanzen? Mineralische Ausblühungen? Seltsames Moos? Äußerlich ist die Doppelnatur der Flechten nicht erkennbar, so sehr sind zwei Organismen zu einer festen Einheit verbunden. Und so konnte erst im Jahr 1866 der Schweizer Botaniker Simon

Schwendener (1829–1919) beweisen, dass es sich um eine Symbiose aus Pilzen und Algen handelt.

Nun sind schon Pilze eine ganz eigene Klasse von Mischwesen zwischen Pflanze und Tier – wobei sie weder Chlorophyll haben, das für die Energieaufnahme von Pflanzen nötig ist, noch etwa aktive Verdauungsorgane, wie sie für Tiere typisch sind. Und auch Algen zählen nicht zu den eigentlichen Pflanzen; manche von ihnen führen sogar ein eigenartiges Doppelleben und können sich sowohl wie eine Pflanze als auch wie ein Tier verhalten. Klar ist aber, dass es viele besondere Beziehungen zwischen den eigentlichen Pflanzen und diesen Mischwesen gibt, die jedoch noch viele Geheimnisse bergen.

Heute, rund 140 Jahre nach Schwendeners Entdeckung, geben die Flechten den Lichenologen (Flechtenkundler) immer noch viele Rätsel auf. Wie ist es zu dieser Koexistenz zwischen Pilz und Alge gekommen? Und wer profitiert am meisten? Handelt es sich um eine Gemeinschaft mit fairen Regeln (Mutualismus)? Oder hält sich der Pilz die Algen mit »in staatsmännischer Klugheit berechnetem Schmarotzerthum«, wie 1869 ein Botaniker bewundernd schrieb?

So viel ist klar: Hier haben sich zwei ganz unterschiedliche Partner zu einem völlig neuen Lebewesen zusammengefunden – einem Organismus mit unübertroffener Widerstandskraft. Manche Flechten sind so ausdauernd, dass sie sogar weiterwachsen, wenn sie zuerst in flüssigem Stickstoff gefroren und anschließend gekocht wurden. Und selbst nach jahrelangem Archivieren in Trockenheit erblühen sie wieder zu vollem Leben.

Sie sind die Helden der Organismen, denn man findet sie gerade dort, wo es andere Pflanzen nicht mehr aushalten. Sie krallen sich in das Eis der 7400 Meter hoch gelegenen Todeszone des Himalaya, und sie kommen in der Hitze der Namibwüste mit einer Luftfeuchte aus, die 0,04 Millimeter Niederschlag pro Jahr entspräche. Von den Tropen bis hin zu den Polen fühlen sie sich pudelwohl.

Die Arbeitsteilung ist perfekt: Der Pilz kann sich nicht allein ernähren. Dafür sorgt die Alge: Sie betreibt Photosynthese, was noch bis weit unter den Gefrierpunkt gelingt. So versorgt sie die gesamte Flechte mit Nährstoffen. Aber auch die Alge könnte nicht für sich allein bestehen: Spezielle Hüllen und Kanalsysteme, die vom Pilz gebildet werden, sichern ihre Wasserversorgung und schützen sie vor dem Vertrocknen.

Weil Flechten selbst dort gedeihen, wo kein Humus ihren feinen Wurzeln Halt gibt, zählen sie oft zu den Pionierlebewesen. Einige Experten leiten daraus ab, dass bereits die ersten Pflanzen, die das Land eroberten, symbiotisch mit Pilzen verbunden waren. Denn damals hatten nur Gewächse eine Chance, die auf dem noch humuslosen Gestein überdauern konnten und Trockenzeiten erfolgreich durchzustehen vermochten. DNA-Sequenzuntersuchungen enthüllten, dass die Symbioseform der Flechten viel früher entstanden ist als ursprünglich angenommen. Sie ist rund 600 Millionen Jahre alt. Und als vor rund 480 Millionen Jahren die ersten Pflanzen – Lebermoose – festes Land besiedelten, haben sie wohl ebenfalls auf eine symbiotische Zusammenarbeit mit Pilzen gesetzt. Dafür spricht, dass auch heute nur ganz wenige Gewächse ohne Arbeitsteilung mit Pilzen auskommen.

Untergrundsymbiosen

»Symbiotische Gemeinschaften lassen sich bei 95 Prozent aller Landpflanzen nachweisen«, sagt Professorin Erika Kothe von der Universität Jena. Betrachtet man beispielsweise einen Baum, so sieht man eigentlich nicht nur den Organismus Baum, sondern vielmehr einen Partner einer Symbiose. Der andere Partner befindet sich – den Augen des Betrachters entzogen – unter der Erde. Es handelt sich um einen Pilz, der mit seinem Mycel die Oberfläche der Wurzeln stark vergrößert und ihnen so zum Beispiel in Zeiten von Trockenheit mehr Spielraum verleiht.

Erstmals beschrieben hat diese unterirdische Verknüpfung 1885 der Berliner Botaniker Bernhard Frank in einem Aufsatz mit dem Titel »Über die auf Wurzelsymbiose beruhende Ernährung gewisser Bäume durch unterirdische Pilze«. Er gab diesem Phänomen auch gleich einen Namen, der auf die altgriechischen Begriffe *mykes* (= Pilz) und *rhiza* (= Wurzel) zurückgeht. Die daran beteiligten Pilze werden entsprechend Mykorrhizapilze genannt. Die Biologen unterscheiden zwischen Endomykorrhiza, bei der die Hyphen genannten Pilzfäden bis in die Rindenzellen der Pflanzen eindringen, und Ektomykorrhiza, bei der die Wurzeln lediglich umhüllt werden.

Uns sind meist nur die oberirdischen Fruchtkörper dieser Pilze bekannt, die zum Teil als Speisepilze gesammelt werden, wie etwa Pfifferling, Steinpilz und Täublinge. Manche von ihnen bilden nur dann Fruchtkörper, wenn ihre unterirdischen Fäden mit einer Baumwurzel in Verbindung stehen. Deshalb kann man beispielsweise den Steinpilz nicht züchten wie den Champignon, der keine Symbiose braucht und sich seine Nährstoffe aus abgestorbenem Material holt.

»Doch vielleicht lassen sich eines Tages Waldpilze wie Pfifferlinge oder Steinpilze dennoch züchten«, erhofft sich Biologin Kothe, als praktischen Nebeneffekt ihrer Grundlagenforschung zur Entschlüsselung der Kommunikation zwischen Baum und Pilz. Sie nämlich entdeckte in den Pilzfäden ein Gen, auf dessen Signale der Baum reagiert. Über diesen Mechanismus steuert der Pilz ein Pflanzenhormon, mit dem das Zellwachstum des Baumes geregelt wird. Somit gelingt es dem Pilz offenbar, den Baum zum eigenen Vorteil zu beeinflussen. »Wenn wir die Mechanismen der Wirtswahl aufdecken, könnten bisher unmögliche Pilzzüchtungen gelingen«, sagt die Vertreterin eines Fachgebiets, in dem es immer mehr Forscher gibt, die überzeugt sind: »Die meisten höheren Pflanzen haben überhaupt keine Wurzeln, sondern Mykorrhizen«, die – wie schon Botaniker Frank erkannte – entscheidend zur Ernährung der Bäume beitragen.

Wie mikroskopisch kleine Wühlmäuse können die hochgradig verzweigten und extrem dünnen (ungefähr drei tausendstel Millimeter starken) Pilzfäden selbst in kleinste Bodenkapillaren eindringen. Noch im letzten Winkel suchen sie nach Mineralien und lösen Phosphor und Stickstoff auch in organischen Rückständen wie etwa Blättern. Die Pilzfäden vermögen den Boden um das Zehn- bis 100-Fache besser zu erschließen als die Wurzelhaare, die an nicht mykorrhizierten Wurzeln ausgebildet werden. Denn die Mykorrhizapilze verfügen über spezielle Aufnahmesysteme für Mineralstoffe. So entdeckten Maria Harrison und Marianne van Buuren am Pflanzenphysiologischen Forschungsinstitut der Noble Foundation in Ardmore (Oklahoma) ein hocheffizientes Transportprotein für Phosphat. Damit gelingt es den Pilzfäden, der Bodenlösung den wertvollen mineralischen Nährstoff selbst dann noch zu entziehen, wenn dessen Konzentration verschwindend gering ist. So können Mykorrhizen drei- bis fünfmal so viel Phosphat aufnehmen wie nicht infizierte Wurzeln. Auch die Stickstoffaufnahme erhöht sich – um bis zu 180 Prozent – und die von Kali sogar um bis zu 1000 Prozent.

Als Gegenleistung versorgen die Bäume die Mykorrhizapilze mit Kohlenstoffverbindungen. Die bei der Photosynthese gebildete Saccharose (Rohrzucker) wird von den Blättern in die Wurzeln transportiert und dort in Trauben- und Fruchtzucker (Glucose und Fructose) gespalten; die Pilzfäden in der Wurzelrinde nehmen diese organischen Nährstoffe auf und wandeln sie in pilztypische Kohlenhydrate um.

Verfolgen lässt sich der Weg des Kohlenstoffs durch Begasen der Pflanzenblätter mit markiertem Kohlendioxid, in dem die schwereren Isotope C-13 oder C-14 angereichert sind. C-14 ist anhand seiner Radioaktivität und C-13 durch Massenspektrometrie nachweisbar. So lässt sich leicht feststellen, in welche Verbindungen das markierte Kohlendioxid eingebaut wird und wohin diese gelangen.

Genaustausch über das Wood Wide Web

Die Mykorrhiza ermöglicht aber nicht nur den Stoffaustausch zwischen Baum und Pilz zum beiderseitigen Vorteil, sondern verbindet sogar die Wurzeln verschiedener Bäume durch ein Netzwerk von Pilzfäden: ein unterirdisches Wood Wide Web. Weit gespannt und unübersichtlich, knüpft das Netzwerk der Pilzfäden sogar Verbindungen zwischen verschiedenartigen Gewächsen des Waldes. Und darüber werden nicht nur Informationen ausgetauscht, sondern offenbar auch Erbsubstanz – und zwar artenübergreifend.

Erst kürzlich wurde nämlich entdeckt, dass Erbstücke aus Mitochondrien von Blütenpflanzen an Farne gelangt sind. Forscher um Charles Davis von der Harvard University spürten in den Mitochondrien des Virginischen Rautenfarns (Botrychium virginianum) solch artfremde Erbsubstanz auf und vermuten, dass sie den Weg über Pilzfäden genommen hat. Rautenfarne leben stets in einer engen Symbiose mit Pilzen, die ihnen Wasser und Mineralstoffe liefern.

Sollten sich über dieses Wood Wide Web tatsächlich Bruchstücke von Erbsubstanz verbreiten, würde manch merkwürdige Kombination erklärlich. Zum Beispiel wäre dann nachvollziehbar, wie Gene aus dem Verwandtschaftskreis von Gräsern und Liliengewächsen in die Mitochondrien der Kiwipflanze einwandern konnten. Falls sich Pilzfäden tatsächlich als Bahnen des Gentransfers erwiesen, wäre das nicht nur für Evolutionsforscher eine wichtige Erkenntnis. Nach Einschätzung der Wissenschaftler hätte das auch Konsequenzen für die grüne Gentechnik. Schließlich könnten artfremde Gene aus gentechnisch veränderten Pflanzen leichter außer Kontrolle geraten als bislang angenommen.

Pilze machen Pflanzen stärker

Die Hauptverbreitungsgebiete für die Pilz-Baumwurzel-Gemeinschaften sind die Nadel- und Laubwälder der nördlichen Hemisphäre, der Bergregionen im Süden Afrikas und Südamerikas sowie die Eukalyptus- und Nothofaguswälder Australiens.

Auf mehr als der Hälfte der irdischen Waldfläche findet sich diese Symbiose. Zwei Proteine, sogenannte Plastiden, sind für sie verantwortlich. Sie bilden gemeinsam einen Ionenkanal, der wie ein Telefon funktioniert. Fehlt dem Baum ein lebenswichtiges Phosphat, dann produziert er entsprechende Signalsubstanzen, die er an den Boden abgibt. Und der Pilz besorgt genau das, was der Baum braucht.

Es scheint, dass Pilze viele jener Stoffe überhaupt erst erschließen, die Pflanzen zum Überleben brauchen – insbesondere unter harschen Bedingungen. So wurde im Yellowstone Nationalpark in Nordamerika eine Symbiose zwischen drei Arten nachgewiesen: einem Rispengras, einem Schimmelpilz und einem Virus. Dort gibt es viele heiße Quellen, in deren Umgebung der Erdboden erhitzt wird. Das Gras Dichanthelium lanuginosum toleriert aufgrund einer Symbiose mit dem Pilz Curvularia protuberata im Wurzelbereich noch Temperaturen von beinahe 70 Grad Celsius. Sowohl der Pilz allein als auch das Gras allein können nur rund 38 Grad überstehen. Zwingend nötig bei dieser Symbiose ist der dritte Beteiligte, das Virus CthTV (Curvularia thermal tolerance virus), das den Schimmelpilz befällt. Wird dieses Virus entfernt, verliert der Schimmelpilz seine Hitzebeständigkeit, und mit ihm geht auch das Gras an den heißen Standorten zugrunde.

Pilze töten Wurzeln – und den Baum freut's

Bisher glaubten die Botaniker, dass es sich bei der Pilz-Pflanzenwurzel-Symbiose um eine friedliche Angelegenheit handelt. Doch manchmal profitieren Pflanzen erst dann von den Pilzen, wenn diese vorher Wurzelzellen abgetötet haben. Dabei zwingen die Pilze einzelne Zellen, ihr eigenes Zelltodprogramm (Apoptose) zu aktivieren. Die Forscher sprechen von einem »programmierten Zelltod«, der in der Pflanze initiiert wird.

Der Erste dieser pilzlichen Mikroorganismen, Piriformospora indica (wörtlich: der indische Pilz mit den birnenförmigen Sporen), wurde im Jahr 1997 zufällig in der Wüste Thar im Nordwesten Indiens entdeckt, wo er in Lebensgemeinschaft mit Wüstenpflanzen lebt. An Brisanz gewann diese zunächst unspektakuläre Entdeckung jedoch erst, als Biologen von den Universitäten Gießen und Tübingen nachweisen konnten, dass der Pilz das Wachstum verbessert, die Resistenz gegen Krankheitskeime (Pathogene) stärkt und die Salztoleranz erhöht – und zwar bei zahlreichen Pflanzen, darunter agronomisch bedeutende Getreide. Jetzt wollen die Forscher diese nützlichen Mikroorganismen der neuen Ordnung Sebacinales im ökologischen Landbau einsetzen.

Auch harmlos wirkende Kiefern führen mitunter Gefährliches im Schild: Sie verbünden sich mit »Killerpilzen«. Das wurde während einer Routineuntersuchung der Mykorrhiza zwischen der Weymouthskiefer (Pinus strobus) – auch Seidenkiefer genannt – und dem Pilz Laccaria bicolor entdeckt. Die beiden Forscher John Klironomos und Miranda Hart von der kanadischen University of Guelph in Ontario wollten wissen, ob sich die Springschwanzart Folsomia candida, die sich normalerweise in Scharen im Boden tummelt, von dem Mykorrhizapilz ernähren kann. Doch zur Überraschung der Biologen bekam den kleinen flügellosen Insekten der Pilz ziemlich schlecht: Im Einzugsbereich des Pflanzenbündnisses überlebten innerhalb von zwei Wochen weniger als fünf Prozent der Springschwänze. Die Insektenleichen waren alle von dem Pilz infiziert. Es zeigte sich, dass der Pilz ein Toxin abgibt, das die Springschwänze lähmt und dann tötet. Der Pilz nimmt den Stickstoff der toten Springschwänze auf und leitet ihn an die Wurzeln seiner Wirtspflanze weiter.

Indem er sich mit dem mörderischen Pilz verbündet, gelingt es dem Baum, auf stickstoffarmem Boden zu gedeihen. Forscher Klironomos vermutet, dass solche todbringenden Bündnisse nicht selten unter der Erde zu finden sind.

Auch Blumen haben Fußpilz

Nicht nur Bäume, sondern so gut wie alle Pflanzen haben nützlichen Fußpilz. Blütenpflanzen, die auf eine solche Zusammenarbeit mit Pilzen verzichten, sind in unserer einheimischen Flora sogar die Ausnahme. Alle Rosengewächse, Korbblütler, Hahnenfußgewächse und Süßgräser, um nur einige, besonders artenreiche Pflanzenfamilien zu nennen, bilden Mykrrhiza.

Von den Orchideen ist schon lange bekannt, wie abhängig sie von ihrem Pilzpartner sind. Sie können ohne ihn nicht einmal keimen. Da Orchideen ihrem Nachwuchs nur sehr wenige Reservestoffe mit auf den Weg geben, muss sich der kugelartige

Orchideenembryo (auch Protokorm genannt = Keimling) sehr früh selbst ernähren. Dazu braucht er einen geeigneten Pilzpartner, einen Pilz, der zur Symbiose fähig ist (zum Beispiel Rhizoctonia). Diese Pilze dringen in die äußeren Schichten des Protokorms ein (Endomykorrhiza) und bilden in den Zellen sogenannte Pelotons (Hyphenknäuel). Die Orchidee verdaut diese Pilzknäuel und gewinnt daraus die nötige Energie für die weitere Entwicklung. Als Gegenleistung darf der Pilz in den ersten Entwicklungsstadien des Orchideenkeimlings auf dessen Kosten leben.

Besonders wichtig bei der Symbiose ist das Gleichgewicht zwischen dem Pilz und dem Orchideenembryo. Ist der Pilz zu »stürmisch«, wird das der Embryo nicht überleben. Verdaut die Orchidee den Pilz zu gründlich, stirbt dieser ab, und der Keimling muss wieder auf einen geeigneten Pilz warten. Hat sich ein Gleichgewicht eingestellt, kann der Embryo weiter wachsen, und sehr bald erscheint das Keimblatt. Mit dem Ergrünen ist er in der Lage, durch Photosynthese selbst Nährstoffe zu gewinnen, und wird dadurch unabhängig vom Symbiosepilz.

Das bedeutet aber nicht, dass die Symbiose nun endet – ganz im Gegenteil: Sie bleibt bestehen – insbesondere bei solchen Orchideen, die auf dem Waldboden im Schatten des Kronendachs wachsen. Dort bilden sie zwar grünes Laub, doch anstatt sich mit ihrer eigenen Photosyntheseleistung zu begnügen, beziehen sie einen Teil ihrer Kohlenhydrate über Pilzpartner, die ihrerseits mit Baumwurzeln in Kontakt stehen.

Wer sich auf diese Weise teilweise von Bäumen verköstigen lässt, kann so zwar im Schatten des Kronendachs gedeihen, doch von speziellen Mykorrhizapilzen abhängig zu sein erweist sich mitunter als Nachteil: Wenn sich die Pilzflora des Waldes verändert, sind auch die Orchideen betroffen, von denen etliche schon heute auf der Roten Liste der gefährdeten Arten stehen.

Wenn das »grüne Telefon« klingelt ...

Die Symbioseforschung fördert immer neue, überraschende Erkenntnisse über die Kommunikation zwischen Tieren und Pflanzen zutage. Für Insekten ist es wichtig, für ihre Nahrung Blätter von Pflanzen auszusuchen, die nicht schon krank, weil bereits von anderen Schädlingen befallen sind. Sitzen diese Schädlinge auf den Blättern, ist es einfach, sich aus dem Weg zu gehen. Was aber, wenn die Konkurrenz unterirdisch wirkt, beispielsweise an den Wurzeln?

Dann kommt ein »Pflanzentelefon« ins Spiel. Die unterirdischen Mikroorganismen schicken quasi ein »Besetztzeichen« an die oberirdischen Fresskonkurrenten: ein chemisches Warnsignal, das von der Wurzel bis in die Blätter gesendet wird.

»Dieser besondere Kommunikationsmechanismus, der es den beiden Kontrahenten erlaubt, sich ungesehen aufzuspüren, hat sich über den natürlichen Ausleseprozess entwickelt«, erklärt die Entdeckerin dieses Kommunikationssystems, die Ökologin Roxina Soler vom Netherlands Institute for Ecology. »So wird vermieden, dass sich die beiden Kontrahenten unwissentlich um dieselbe Pflanze streiten und sich letztlich damit selber schaden. Denn nicht nur die Insekten entwickeln sich langsamer, wenn sie sich auf Pflanzen niederlassen, die bereits von unterirdisch wirkenden Bewohnern in Beschlag genommen sind. Auch die unterirdischen Mieter haben unter oberirdisch lebenden Erstbeziehern zu leiden.«

K2 – Die geheime Triebkraft der Evolution

Wie diese vielfältigen Kooperationen zwischen Pflanzen, Tieren und Mischwesen zu bewerten sind, ist für die Evolutionsbiologin Lynn Margulis völlig klar: »Die gesamte Biosphäre ist ein eng verwobenes Muster von Bedürfnissen und Abhängigkeiten.« Zwar beutet eine Art die andere aus, doch zugleich ist sie auf deren Gegenwart angewiesen: ein Nehmen, das nicht ohne Geben funktioniert.

Viele neue Forschungsergebnisse sprechen für diese sogenannte K2-Idee: Nicht Egoismus, sondern Kommunikation und Kooperation (K2), also miteinander reden und zusammenarbeiten, haben Pflanzen, Tiere und Menschen weitergebracht.

Dieser Gedanke wurde zum ersten Mal von dem russischen Anarchisten und Naturforscher Graf Pjotr Aleksejewitsch Kropotkin (1842–1921) zu Beginn des 20. Jahrhunderts populär gemacht. Als Armeeoffizier in Sibirien beobachtete er fünf Jahre lang die dortige Tier- und Pflanzenwelt. Ergebnis seiner Beobachtungen: Hauptfaktor für das Überleben im rauhen nördlichen Klima ist nicht Rivalität, sondern gegenseitige Hilfe. Denn: »Wenn wir die Natur fragen, wer sind die Tüchtigsten – jene, die ewig miteinander Krieg führen, oder jene, die einander unterstützen –, dann sehen wir sofort, dass jene Tiere, die einander helfen, am besten angepasst sind. Sie haben bessere Chancen zum Überleben, und sie erreichen die höchste Stufe der Intelligenz und Körperstruktur.«

Die 1902 von Kropotkin veröffentlichte Evolutionstheorie »Gegenseitige Hilfe in der Tier- und Menschenwelt« war explizit gegen Charles Darwin gerichtet, der als Motor der Entwicklung der Arten die Konkurrenz und das »Überleben der Tüchtigsten« ausgemacht hatte. Nachdem 1859 Darwins Hauptwerk »Über die Entstehung der Arten im Thier- und Pflanzen-Reich durch natürliche Züchtung« erschienen war, spotteten Marx und Engels, der Autor habe lediglich das üble Verhalten der englischen Bourgeoisie auf die Tier- und Pflanzenwelt projiziert.

Vielleicht hatten sie damit gar nicht so unrecht. Zwar ist es zweifellos das Verdienst Darwins und seiner Vorgänger, aufgezeigt zu haben, dass sich Lebensformen verändern. Doch – das Leben ein ständiger Kampf? Es gibt in der Natur viele Gegenbeispiele, die Zweifel an dieser These aufkommen lassen. Bei allen Lebensformen findet sich zwischen den Individuen echte Kooperation. Und die erstaunlichste Manifestation von K2 sind ganze Städte, die von Mikroorganismen gebaut werden – im Ausguss! Diese Biofilme werden von Bakterien, Algen, Pilzen und Einzellern (zum Beispiel Pantoffeltierchen) errichtet. Sie schließen sich zu Kolonien zusammen, prüfen die Umweltbedingungen und schaffen dreidimensionale Strukturen, die in ihrer Komplexität modernen Großstädten vergleichbar sind – mit Wasserleitungen, Abwässerkanälen, Fahrrinnen und Versammlungsplätzen. Alles geschaffen von Lebensformen, die unterschiedlichen Gattungen angehören, die nicht die gleiche »Sprache« sprechen und die dennoch ohne Rivalität gemeinsam etwas gestalten.

Wenn aber nicht Rivalität und gnadenloser Kampf die erfolgreichen Strategien der Evolution sind, sondern Kommunikation und Kooperation – was bedeutet das dann für unser Leben? Immer mehr Forscher sagen: Wir müssen das Leben auf unserem Planeten in ganz anderer Weise wahrnehmen: nicht in der Vereinzelung von Egoisten, sondern als organisches System, dessen Bestandteile miteinander verflochten sind. Johann Wolfgang Goethe hat es so formuliert: »Kein Lebendiges ist ein Eins; immer ist's vieles.«

9 Alle Menschen sind Gras!

Sagen Sie jetzt, da Sie dieses Kapitel zu lesen beginnen, bitte einmal folgende beiden Worte: »Bruder Baum.« Kommen Sie sich dabei komisch vor?

Wenn ja, dann hoffe ich, dass dieses Kapitel das ändern kann. Bäume sind wie alle anderen Pflanzen Nachkommen derselben Lebensformen, die auch am Anfang unserer Ahnenreihe standen. Es ist wichtig, das zu wissen und immer bekannter zu machen. Denn während es seit vielen Jahrzehnten zum guten Ton gehört, sich für den Naturschutz zu engagieren, ist die Notwendigkeit des Pflanzenschutzes erst vor verhältnismäßig kurzer Zeit in unser Bewusstsein gedrungen. Der Grund: Pflanzen schreien nicht vor Schmerz, Pflanzen laufen nicht weg. Pflanzen verhalten sich dem Menschen gegenüber praktisch so, als wären sie tot. Nur am Wachstum merkt man, dass man Lebendiges vor sich hat. Aber Wachstum ist etwas, was einem innerhalb eines Augenblicks, innerhalb einer Sekunde oder Minute nicht auffällt. Klar ist jedoch: Pflanzen sind auf die gleiche Weise lebendig wie das Tier und der Mensch. Und doch – ist es nicht seltsam? – meinen wir immer Tiere, niemals Pflanzen, wenn wir an Lebewesen denken.

Unsere Einstellung zu den Pflanzen kann sich nur ändern, wenn wir unsere Verwandtschaft mit ihnen akzeptieren, ernst nehmen. Erst seit dem 19. Jahrhundert macht sich der Mensch allmählich mit dem Gedanken vertraut, dass die Tiere seine Verwandten sind. Jetzt muss er denselben Gedanken in Bezug auf das Pflanzenreich zulassen.

Wir sind beim Thema, nämlich bei der Frage, worin eigentlich unsere Verwandtschaft mit den Pflanzen besteht. Die klarste Antwort: Menschen, Tiere und Pflanzen bestehen alle aus Zellen. Diese, nicht unser Körper als Ganzes, sind die eigentlichen Träger der rätselhaften Eigenschaft, die wir »lebendig sein« nennen. Die Naturwissenschaft spricht von Evolution, wenn die Entwicklung des Lebens beschrieben werden soll. Wann hat Leben begonnen – und in welchem Stadium hat sich das Leben in zwei grundverschiedene Lager aufgespalten, das Tierreich und das Pflanzenreich?

Die Erde ist 4,6 Milliarden Jahre alt – und am Anfang war alles Chemie. Wie sich Leben entwickelt hat – das zu erklären schien bislang ganz einfach. Im Jahr 1953 mischte Stanley Miller an der Universität Chicago in einem Glaskolben die Gase zusammen, die, wie man zu der Zeit vermutete, etwa vier Milliarden Jahre früher die Erdatmosphäre gebildet hatten: Methan, Ammoniak, Wasserstoff und Wasserdampf. Diese in Wasser gelöste Uratmosphäre bestrahlte er mit UV-Licht und zündete darin elektrische Entladungen. Damit simulierte er den Einfluss von Sonne und Gewitter auf die Urozeane. Das Ergebnis steht heute in jedem Biologiebuch: Im Wasserkolben sammelten sich organische Moleküle, darunter auch Aminosäuren.

Die spontane Bildung dieser Lebensbausteine in den ersten warmen Ozeanen schien plausibel. Schnell setzte sich die Idee der »Ursuppe« durch, einer dicken Brühe organischer Verbindungen, in der allein der Zufall es fügte, dass sich die Bausteine zu längeren, komplizierten Molekülen verbanden. Doch inzwischen hat Miller eine schmerzliche Niederlage hinnehmen müssen. Niemals, sagen Atmosphärenchemiker heute, bestand die Erdatmosphäre aus Wasserstoff und Methan. Das Sonnenlicht hätte die Mischung, die Miller in seine Glaskolben füllte, sofort zersetzt.

Niemand weiß genau, woher die Lebensbausteine kamen. Was man einigermaßen sicher sagen kann, steht eigentlich schon in der Bibel. Denn Professor Graham Cairns, Geowissenschaftler an der Universität Glasgow, hat ein Tonmineral mit dem Namen Montmorellionit entdeckt. Es hat ganz erstaunliche Eigenschaften: An elektrisch geladene Partien seiner Oberfläche können sich Aminosäuren anlagern, die sich schon bei leichtem Erhitzen zu kurzen Eiweißketten, den Peptiden, verbinden. Tonmineral als Katalysator des Lebens – eine Idee, die schon in der Schöpfungsgeschichte auftaucht, nach der Gott den Menschen aus einem Klumpen Lehm formte.

Wie immer sich das Leben entwickelt hat – es gab jedenfalls keinen Unterschied zwischen den Vorstufen tierischen und pflanzlichen Lebens. Könnten wir per Zeitreise zur der Weggabelung gelangen, an der sich die Entwicklung in Richtung Pflanze und in Richtung Tier aufspaltete, dann müssten wir rund eineinhalb Milliarden Jahre zurückreisen. So lange schon gibt es Tiere auf der einen und Pflanzen auf der anderen Seite der Gabelung. Aber warum kam es überhaupt zu dieser Aufspaltung?

Die Antwort liefern die allerersten Lebensformen, die frühestens vor vier Milliarden und spätestens vor drei Milliarden Jahren auftauchten: Eiweißklümpchen. Ihre revolutionäre Erfindung war die Bildung einer Art Haut. Denn damit waren sie keine Klümpchen mehr, sondern fast schon ein Lebewesen; mit Sicherheit aber eine Zelle, denn das Wort Zelle bedeutet: etwas Abgeschlossenes, eine Einheit für sich. Die Bildung dieser Haut ist leicht zu erklären. Noch heute bestehen die Zellmembranen, auch die in unserem Körper, aus Fettsäureverbindungen, sogenannten Lipiden, in die freilich andere Substanzen eingelagert sind.

Membranen konnten sich aus Lipiden vor rund 3,6 Milliarden Jahren im Urmeer leicht bilden. Ja, man kann sagen, Lipide werden bei Berührung mit Wasser ganz von selbst zu Membranen. Lipide sehen aus wie ein gestrecktes Y, wobei der Fuß wasserliebende Eigenschaften hat und die beiden aus je einem langen Kohlenstoffgerüst bestehenden Arme wasserabweisend sind. Bringt man Lipide in eine wässrige Lösung, so lagern sich die Arme automatisch parallel aneinander und bilden eine geschlossene dünne Schicht. Zellmembranen – ohne die es kein höheres Leben auf der Erde geben würde – bestehen aus einer doppelten Lipidschicht: im Inneren die wasserabweisenden Arme, nach außen gerichtet die wasserliebenden Enden. Das Wasser im Innern der Zelle und das Wasser außen im Meer sorgten also dafür, dass die Schutzhaut entstand und erhalten blieb. Sie machte das Eiweiß zum ersten Mal unabhängig von der Außenwelt – was vor allem bedeutet: Das lebentragende Eiweiß wurde vor den chaotisch-zufälligen chemischen Ein-, An- und Übergriffen der Umwelt geschützt.

Problem gelöst? Ja, aber um den Preis neuer Schwierigkeiten. Klar ist ja, dass die frühen Zellen ohne Verbindung zur Außenwelt nicht leben konnten. Sie brauchten Nährstoffe, die sie aus dem Wasser aufnehmen konnten. Die Zellmembran durfte sich also nicht strikt abriegeln. Sie musste wie ein zuverlässiger Torwächter fungieren, der Nützliches passieren lässt, Schädliches dagegen abwehrt.

Beim Austausch spielte die Salzkonzentration eine wichtige Rolle. Ist in der Zellflüssigkeit mehr Salz gelöst als im Wasser außerhalb der Zelle, strömt durch osmotischen Druck Wasser nach innen. Ist dagegen die Zellflüssigkeit stärker verdünnt als das Meerwasser, gibt die Zelle Wasser nach außen ab. Geheimnis der Osmose: Das Wasser strebt danach, seinen Konzentrationsausgleich herzustellen.

Passiv, ohne direkte eigene Anstrengung, erreichten die frühen Zellen durch Osmose einen ständigen An- und Abtransport der verschiedenen Stoffe. Osmose gibt es übrigens nur, wenn eine halbdurchlässige (semipermeable) Membran vorhanden ist. Und Membranen aus Lipiden sind halbdurchlässig.

Waren diese Zellen nun Pflanzen oder Tiere? Sie waren mit Sicherheit keines von beiden. Was ist eine Pflanze? Man versteht darunter ein Lebewesen, das sich autotroph ernähren kann. Autotroph bedeutet, sich – oder etwas – aus sich selbst entwickeln. Das Lebewesen kann sich also Nährstoffe, die es benötigt, selbst herstellen und ist nicht darauf angewiesen, andere zu fressen. Der Gegensatz zu autotroph heißt heterotroph. Heterotroph sind zum Beispiel die Tiere. Sie können nicht einfach in der Sonne liegen, die dann ihren Körper wie in den Blättern der Pflanze Photosynthese betreiben lässt.

Nachts werden alle Pflanzen zu Tieren

Fast sicher ernährten sich die Urzellen sowohl heterotroph als auch autotroph, doch wie gesagt, es wäre trotzdem falsch, sie als Tiere oder Pflanzen zu bezeichnen. Denn bei allem Unterschied in der Ernährung haben Tiere und Pflanzen heutzutage eines gemeinsam: die Art und Weise, wie sie sich ihre Lebensenergie beschaffen. Dazu brauchen beide den Sauerstoff. Und den gab es im Anfang des Lebens noch nicht. Folglich auch keine »richtigen« Pflanzen und Tiere.

Betriebsstoff aller Lebewesen ist der Zucker, die Glucose. Aus ihr muss aber noch die darin chemisch gebundene Energie freigesetzt werden. Tiere wie Pflanzen stellen hierfür ein Trägermolekül her, das Adenosintriphosphat, kurz ATP. Die Pflanzen bilden es bei der Photosynthese mit Hilfe der Sonnenenergie. Dabei geben sie Sauerstoff ab. Ohne Sonnenenergie aber kann ATP nur hergestellt werden, wenn Sauerstoff zum Abbau der Glucose verbraucht wird. So werden alle Pflanzen in der Nacht zu Tieren – vom chemischen Standpunkt aus betrachtet. Sie verbrauchen Sauerstoff.

Die Vorläufer der Tiere betrieben ihren Energiehaushalt mit

Milchsäuregärung. Sie ist sauerstoffunabhängig. Wie sich dagegen die Pflanzenvorläufer ohne Sauerstoff ernähren konnten, wissen wir erst, seit amerikanische Studenten im Universitätsgarten von Indianapolis gegraben haben. In der Erde, die sie untersuchten, entdeckte ihr Professor Howard Gest »lebende Fossilien«, pflanzliche Einzeller aus der Zeit vor etwa zwei Milliarden Jahren. Diesen »sonnengrünen Bakterien«, wie sie getauft wurden, gelang eine Photosynthese ohne Sauerstoff: Ihrem Blattgrün, mit dem Pflanzen bei der Photosynthese die Glucose herstellen, fehlt jenes Sauerstoffatom, das jedes moderne Chlorophyll besitzt. Dieser anaerobe sauerstofflose Pflanzeneinzeller stirbt, wenn er mit Sauerstoff in Berührung kommt.

Nun traten Mikroben auf, die größten Virtuosen, wenn es um die Erfindung neuer Stoffwechselformen geht. Wahrscheinlich erfanden sie zuerst die Photosynthese; jene Methode, mit der es gelingt, mit Hilfe von Sonnenlicht Nahrung und Energie zu produzieren und dabei Sauerstoff auszuscheiden. Enorme Mengen von Sauerstoff! Er reicherte sich zuerst in den Ozeanen an, dann in der Luft. Und er drohte die an Sauerstoffarmut angepassten frühen Lebensformen zunächst zu ersticken, denn das, was heute als Lebenselixier par excellence gilt, wirkte damals wie Gift.

Doch unsere Vorfahren verstanden es, aus der Not eine Tugend zu machen. Nach dem Motto »Was dem einen sein Müll, ist dem anderen sein Abendessen« entwickelten sie die Atmung und konnten nun, unter Einsatz von Sauerstoff, Nahrung wirksamer verbrennen, als es bei der bis dahin praktizierten Fermentierung der Fall war.

Vor rund zwei Milliarden Jahren begann sich ein aus Sauerstoffmolekülen aufgebauter Ozongürtel um die Atmosphäre zu legen und die zerstörerische UV-Strahlung der Sonne von der Erdoberfläche abzuschirmen. Jetzt erst konnten unsere mikrobiellen Vorfahren dazu übergehen, höhere Lebensformen zu bilden.

Zwischenfazit: Offenbar hat es in der Erdgeschichte eine Zeit gegeben, in der die Weltherrschaft die Pflanzen innehatten. Nur sie vermochten Wasser in Wasserstoff und Sauerstoff aufzuspalten, was bei der Erzeugung von Zucker (Glucose) während der Photosynthese geschieht. Aber sie wären am Sauerstoff zugrunde gegangen, hätten sie sich nicht umgestellt.

Die Zeit der Weltherrschaft der Pflanzen war zugleich der Beginn des tierischen Lebens. In Massen müssen grüne Algen die Meere durchwuchert haben. Und es entstanden Lebewesen, die lernten, Algen zu fressen. Tiere traten auf – Tiere, die sich von den Pflanzen, die sie fraßen, kaum unterschieden. Allenfalls an der Farbe konnte man erkennen, ob man einen Jäger oder einen Gejagten vor sich hatte. Der Körperbau war fast identisch: eine Zelle, umgeben mit einer Membran. Wollte ein »Tier« eine »Pflanze« fressen, stülpte es sich mit seinem ganzen Zellkörper um die Beute herum und verdaute sie; die wertvollen Nährstoffe wurden durch die Membran eingesaugt.

Und wie ging es weiter? Wie entstanden aus einzelligen Algen und Algenfressern hochspezialisierte Pflanzen und Tiere? Forscher können es heute mit Gewissheit sagen. Seit nämlich an einem Geißeltierchen namens Euglena viridis das älteste Sehorgan entdeckt wurde, das die Natur hervorgebracht hat.

Hier die Geschichte der Reihe nach. Das Geißeltierchen ist fast in jedem Tümpel zu finden. Obwohl es Geißeltierchen genannt wird, ist es kein »echtes« Tier, sondern ein Zwischending zwischen Tier und Pflanze. Genauer: Solange tagsüber die Sonne scheint, ernährt sich dieser Grenzgänger wie eine Pflanze: durch Photosynthese. Fehlt dagegen Sonnenlicht, wird der Zwitter zum Tier. Es saugt durch seinen »Urmund« organische Stoffe aus der Umgebung an.

Der dunkle Fleck, den selbst Forscher für ein Auge hielten

Jetzt aber die eigentliche Besonderheit: Wenn sich das Geißeltierchen durchs Wasser fortbewegt, angetrieben von rund 50 Geißelbewegungen pro Sekunde, steuert es stets auf die stärkste Lichtquelle zu. Dieses Verhalten legt Sehfähigkeit nahe, zumal sich nahe dem Geißelfädchen, das vorn sitzt, ein dunkler Punkt vom sonst fast durchsichtigen Körper abhebt. Ein Auge? Schließlich nennt man das Geißeltierchen auch Schönauge. Selbst Wissenschaftler hielten den dunklen Punkt anfangs für das Auge des Tierchens. Heute weiß man es besser. Der Augenfleck soll gar nicht sehen, er soll einen Schatten werfen.

Einen Schatten? Erinnern wir uns, dass der Körper vollkommen durchsichtig ist. Bei Sonne wird er gleichmäßig von Helligkeit durchflutet. Noch etwas muss man wissen: Wenn sich das Schönauge mit seiner Geißel vorwärtspeitscht (eigentlich rückwärts, da die Geißel ja vorn sitzt), bewegt es sich nicht direkt geradeaus, sondern in Kreisen voran. Ständig fällt dabei ein vom dunklen Fleck geworfener Schatten auf die Wurzel der Geißel. Dort sitzt das eigentliche Auge, das erste lichtempfindliche Organ der Erde! Da sich die Lage des dunklen Flecks in Beziehung zum lichtempfindlichen Fleck nicht verändert, kann das Schönauge seine Bewegungen so einrichten, dass es immer auf die größte Helligkeit zuschwimmt. Die benötigt es, da es ja tagsüber von der Photosynthese lebt, also mit Hilfe des Lichts Zucker produziert.

Unter den Lebewesen, die wir Geißeltierchen nennen, gibt es echte Pflanzen (die sich ausschließlich durch Photosynthese ernähren), echte Tiere (die nur Fremdsubstanzen fressen) und Zwitter wie eben das Schönauge. Alle Geißeltierchen sind Einzeller. Das ist wichtig für den weiteren Gang der Entwicklung.

Wir stehen vor der Frage, warum sich das Leben in Tierreich und Pflanzenreich teilte! Der Grund ist die Mehrzelligkeit. Mehrzeller übernahmen die Konstruktionsprinzipien der Einzeller. Wenn jedes Lebewesen viele Zellen besitzt, wird Spezialisierung möglich. Die Augen des Menschen zum Beispiel stammen direkt vom Schönauge ab. Unser Sehpurpur besteht aus derselben chemisch kompliziert aufgebauten Substanz wie der dunkle Fleck des Einzellers, und unsere lichtempfindlichen Sehzellen – die Stäbchen und Zäpfchen – gleichen fast aufs Molekül der lichtempfindlichen Stelle an der Geißelwurzel. Was uns vom Schönauge trennt, ist die Lebensweise, die entscheidend mit der Art des Sehens zusammenhängt.

Tiere und Menschen erwarben ihr besonderes Sehvermögen, um Nahrungsquellen und natürliche Feinde auszumachen. Der Einzeller Schönauge dagegen benutzte es, um das vorhandene Sonnenlicht optimal für seine Ernährung zu nutzen. Erst nach Sonnenuntergang wurde das Schönauge zum Tier. Ein mehrzelliger Zwitter aber wäre anderen Lebewesen unterlegen. Zum einen befände er sich in einem ständigen Entscheidungszwist: Soll ich mich zur Sonne hin bewegen oder auf eine mögliche Beute zu, die ich vielleicht doch nicht erwische? Und zum anderen wären seine Sehorgane wohl weder 100-prozentig für die Nutzung des Lichts noch 100-prozentig für das Beutemachen geeignet.

Heute wissen wir, dass der entscheidende Unterschied zwischen Tieren und Pflanzen nicht in den äußeren Merkmalen – Wurzeln, Blätter hier; Beine, Federn, Haare dort – liegt, sondern im unterschiedlichen Sehvermögen. Die Pflanzen entwickelten erst dann Wurzeln, als sie sich anschickten, das feste Land zu erobern. Pflanzen waren sie aber schon, als sie noch im Wasser schwammen. Auch die Spezialisierungsmerkmale der Tiere, vor allem die Gliedmaßen, entstanden viel später als die unterschiedlichen Ausprägungen des Sehens.

Sieht man bei Tieren und Pflanzen ganz genau hin, werden die Verschiedenheiten immer wieder plötzlich zu Ähnlichkeiten. Gibt es nicht eine Entsprechung zwischen dem Rückgrat der Wirbeltiere und der Hohlkonstruktion des Grashalms? Gleichen nicht die »Wasserleitungen« im Baum den Blutbahnen im Körper der Tiere? Ist in den Nieren und in den Lungenbläschen nicht der gleiche, auf Membranen gestützte Austauschmechanismus am Werk wie in den Wurzeln der Pflanzen? Vieles ist bei den Pflanzen nach außen gekehrt, was bei uns Menschen und den Tieren im Innern des Körpers abläuft. Aber alle höheren Zellen, auch unsere eigenen, sind einst durch die Verschmelzung einzelliger Organismen entstanden. Sie wurden geboren, als zelluläre Urformen andere geschluckt haben, diese jedoch nicht wie sonst als Nahrung verdauten, sondern als sogenannte Endosymbionten, als nützliche Arbeiter in ihrem Zellinnern versklavten.

Die Mitochondrien, die Kraftwerke in unseren Körperzellen, sind ebenfalls so entstanden. Sie gehen vermutlich auf sogenannte Proteobakterien zurück. Und die photosynthetisch aktiven Chloroplasten, die in den Pflanzen Licht in Lebenskraft verwandeln, gehen wohl auch auf zwar zunächst verspeiste, aber nicht verdaute Blaualgen zurück. Die geschluckten Zellen erhielten dafür im Gegenzug Stoffwechselprodukte. Dies geschah nicht in einem Wirt-Gast-Verhältnis, sondern als Geber und Nehmer. Die beiden verständigten sich und schlossen ein Bündnis zur Kooperation. Die größere Zelle beschützte die kleinere, diese gab dafür der größeren Energie.

»Verschiedene Arten von Bakterien verschmolzen zu Protisten, zu Einzellern mit einem echten Zellkern. Als artgleiche Einzeller verschmolzen, entstand die Sexualität. Vielzellige Verbände wurden schließlich zu Pilz-, Pflanzen- und Tierindividuen ... Jeder Organismus ... ist aus Symbiose entstanden«, schreibt die amerikanische Evolutionsbiologin Lynn Margulis.

»Man kann durchaus sagen: Das Leben besteht aus Bakterien und ihren Nachkommen. Das Leben ist zugleich die seltsame neue Frucht von Individuen, die sich durch Symbiose entwickelten.«

Als die Wissenschaftlerin in den 70er Jahren ihre Theorie vorstellte, galt sie als gewagte These, ja ziemlich unglaubwürdige Behauptung. Doch mittlerweile lassen sich die Indizien nicht mehr übersehen: Alle Mehrzeller bilden Staaten von ineinander aufgegangenen Organismen. Und unser Körper ist, wie Margulis sagt, »in Wirklichkeit das gemeinsame Eigentum der Nachfahren unterschiedlicher Vorfahren«.

Nicht nur Chloroplasten und Mitochondrien, also die Energielieferanten höherer Zellen, waren einstmals Bakterien. Auch Flimmerhaare, Wimpern und vor allem die Geißel. Geerbt haben sie ihr peitschenartiges Organ aus einstmals freilebenden, schnell beweglichen Spirochätenbakterien. Allein daraus konnte im Lauf der Evolution eine schier unüberschaubare Vielfalt von Instrumenten geschmiedet werden – die Flimmerhaare befördern Schmutzpartikel aus unseren Bronchien, feinste Härchen im Innenohr vermitteln uns den Gleichgewichtssinn, aber auch die unbeweglichen Geißelreste in den Stäbchen und Zapfenzellen der menschlichen Netzhaut sind rudimentäre Fortsätze. An der Basis der haarigen Zellverlängerungen sitzt ein rundes Gebilde, das Kinetosom. Es tritt auch bei einer der erfolgreichsten freilebenden Bakterienarten mit Geißeln, den Spirochäten, auf, deren bekanntester Vertreter der Syphiliserreger ist. Spirochäten fühlen sich in den verschiedensten Winkeln der Erde, von Schlammbänken am Meeresufer bis zum menschlichen Speichel, zu Hause. Margulis ist überzeugt, dass sie einst unsere einzelligen Urelten infiltrierten, sich mit ihnen biochemisch arrangierten und noch heute in unserem Körper hausen.

Mit Hilfe von Geißeln schrauben sich auch die menschlichen Spermien korkenzieherartig auf ihr Ziel zu. »Der ungemein wichtige Schwanz des Spermatozons ist nichts anderes als eine Geißel. Die Geißeln finden wir auch bei Männern«, schreibt die Evolutionsbiologin. »Die kürzeren Wimpern finden wir bei den Frauen.« Denn die Eileiter sind mit Tausenden Zilien besetzt, unvorstellbar kleinen Härchen, die die Eizelle zur Gebärmutter treiben.

Margulis' wildeste Spekulation ist, dass auch die Fortsätze der Nervenzellen, die Kommunikationsbahnen unseres Nervensystems, ursprünglich von Mikroben abstammen. Aus dem weitverzweigten Netz von Dendriten und Axonen, die einem Gewirr von schraubenförmigen Bakterien (Spirochäten) ähneln, schließt Margulis, dass unser »Denken, Fühlen und Bewusstsein« vielleicht der »Ausdruck von Restbeständen mikrobieller Symbionten« ist. Symbiosen, Kooperation und Teamarbeit sind nach Margulis eine »evolutionäre Kraft«, die unsere »weitverbreitete Vorstellung von statischer Individualität« untergräbt.

Von unseren 30 000 Genen stammen vermutlich 250 direkt von bakteriellen Vorfahren. Und zu jedem Menschen gehören etwa 10 Billionen Bakterien, das ist etwa zehnmal so viel, wie der Mensch selbst Körperzellen hat. Die Zahl der Gene in diesen vielen verschiedenen Bakterien übersteigt die Menge unserer Erbanlagen in noch viel größerem Maß.

Ohne diese Bakterien könnten wir nicht leben. Unser Darm ist dicht besiedelt mit Bakterien und Hefen, die für uns Vitamine herstellen und uns die Nahrung verdauen helfen. Völker in Papua-Neuguinea tragen im Darm sogar, ähnlich wie manche Pflanzen in ihren Geweben, symbiotische Stickstoffbakterien und können so eine jahrelange reine Pflanzendiät aushalten, ohne an Mangelkrankheiten zu sterben.

Unser Körpersystem ist ein offenes System, das im dynamischen Austausch mit seiner Umwelt steht: »Kohlenstoffatome zum Beispiel waren einmal in der Erde und kehren wieder dorthin zurück – nur um durch andere Atome derselben Art ersetzt zu werden. Sie können eine Zeitlang in anderen Körpern, Gehirnen, Genen, Pflanzen, Tieren und an anderen Orten gewesen sein ... heute hier, in fünf Jahren hingegen für immer verschwunden, dauern wir nur als Gestalt, Form und Muster fort, die uns unser genetischer Bauplan garantiert«, sagt Gehirnforscher Larry Dossey. Die allgegenwärtige Symbiose verbürgt, dass »alle Menschen Gras« sind – so drückt unsere Verwandtschaft zu Pflanzen der amerikanische Dichter Walt Whitman aus.

Sagen Sie jetzt bitte noch mal »Bruder Baum« – und horchen Sie in sich hinein, ob sich nicht das Gefühl, das Sie jetzt empfinden, von dem zu Beginn dieses Kapitels unterscheidet ...

10 Der mathematische Geheimcode der Pflanzen

Eigentlich wollte der Mathematiker Leonardo von Pisa (um 1170–1250) die Vermehrung von Kaninchen mathematisch beschreiben. Bei der Suche nach einer Gesetzmäßigkeit stieß Fibonacci, wie er gemeinhin genannt wird, auf eine Zahlenreihe, die den Rahmen abstrakter Mathematik sprengt, denn sie zieht sich durch das gesamte Pflanzenreich. Eine Zahlenreihe, bei der jede Zahl die Summe der beiden vorangehenden bildet (die beiden ersten Werte – 0 und 1 – sind vorgegeben): 0, 1, 1, 2, 3, 5, 8, 13, 21, 34, 55, 89 …

Dieses Zahlenspiel findet sich in der Anordnung von Samenständen ebenso wie in der von Knospen und Blättern. Und selbst das Wachstum von Zweigen richtet sich danach – erstaunlicherweise bei Laub und bei Nadelbäumen gleichermaßen. »Erstaunlicherweise« deshalb, weil Laubbäume gegenüber dem geordneten Etagenaufbau einer Tanne geradezu chaotisch erscheinen. Doch bei Buche oder Eiche sprießen die Äste nichtsdestotrotz wie eine Spirale um den Stamm, und es wachsen auch die Zweige in der gleichen Form um den Ast: immer seitwärts nach oben versetzt. Selbst die Blätter entsprießen dem Stengel nicht zufällig verteilt. Vielmehr sind sie stets in einer bestimmten Folge angelegt, die man als zentralsymmetrisch bezeichnet. Das bedeutet: Jedes Blatt bildet zum nächsthöheren einen bestimmten Winkel. Verfolgt man die Anordnung der Blätter, wird man spiralig um den Zweig herumgeführt. Erst ein ganz bestimmtes Blatt zeigt dann wieder in die gleiche Richtung wie das erste. Die Anzahl der dabei zurückgelegten Windungen nennt man Blattzyklus. Brauchen zum Beispiel acht Blätter drei Windungen, bis wieder die Ausgangsstellung erreicht ist, spricht man von einem Blattzyklus von 3/8.

Bestimmte Blattzyklen kommen immer wieder vor, etwa 1/2, 1/3, 2/5, 3/8 oder 5/13. Andere Kombinationen, etwa mit 12, 15 oder 20 Blättern, dagegen überhaupt nicht. Wenn man nun die in der Natur vorkommenden Blattzyklen zusammenträgt, erlebt man eine Überraschung: Nenner und Zähler der Brüche bilden jeweils die sogenannte Fibonacci-Folge ...

Auch in der Anzahl der Blütenblätter vielen Pflanzen findet sich eine Fibonacci-Zahl: Butterblumen haben fünf Blütenblätter, Lilien und Iris drei, Rittersporn acht, Ringelblumen 13, einige Astern 21; Gänseblümchen können mit 34, 55 oder 89 Blütenblättern gefunden werden.

Und damit nicht genug. Ob Samenanlagen bei Sonnenblumen oder bei Kieferzapfen, ob Stacheln von Kakteen oder die winzigen Blüten eines Gänseblümchens (die vielen kleinen gelben Pünktchen in der Mitte): Immer sind sie in Spiralen gewachsen, die von der Mitte ausgehen – und zwar sowohl rechts- als auch linksherum. Die Zahl der rechts- und der linksdrehenden Spiralen ist jeweils unterschiedlich, aber immer bilden sie ein Paar benachbarter Fibonacci-Zahlen: beim Kiefernzapfen sind das 5 und 8, bei Tannenzapfen und bei Gänseblümchen 8 und 13 und bei Sonnenblumen 34 und 55. Und bei den spiralig angeordneten Stacheln eines Mammillariakaktus sind es 13 und 21. Auch auf dem Blütenboden einer Silberdistel findet man eine solche Anordnung; linksherum sind es 21, rechtsherum 34 Kurven.

Ist Schönheit der Schlüssel zum Wachstum der Pflanzen?

Und noch ein mathematisches Wunder! Die Blüten, Samen oder Blätter der meisten Pflanzen folgen in ihrer spiraligen Anordnung nicht nur der Fibonacci-Reihe, sondern in ihnen spiegelt sich gleichzeitig eines der faszinierendsten Phänomene wider: Der Winkel zwischen zwei aufeinanderfolgenden Blättern oder Blüten beträgt nämlich 137,5 Grad – dies ist der sogenannte Goldene Winkel, der einen Kreis in den Goldenen Schnitt teilt. Für Platon war Letzterer der Schlüssel zum Kosmos und für den Astronomen Johannes Kepler ein geometrisches Juwel. Denn dieses Maß erscheint Menschen instinktiv besonders ästhetisch und harmonisch. Eine Studie des Naturforschers und Psychologen Gustav Fechner (1801–1887) zeigt: Sollen Versuchspersonen aus unterschiedlichen Rechtecken dasjenige auswählen, das ihnen am harmonischsten erscheint, wählen die meisten das Rechteck, das auf der Basis des Goldenen Schnitts konstruiert worden ist.

Ist Schönheit also eine Manifestation von Naturgesetzen, wie der Dichter Goethe meinte, der ein einheitliches Wachstumsprinzip von Blatt, Stengel und Blüte vermutete?

In jedem Fall drängt sich angesichts der Zahlenmystik der Natur die Frage auf: Woher weiß die Pflanze, wie sie wachsen soll? Und warum halten sich Pflanzen an jene strengen Regeln, die sich bei der Vermehrung »mathematischer Karnickel« ergeben?

Die Anordnung der Blüten und Blätter muss einen evolutionären Vorteil haben, sonst hätte sich die Fibonacci-Geometrie nicht durchgesetzt. Schon das Universalgenie Leonardo da Vinci (1452–1519) meinte, die Spiralmuster sorgten dafür, dass die Pflanze das Sonnenlicht optimal ausnutzen kann. Und der Schweizer Naturforscher Charles Bonnet (1720–1793) vermutete 1754, dass diese Stellung wohl die beste Luftzirkulation zwischen den Blättern garantiert. Tatsächlich ist die spiralige Stellung der Laubblätter an einer Pflanzenachse die cleverste Art und Weise, möglichst viel Sonnenlicht einzufangen. Und auch die Samen oder die Blütenstände könnte man nicht enger und zugleich effektiver packen. So wie die Pflanze es anstellt, wird der zur Verfügung stehende Platz optimal ausgenutzt.

Ist das alles genetisch bis ins kleinste Detail verankert; kann die Pflanze gar nicht anders? »Wahrscheinlich müssen wir uns von einer solchen Dominanz der Genetik verabschieden«, schreibt Heinz-Otto Peitgen, Professor für Mathematik an der Universität Bremen und Direktor des Centrums für Complexe Systeme und Visualisierung. »Wir erkennen, dass viele Wachstumsprozesse in der belebten und unbelebten Natur den gleichen Gesetzen von Selbstorganisation folgen.« Denn wenn Blätter wachsen, können sie nicht stur nur einem vorgegebenen Weg folgen, sondern müssen in einem komplexen Wechselspiel mit ihren Nachbarn eine Kompromissformel finden.

Ein neues Blatt entsteht immer am sogenannten meristematischen Ring, einer Zone undifferenzierter Zellen am unteren Rand der Sprossspitze. Das erste Blatt kann sich noch ungehemmt ausbreiten, für das zweite wird es schon enger. Es muss sich einen Platz suchen, der möglichst weit vom Vorgänger entfernt ist. »Für die Position des dritten Blattes ist entscheidend, wie lange die hemmende Wirkung des ersten Blattes anhält«, schreibt Autorin Nadja Podbregar. »Ist sie nur kurz, wird es sich in maximaler Entfernung vom – noch hemmenden – zweiten Blatt bilden, also direkt über dem ersten. Setzt sich diese Abfolge fort, entsteht eine wechsel- oder gegenstandige Blattanordnung. Anders sieht es allerdings aus, wenn die hemmende Wirkung der ersten Blätter länger anhält. Dann hat das dritte Blatt ein Problem: Es muss eine Position zwischen den beiden vorherigen Blättern finden, die die hemmenden Wirkungen minimiert. In der Regel ist dies eine Position, bei der das Blatt leicht versetzt näher am ersten als am zweiten Blatt steht. Auch das vierte Blatt und alle folgenden müssen sich eine solche ›Kompromissposition‹ suchen. Im Lauf der Zeit nähert sich diese Position immer mehr einem bestimmten konstanten Winkel an. Das Ergebnis dieser Wechselwirkungen ist – eine Fibonacci-Spirale.«

Kennen Bäume fraktale Regeln?

Beobachtet man an einem Jahrestrieb, wie die Verzweigungen kommen, sieht man, dass an den oberen Blättern sich streckende Seitentriebe wachsen. Diese verzweigen sich in einem späteren Jahr weiter, bis man schließlich einen Baum vor sich sieht – ein weiteres mathematisches Wunder: die Fraktale (Gebot der Selbstähnlichkeit).

Vorstellen kann man sich dieses Prinzip anhand einer einzelnen Blumenkohlrose, die in ihrem Aussehen identisch zum ganzen Kohl ist, jedoch wesentlich kleiner. Bricht man davon wiederum ein Segment ab, entsteht ein neuer Blumenkohl en miniature, der wieder dem ganzen Blumenkohl ähnlich ist. Dies kann rein mathematisch gesehen beliebig weitergeführt werden: Die einzelnen Blumenkohlrosen sind theoretisch bis ins Unendliche dem Originalkohl ähnlich. In der Natur stößt man allerdings an Grenzen.

Auch ein Baum ist fraktal aufgebaut. Er besteht aus einem Stamm, der sich an einem Punkt in Äste teilt. Jeder Ast verzweigt sich an einem Punkt in Zweige, jeder Zweig wieder in kleinere Zweige und immer so weiter. Dasselbe Verzweigungsprinzip wird an jedem Zweig neu angewandt. Ausschnitte aus der Baumstruktur gleichen sich immer wieder: Ein Ast ähnelt dem ganzen Baum, ein Zweig dem Ast, die Äderung im Blatt dem Zweig. Der Baum besitzt also in den Teilen einen selbstähnlichen Aufbau.

Bis in die 70er Jahre des 20. Jahrhunderts galten natürliche Objekte wie Bäume als geometrische Skurrilitäten, deren Form nicht wissenschaftlich exakt erfasst werden konnte. Erst der französische Mathematiker Benoît Mandelbrot entwickelte die sogenannte fraktale Geometrie, mit deren Hilfe die selbstähnlichen Strukturen der Natur beschrieben werden können.

Gebilde, die fraktal angelegt sind, machen das schier Unmögliche möglich: die größtmögliche flächenmäßige Erschließung mit dem geringstmöglichen Aufwand. Ein fraktales Versorgungsgeflecht löst das Problem, jeden Punkt des Körpervolumens mit Nährstoffen zu versorgen, dabei nicht das gesamte Volumen einzunehmen und die Nährstoffe innerhalb einer bestimmten Zeit umzuwälzen. So kann zum Beispiel die menschliche Lunge auf einem relativ kleinen Volumen immerhin eine Fläche von 100 Quadratmetern entfalten.

Der amerikanische Physiker Geoffrey West konnte nachweisen, dass das fraktale Modell nicht nur auf das Atmungssystem von Wirbeltieren oder das Tracheensystem von Insekten anwendbar ist, sondern genauso bei Gefäßen von Pflanzen funktioniert: »All diesen Systemen liegt dieselbe Logik zugrunde. Weil die Ressourcen über ein Transportsystem verteilt werden, das eine bestimmte Fläche einnimmt – Lungenoberfläche, Blattoberfläche, Wurzeloberfläche –, hat die Evolution das Ausmaß dieser Fläche maximiert. Und gleichzeitig wurde dafür gesorgt, dass die internen Transportwege so kurz wie möglich sind. Entfernt man eine Lunge oder fällt man einen Baum und misst Länge und Durchmesser des jeweiligen Geästs, dann wird man feststellen, dass beide Netzwerke mathematisch identisch sind. Letztendlich«, so Forscher West, »ist das Leben ein ›Baum‹.« Steckt hinter der Vielfalt des Lebens eine ganz einfach »Bio-Logik«?

11 Das Liebesleben der Pflanzen

Auf das Gespräch über die Schöpfung hatte sich der Geistliche eigentlich sehr gefreut. Doch was er sich im Jahr 1694 anhören musste, schockierte ihn zutiefst. »Jedes Mal, wenn Sie Schnittblumen aus dem Garten holen, dann haben Sie den Pflanzen ihr Geschlechtsteil abgeschnitten«, erklärte Rudolf Jakob Camerarius (1665–1721). Und dann setzte der Tübinger Botaniker noch eins drauf, indem er vom »Samenerguss« sprach – als Synonym für den Pollenflug.

Die Vorstellung einer Geschlechtlichkeit bei Pflanzen war damals eine Ungeheuerlichkeit. Botanik studierte man aus einem einzigen Grund: Pflanzen wurden als Medizin gebraucht. Wenn Forscher mit ihren neumodischen Instrumenten, den Mikroskopen, bei Pflanzen Geschlechtsorgane zu entdecken meinten, konnte das nur schmutzigen Phantasien entspringen, denn kein einziges Schöpfungswort weist auf eine Zweigeschlechtlichkeit bei Pflanzen hin. Und so konnte noch im Jahr 1860 der angesehene Botaniker William Jackson Hooker behaupten: »Viele Arten wurden gleichzeitig am dritten Schöpfungstag ins Leben gerufen, jede deutlich von den anderen verschieden und dazu bestimmt, es zu bleiben.«

Auch wenn wir das heute besser wissen und ohne groß nachzudenken von Fort*pflanzung* reden – wem ist schon wohl bei dem Gedanken, dass die Blumen, die er seiner Liebsten überreicht, abgeschnittene Geschlechtsteile höherer Pflanzen sind? Doch nüchtern betrachtet, so der Biologe Andreas Weber, »ist die Pflanze ein einziges gewaltiges Geschlechtsorgan«. Anders als das Tier, »das die meisten seiner lebenswichtigen Organe ins Körperinnere eingefaltet trägt, haben die Gewächse ihre Funktionen nach außen gewendet, so dass alles sichtbar ist: ... am schamlosesten die ungehemmte Sexualität im überschäumenden Meer der Blüten, Samen und Früchte«.

Tatsächlich zeigen Blumen ganz offen Zeichen sexueller Erregtheit, die tierischem weiblichen Orgasmus verblüffend ähneln. Sie sondern Sekrete ab, manche »erröten«, und sie verstärken ihre Duftnote. Sogar Sexualprobleme machen vor dem Pflanzenreich nicht halt. Die Palette reicht von Frigidität über Untreue bis zum vorzeitigen Samenerguss – im wörtlichen Sinn: die Aussendung der Samen durch die männlichen Organe, ehe die weiblichen empfängnisbereit sind.

Kein Wunder, dass mancher Forscher den Pflanzen menschliche Liebesbedürfnisse zugeschrieben hat. »Pflanzen werden von Liebe erfasst«, notierte der 22-jährige Carl Linné (1707–1778) in seinem Essay »Vorspiele pflanzlicher Begattung«. Der schwedische Botaniker nannte den Pollen »Ehemann«, den Stempel »Ehefrau«. Um die Ehe zu vollziehen, dienen die Blütenblätter als »Brautbett ... parfümiert mit so süßen Düften, dass der Bräutigam und die Braut hier ihre Hochzeitsnacht mit umso größerer Erhabenheit feiern können«.

Die Entdeckung des Pflanzensex

Linné, der 1735 ein System für die geschlechtliche Bestimmung der Pflanzen entwickelte, fühlte sich als erster »Sexualist« unter den Klassifizierern. Doch entdeckt hat die Sexualität der Pflanzen Jakob Camerarius. Seine Veröffentlichung »Epistola de Sexu Plantarum« (Brief über das Geschlecht der Pflanzen) trägt das Datum des 25. August 1694. Dies ist der wohl wichtigste Tag in der Geschichte menschlicher Vorstellungen über Pflanzen. 2000 Jahre lang waren sie von Geschlechtslosigkeit und Reinheit geprägt – Merkmale, die heute noch mitschwingen, wenn davon die Rede ist, dass eine Jungfrau durch Geschlechtsverkehr »defloriert« wird.

In sorgfältigen Experimenten hatte Camerarius die Staubgefäße männlicher Rizinusblüten entfernt; und ebenso die weiblichen Blütenquasten bei Maispflanzen – mit der Folge, dass sich keine Früchte mehr entwickelten. Damit war zum ersten Mal in der Menschheitsgeschichte die Geschlechtlichkeit von Pflanzen zweifelsfrei bewiesen. Und klar war auch, was es bedeutet, wenn Pollen auf die Narbe (Stigma) des Stempels (Pistill) einer Pflanze treffen.

Allerdings konnte Camerarius nicht klären, welche Vorgänge dadurch ausgelöst werden. Deshalb wünschte er sich »zur Lösung dieser schwierigen Frage, dass wir von denen, die durch ihre optischen Instrumente mehr als Luchsaugen haben, erführen, was die Körnchen der Staubbeutel enthalten, wie weit sie in den weiblichen Apparat eindringen«.

Im Jahr 1793 entdeckte der deutsche Botaniker Johannes Hedwig (1730–1799), dass der Pollen keimen muss – fast wie ein Samenkorn. Dann wächst aus dem Pollenkorn eine Ausbuchtung hervor. Dieser Schlauch zwängt sich gewaltsam durch die Narbe nach unten in den Griffel. Wenn er bis zu den Fruchtknoten vorgedrungen ist, bewegt er sich auf ein Ei zu. Durch eine winzige Zervikalöffnung (Mikrophyle) dringt er in das Ovulum ein und gibt zwei männliche Fortpflanzungszellen ab. Mit der Vereinigung eines dieser männlichen Gameten mit der Eizelle ist die Befruchtung erreicht.

Das Verblüffende: Den Weg zur geschlechtlichen Vereinigung bereiten Absonderungen aus dem weiblichen Gewebe vor; so ähnlich wie bei weiblichen Tieren: Sind sie begattungsbereit, sondern sie Sekrete ab.

Auch bei der Pflanzensexualität muss die Chemie stimmen

Um auf diesen Absonderungen zur weiblichen Eizelle schwimmen zu dürfen, muss sich der Pollen einem Partnerschaftstest unterziehen, ob er sich mit dem Stigma überhaupt verträgt. Zwei Bedingungen müssen erfüllt sein. Man kennt sie auch vom menschlichen Sexualverhalten: körperliche Verträglichkeit – und »stimmige Chemie«.

Die nötige körperliche Übereinstimmung im Pflanzenreich entspricht einem möglichst großflächigen Kontakt zwischen der Haut zweier Partner. Denn der artgerechte Pollen muss tunlichst viel Fläche der mikroskopisch kleinen Höcker und Höhlungen auf der Narbe berühren.

Die Stärke des intimen Kontakts hängt ab von der Außenschicht (Sporoderm) des Pollens. Sie besteht aus zwei übereinanderliegenden Strukturen: einer weichen Innenhaut aus Zellulosefibrillen, der Intine. Und der Exine, einer stoßfesten, robusten Außenwand, die Säuren und Temperaturen von bis zu 70 Grad aushält. Man weiß, dass sich die Exine aus dem korkähnlichen Stoff namens Sporopollenin bildet, die genaue chemische Zusammensetzung ist allerdings noch rätselhaft.

Passt der Pollen, geschieht etwas Erstaunliches, wie Daphne Preuss von der Universität Chicago beobachtet hat. Der Pollen geht mit der Narbe eine so feste Verbindung ein, dass nicht einmal eine Zentrifuge ihn zu trennen vermag. Blütenstaub fremder Spezies dagegen haftet nur locker. Ihm flüstert die Blüte zu: »Bleib mir vom Leib.«

Neben den Oberflächeneigenschaften wird auch noch geprüft, ob sich Narbe und Pollen gut riechen können. Diese Phase ist eine Art Vorspiel. Dabei werden chemische Botschaften aus den weiblichen Sekretionen des Stigmas an das Korn gesendet – und von dort zurückgespielt. Ob das Ergebnis befriedigend ist, hängt unter anderem vom Zuckergehalt der Absonderungen ab.

Im Labor konnte gezeigt werden, dass Pollen einer Sennespflanze (Cassia senna) in einer 70-prozentigen Zuckerlösung prächtig keimen, während der Pollen des Schneeglöckchens (Galanthus nivalis) am besten in einer zweiprozentigen Zuckerlösung gedeiht.

Manche Pflanzen keimen nur, wenn Pollen der eigenen Art auf der Narbe landen. Wird die Pflanze mit einem artfremden Pollen bestäubt, kann sie zwar einen Pollenschlauch ausbilden, aber zwei bestimmte Zellen des weiblichen Geschlechtsapparats, die Synergidzellen, erkennen ihn nicht und kommunizieren folglich nicht mit ihm. Der Pollenschlauch wächst im Embryosack weiter, ohne zu merken, dass er am Ziel angelangt ist. Die Folge: Die Spermien werden nicht freigesetzt, die Eizellen nicht befruchtet.

Die beiden Synergidzellen kommunizieren mittels Enzymen, sogenannten Kinasen, mit dem Pollenschlauch und »funktionieren ähnlich wie ein Türschloss«, erklärt Forscher Juan Miguel Escobar von der Universität Zürich. »Schloss und Schlüssel müssen zusammenpassen, damit das Tor sich öffnet.« »Wenn das Schloss kaputt ist, hilft auch der richtige Schlüssel nicht weiter«, sagt Escobar. »Nur der passende Schlüssel vermag das Schloss zu öffnen und den Kommunikationsprozess zwischen weiblichen und männlichen Zellen zu starten.«

Wer zwischen artgerechtem und artfremdem Pollen solche Unterschiede macht, der kann gewissermaßen zwischen »selbst« und »nicht selbst« unterscheiden.

Ohne Blümchensex gäbe es keine Menschen

Dass die Pflanze über eine Unterscheidungsfähigkeit verfügt, war schon 1793 dem Berliner Schuldirektor Christian Konrad Sprengel (1750–1816) aufgefallen. In seinem bedeutenden Werk »Das entdeckte Geheimnis der Natur im Bau und in der Befruchtung der Blumen« beschrieb er haarklein die Anordnung der Geschlechtsorgane bei 500 Pflanzenarten und untersuchte auch viele Pflanzen, die sich auf die Bestäubung durch Wind spezialisiert haben. Dabei erkannte er, dass die oft quastenähnlichen männlichen Blütenstände kleine, trockene Pollenkörner in riesigen Mengen produzieren. Und als er die weibliche Stigma näher betrachtete, wurde ihm klar, dass sie deshalb groß und fedrig ist, weil sie so besonders viele vom Wind getragene Pollen einfangen kann. Seine Beobachtungen führten ihn zu der Schlussfolgerung: »Die Natur will offenbar nicht, dass eine Blume durch ihren eigenen Pollen befruchtet werde.«

Aber wieso eigentlich? Pflanzen müssen nicht auf Sex zurückgreifen, um sich erfolgreich zu vermehren. Steckt man zum Beispiel den Blattstengel eines Usambaraveilchens in den Boden, wächst ein neues Veilchen heran. Und auch ohne grünen Daumen bilden manche Pflanzen häufig genetisch identische Kopien von sich selbst. Vegetative Vermehrung heißt dieses Verhalten der Pflanzen. Bei der Quecke (Elymus repens), einem lästigen Unkraut, reichen schon kleine Stücke von der Wurzel (Rhizome), damit sich massenhaft unterirdische Ausläufer bilden.

Wenn also die Vermehrung durch Klonen so erfolgreich ist, warum gibt es dann überhaupt Sexualität bei Pflanzen? Sexuelle Vermehrung hat einen entscheidenden Vorteil: Sie durchmischt das Erbgut, führt zu immer neuen Eigenschaften. Und genau darum geht es bei der überwältigenden Mehrzahl der geschlechtlich entstehenden Pflanzen. Sie sind heterozygot, das heißt, ihr genetisches Material ist gemischt. Eizellen und Samenzellen unterscheiden sich voneinander selbst in ein und derselben Pflanze. So wird sichergestellt, dass zwischen Individuen der Nachkommenschaft immer Unterschiede bestehen, auch wenn die Pflanze Selbstbefruchtung betreibt.

Erst dieser Unterschied ermöglicht im Lauf von Generationen Anpassungen an veränderte Umweltbedingungen. Ohne Variation hätte es niemals eine Evolution gegeben, in der ungünstige Merkmale durch Selektion auskonkurriert werden – und sich die »Schwächeren« gegen die »Stärkeren« durchsetzen, wie es Charles Darwin formulierte. Wie kein Zweiter trieb dieser Wissenschaftler die Erforschung der Pflanzengeschlechtlichkeit voran. Ihn quälte, wie er es formulierte, eine »furchtbare Frage«: Wann und wie haben sich die Blütenpflanzen entwickelt, also jene Pflanzen, die sich geschlechtlich vermehren?

Diese Frage brennt heute noch den Paläobotanikern auf den Nägeln. Denn diese Pflanzen haben das Gesicht der Erde radikal verändert – und liefern uns in Form von Eichen, Palmen und Blumen oder als Getreide und als Obst alles, was wir zum Überleben brauchen: Nahrung, Rohstoffe, Medizin und vieles andere mehr. »Ohne Blütenpflanzen gäbe es uns Menschen nicht«, sagt der Botaniker Walter Judd von der Universität von Florida in Gainesville.

Der evolutionäre Sprint der Blumen

In der Kreidezeit begann der Siegeszug der Blütenpflanzen. Nach geologischen Maßstäben ist das noch nicht lange her: Würde man die Erdgeschichte auf eine Stunde verdichten, gäbe es die Blütenpflanzen seit gerade mal 90 Sekunden.

Farne und Nadelbäume gab es schon 200 Millionen Jahre

früher. Dennoch ist die Zahl der Blütenpflanzenarten heute 20-mal größer.

Mit welch überraschender Geschwindigkeit sie sich durchgesetzt haben, konnten jüngst zwei amerikanische Forschergruppen klären. Die älteste heute noch existierende Abstammungslinie reicht rund 130 Millionen Jahre in die Vergangenheit zurück: Es handelt sich um die Familie der Amborellaceae, von der man nur eine Art kennt, die Amborella trichopoda. Die kleine, holzige Pflanze wächst als lebendes Fossil ausschließlich in Neukaledonien, einer Insel im Südpazifik. Aus Amborellacea entwickelte sich zuerst die Seerose: die Urmutter der Blütenpflanzen.

Das Erstaunliche: Innerhalb von nur fünf Millionen Jahren entstanden 250000 Arten von Blütenpflanzen. Botaniker sprechen von der »großen Radiation« – sprich einer großen Auffächerung einer Art und der Herausbildung besonderer Anpassungen an die Umweltverhältnisse.

Was war der Grund für diesen evolutiven Urknall? Wie kam es, dass die Blütenpflanzen so schnell so erfolgreich waren? Was war das Neue an ihnen? Es war die Art ihrer Fortpflanzung. Während Nadelbäume ihre Samen in offenen Zapfen produzieren, weshalb sie Nacktsamer oder Gymnospermen (griech. *gymnos* = nackt) heißen, sind Blütenpflanzen Bedecktsamer, Angiospermen (griech. *angeion* = Gefäß, Behälter; *sperma* = Samen).

Die Bedecktsamer hüllen ihre Samen in ein Fruchtblatt ein. Jede Frucht besteht aus einem oder mehreren Fruchtblättern, die die Samen umschließen. Die Fruchtblätter sind das charakteristische Merkmal aller Bedecktsamer und ein entscheidender Grund für den Erfolg dieser Pflanzengruppe, deren Arten man »höhere« Pflanzen nennt, weil sie in der Evolution als Letzte auftraten.

Als sich diese Pioniere voranarbeiteten, war die Welt von

Farnen und Nadelbäumen beherrscht, die sich vom Wind bestäuben lassen. Ein kurzer Blick auf das, was damals geschah, lohnt sich, denn insbesondere die Koniferen haben diese Anemopholie (»Liebe im Wind«) im Lauf ihrer langen Entwicklung erstaunlich perfektioniert. Sie müssen nämlich sicherstellen, dass von den fünf Millionen Pollenkörnern, die beispielsweise eine Kiefer pro Jahr freisetzt, nicht die Mehrzahl von einer anderen Pflanzenart aufgenommen wird, sondern Pflanzen der gleichen Art erreichen. Und schwieriger noch: Dort müssen sie auch an jenen Ort gelangen, an dem sich das Ei bildet (Ovule): ein Ziel, das verborgen im Inneren des Zapfens liegt. Damit Pollen diesem ziemlich verschlungenen Pfad überhaupt folgen können, hat jede Koniferenart eine eigene verblüffende aerodynamische Blütenstruktur entwickelt.

»Die charakteristische Zapfenform erzeugt ein für sie spezifisches Luftströmungsmuster«, schreibt Pflanzenforscher Karl J. Niklas von der Cornell-Universität. Er ließ heliumgefüllte Miniballons auf einen Modellzapfen zufliegen, filmte deren Bewegungen und analysierte die Luftströme dann am Computer. Bei den Auswertungen entdeckte er, dass Zapfen die Bewegung des Windes auf vier verschiedene Arten verändern. Zuerst wird durch die symmetrisch angeordneten Blätter, die sich um die Zapfen befinden, der Luftstrom reduziert – für eine sanfte Landung. Dann wird die Richtung des Windes durch die Blätter ins Zentrum gesteuert. Dort wird der Wind umgedreht und dahin geleitet, wo sich die Eier bilden. Schließlich »drücken« kleine Zacken an den Zapfen den Wind nach unten und leiten ihn zum Ziel.

Damit möglichst nur arttypische Pollen anlanden, »zeichnet sich jeder Pollentyp durch eine ganz bestimmte Größe, Form und Dichte aus«, schreibt Biologe Niklas. »Diese Faktoren legen sein Verhalten in der Strömung fest. So filtern die meisten von uns untersuchten Zapfen selektiv die eigenen Pollen aus der Luft und lassen die anderen passieren.«

Den Pollen dem Wind anzuvertrauen ist eine verschwenderische Methode. Die Neulinge der Evolution, die Blütenpflanzen, hatten eine bessere Idee. Sie rationierten die Pollenmenge und investierten die überschüssige Energie in das Wachstum bunter Blüten und lockender Früchte. Mit ihnen machten sie wirksamer auf sich aufmerksam, als es den Zapfenblütlern möglich war. Anfangs waren die neuartigen Blüten zwar noch klein, doch vor rund 100 Millionen Jahren haben sich dann auffällige Kronblätter entwickelt.

Die Koevolution zwischen Blüten und Bienen

In dem neuen Gewand wurden die Blütenpflanzen zu unschlagbaren Blickfängern für die Insekten; insbesondere für jene Arten, die damals gerade entstanden: die Bienen.

Die Wechselbeziehung zwischen Insekten und Blütenpflanzen beeinflusste die Entwicklung beider Gruppen, ein Phänomen, das Fachleute als Koevolution bezeichnen.

Dabei spielt die Fähigkeit der Pflanzen, Nektar auszuscheiden, eine entscheidende Rolle. Der österreichisch-ungarische Botaniker, Mikrobiologe, Naturphilosoph und Künstler Raoul Heinrich Francé (1874–1943) ging in seinem Buch »Das Liebesleben der Pflanzen« schon 1906 so weit zu schreiben: »Der Übergang von der Windbefruchtung zur Insektenbefruchtung ist dadurch markiert, dass die Pflanzen Honig ausscheiden. Wer züchtete das heran? Niemand. Das ist eine freie und selbständige Handlung, für die wir keine Beweggründe wissen.« Er meinte damit, dass bei den Blütenpflanzen plötzlich ein neuer Zug auftauchte: »Die Pflanze musste zuerst entgegenkommen, dann fand sie bei den Insekten Gehör … der Hass und Widerstreit im ›Kampf ums Dasein‹ wird ergänzt durch Anpassung und gegenseitige Hilfe, und wir erkennen, dass der Fortschritt nur der Lohn für diese Intelligenz und Güte ist.«

Selbst wenn viele moderne Botaniker diese Erklärung zurückweisen würden, weil bereits vor Millionen Jahren auch primitivere Pflanzenarten schon zuckrige Substanzen aussonderten, so ist doch eines klar: Farne beispielsweise, die im Frühling ebenfalls eine Art von Nektar absondern, haben weder Blüten noch Pollen, also hat der von ihnen produzierte Nektar kaum den Zweck, Insekten zur Bestäubung anzuziehen.

Insekten jedoch profitieren von dem Nektar, der von den Blüten ausgeschüttet wird – gleichsam als Belohnung für den Pollentransport. Diese Nahrung ist auch bitter nötig, denn die Bienen verbrauchen dabei, relativ zu ihrem Körpergewicht, enorme Energiemengen. Zum Vergleich: Allein für den Take-off benötigt der Organismus etwa die Energie, die dem Kerosinvorrat eines für einen Transatlantikflug vollgetankten Jumbojets entspricht. Der Treibstoff der Bienen ist Nektar, und für die Biene ist es daher lebensnotwendig, nach der Landung auf einer Blüte Nektar zum »Auftanken« vorzufinden.

Und was haben die Blumen davon? Nach dem Blütenbesuch nehmen die Insekten Pollenkörnchen mit, die an ihren Körperhaaren hängenblieben, und tragen sie zur nächsten Blüte derselben Art. So werden deren Chancen auf eine Befruchtung gesteigert.

Diese Wechselbeziehung hat im Lauf der Evolution zu bemerkenswerten Anpassungsleistungen geführt. Das wohl extremste Beispiel dafür ist die Orchidee Angraecum sesquipedale. Sie hat ihre Blüte auf die Mundpartie des bestäubenden Insekts eingestellt. Die Dschungelpflanze aus Madagaskar besitzt wächserne weiße Blütenblätter und einen auffälligen Sporn: Auf Letzteren bezieht sich der Namensteil *sesquipedale*, was »anderthalb Fuß« (50 cm) bedeutet – wobei der Sporn in

Wahrheit zwar »nur« 30 bis 35 Zentimeter lang ist, aber nur am untersten Teil mit Nektar gefüllt.

Als Charles Darwin einen in England kultivierten »Stern von Madagaskar« untersuchte, stellte er die These auf, dass es ein Insekt geben müsse, dessen Zunge so lang ist, dass es den Nektar aufsaugen und für die Bestäubung sorgen könne. »Die Entomologen haben meine Vermutung belächelt«, schrieb der Evolutionsforscher. 30 Jahre später (1903) wurde ein Nachtfalter entdeckt, auf den Darwins Theorie zutraf. Die Zunge war entsprechend lang und wird, wenn sie nicht gebraucht wird, wie ein Schlauch aufgerollt. Die Gattung dieser Nachtfalter wurde Xanthopan morgani praedicta getauft; *praedictus* heißt »der Vorausgesagte«, eine Huldigung an Darwin, der zu diesem Zeitpunkt schon lange tot war.

Doppelspiel mit Duft und Farben

Blütenpflanzen setzen nicht nur spezielle Organe ein, um Bestäuber anzulocken, sondern verwenden auch den Nektar gezielt, um den Besucherstrom von Insekten und Vögeln zu steuern. So ist bei der wilden Tabakpflanze die Mixtur dieses Stoffs derart raffiniert zusammengestellt, dass erwünschte Bestäuber angelockt, Nektarräuber aber vertrieben werden: Ein Gemisch aus 35 Aromastoffen wirkt wie ein Schutzschild gegen Kolibris und Ameisen, die gern Nektar naschen, jedoch nichts zur Bestäubung beitragen. Die Räuber meiden den Tabak, weil sein Nektararoma ihnen nicht schmeckt.

Auch mit ihren Farben treiben die Blumen ein Doppelspiel. Sie sind nicht nur Wegweiser, um eine erfolgreiche Bestäubung sicherzustellen, sondern senden mittels chemischer Komponenten gleichzeitig eine giftige Botschaft an hungrige Fressfeinde aus. Dabei nutzt das Niedrige Johanniskraut (Hypericum calycinum) beispielsweise die Fähigkeit der Bienen, am unteren Ende der Farbskala etwas für Menschen Unsichtbares wahrzunehmen: das ultraviolette Licht. Um die Bestäuber anzulocken, sticht im Zentrum der gleichförmigen, gelben Blüten ein dunkler, ultraviolettes Licht absorbierender Fleck hervor. Der Biologe Thomas Eisner von der Cornell University hat in Versuchen herausgefunden, dass der auffällige Mittelpunkt nicht nur als Zielscheibe dient, sondern gleichzeitig eine andere Funktion erfüllt: Raupen wirkungsvoll abzuschrecken. Um die Abwehr perfekt zu machen, hat die Pflanze auch die Fruchtknotenwände und die Staubbeutel mit den chemischen Komponenten des Warnhinweises versehen: einer speziellen chemischen Verbindung, der sogenannten DIP-Verbindung (dearomatisierte isoprenylierte Phloroglucinole).

Mit der Führungsfunktion ihrer Farben gelingt es Pflanzen auch, Tiere zu täuschen. Diesen Trick beherrscht die rote Cephalanthera, eine Orchideenart, der die Eigenschaft fehlt, Nektar abzugeben. Sie nutzt ihre Standortnähe zur blauen Glockenblume. Blattschneidebienen, die die Glockenblumen befruchten, haben auch das Verlangen, dasselbe bei der roten Cephalanthera zu tun. Wie die Orchidee es schafft, dass die gleiche Wildbiene zwei völlig unterschiedliche Pflanzen befruchtet, haben Wissenschaftler mit einem Spektrophotometer herausgefunden. Die Analyse zeigte, dass die Blattschneidebienen nicht in der Lage sind, zwischen den Wellenlängen des Lichts, das von den beiden unterschiedlichen Blumen abgegeben wird, zu unterscheiden. Deshalb besuchen sie auch die rote Cephanthera, deren Farbe sie als dieselbe wahrnehmen wie die der blauen Nachbarin, und ermöglichen so ihre Befruchtung.

Manche Pflanzenarten kündigen den Insekten sogar ihre Belohnung mit Nektar an, indem sie die Farbe ihrer Blüten wechseln. Dies beschrieb der Pflanzenforscher Fritz Müller bei einer Pflanze namens Lantana, die in den Wäldern Brasiliens wächst:

»Wir haben hier eine Lantana, deren Blüten in den letzten drei Tagen am ersten Tag gelb, am zweiten orange und am dritten Tag violett waren. Diese Pflanze wird von verschiedenen Schmetterlingen besucht. Soweit ich gesehen habe, werden die violetten Blüten niemals berührt. Einige Arten steckten ihren Rüssel sowohl in die gelben als auch die orangen Blüten, andere ... nur in die gelben Blüten des ersten Tages. Dies ist, wie ich denke, ein interessanter Fall. Wenn die Blüten schon am Ende des ersten Tages abfielen, wäre der Blütenstand weit weniger auffällig, wenn sie ihre Farbe nicht wechselten, würde viel Zeit durch die Schmetterlinge, die ihre Rüssel in die bereits befruchteten Blumen stecken, verlorengehen.«

Wie Müller beobachtete, ist der Farbwechsel der Blüte im Interesse sowohl der Pflanze als auch des Bestäubers. Pflanzen, deren Blüten die Farbe wechseln, bieten eine Menge Nektar, wenn die Blüten jung sind. Wenn die Blüte älter wird, ändert sich ihre Farbe und nimmt der Nektargehalt ab. Bei richtiger Einschätzung der Farbveränderungen sparen die Bestäuber Energie, weil sie Blüten, die nur wenig oder keinen Nektar haben, gar nicht erst besuchen.

Die lockende Wärme der Blüten

Insekten vermögen über die Blütenfarbe auf die Temperatur der Pflanze zu schließen. Und Pflanzen wiederum gelingt es, ihre Temperatur so zu erhöhen, dass die Chancen einer Bestäubung steigen.

Dies wiesen Forscher in einem Versuch nach, in dem sie Hummeln zwei künstliche Blumen mit verschiedenen Farben anboten – lila und rosa. Beide Pflanzen hatten den gleichen Zuckergehalt, jedoch unterschiedliche Temperaturen. Die Hummeln flogen bevorzugt auf die wärmere, lila Pflanze. Hatten beide Blüten die gleiche Farbe und unterschiedliche Temperaturen, konnten die Hummeln diesen Unterschied nicht feststellen. »Diese Insekten«, so Adrian G. Dyer von der Universität Cambridge, »können lernen, von der Blütenfarbe auf die Temperatur zu schließen.«

Obwohl Pflanzen keine Warmblütler sind, verfügen sie über eine erstaunliche »Heizung«, mit der sie Insekten anlocken. Die Energie holen sie sich aus ihrem Stoffwechsel, indem sie Fettstoffe nutzen. Dabei können sie ihre Körpertemperatur erstaunlich gut steuern, indem sie ihre Stoffwechselheizung gezielt ein- und ausschalten.

Diese Thermoregulation haben Forscher bei der Lotusblume (Nelumbo nucifera) entdeckt. Die Pflanze beginnt mit der Wärmeproduktion ein bis zwei Tage, bevor sich die Blütenknospe öffnet. Ist diese aufgegangen, bleibt die Heizung weitere zwei bis vier Tage eingeschaltet. Während dieser Zeit ist die Pflanze befruchtungsfähig. So werden Käfer und Bienen in die warme Stube gelockt, wo sie für die Befruchtung sorgen. Die Temperatur in den Blüten bleibt auch konstant, wenn die Außentemperatur zwischen zehn und 30 Grad Celsius schwankt. »In der Blüte herrschen dann stets 30 bis 35 Grad«, schreiben Roger S. Seymour und Paul Schult-Motel von der australischen Universität in Adelaide.

Bis zu erstaunlichen 46 Grad kann sich der in Brasilien beheimatete Philodendron selloum aufheizen. Der erwärmte Blütenkolben gibt dann Duftstoffe (Amine und Indolverbindungen) ab, die Insekten anlocken und die Bestäubung fördern.

Können Pflanzen frigide sein? Oder polygam?

Die Fähigkeit der Blütenpflanzen, sich aufzuheizen, ist auch wichtig für eine zufriedenstellende Geschlechtsbeziehung, denn damit es zu einer erfolgreichen Befruchtung kommen kann, müssen die männlichen und die weiblichen Organe die gleiche Temperatur haben. Sonst ist die Pflanze gleichsam frigide.

Außer vor der Frigidität fürchten sich Pflanzen offenbar vor noch einem Sexualproblem: der Ejaculatio praecox, dem vorzeitigen Samenerguss, wie man bei Männern sagen würde. Viele Pflanzen haben nämlich einen Mechanismus entwickelt, um sich vor einer frühzeitigen Verschwendung der Pollen zu schützen. Bei der Kornblume (Centaurea cyanus) ist zu diesem Zweck die Spitze der männlichen Organe, die erigiert herausragen, unempfindlich. Der darunterliegende Schaft ist zwar erregbar, aber so konstruiert, dass jeweils nur eine bestimmte Pollenmenge abgegeben wird, die am Insektenkörper kleben bleibt.

Auch andere Pflanzen verhindern, dass Pollen verschwendet wird, indem sie ihn über einen längeren Zeitraum immer nur in rationierten Mengen liefern – und ganz gezielt. So schießt die Kanonierpflanze (Pilea), sobald sie bereit ist, bei der geringsten Stimulanz durch einen Bestäuber eine Pollenwolke ab. Und die Luzerne (Medicago sativa) verfügt über eine Art von Katapult; spiralig aufgespulte Geschlechtsorgane, die unter Spannung stehen. Ein Besucher, der den Mechanismus auslöst, wird mit Pollen überschüttet. Schneller und präziser feuert nur noch die Säulenblumenart Stylidium graminifolium die Pollen mit ihrer »Säule« ab, in der die männlichen und die weiblichen Organe vereinigt sind.

Ein weiteres Sexualproblem ist die Untreue der Blütenpflanzen. Sie lassen sich mit den unterschiedlichsten Insekten und Vögeln ein, was ihre Hauptpartner eifersüchtig macht. So muss der südamerikanische Falter Castinia eudesmia ständig Vögel von seiner Nahrungsquelle, der Puya alpestris, verjagen. Und Kolibris müssen laufend Schwärmer von ihren Lieblingsblumen verscheuchen. Sie selbst werden aber auch immer wieder in die Flucht geschlagen – von Prachtbienen. Dies konnten Bonner Forscher an künstlichen Futterstellen beobachten. Stachellose Bienen der Gattung Tetragonisca rempeln im Flug die Vögel vor der Blüte so lange an, bis diese aufgeben und auf einen weiteren Besuch dieser Nahrungsquelle verzichten. Gibt es einen eindrucksvolleren Beweis für die Behauptung von Forscher Camerarius vor über 300 Jahren: Blumen sind zur Verführung von Insekten aufgetakelte Geschlechtsorgane?

Blumen – Die beste Nahrung für die Seele

Nicht nur für die Tiere, auch für uns Menschen sind die Bedecktsamer als Nahrungsquelle unverzichtbar. Und wir haben durch Züchtung und künstliche Beotäubung dafür gesorgt, dass bestimmte Arten wie Mais, Reis, Weizen und Roggen einen beispiellosen Fortpflanzungserfolg erzielt haben.

Aber die Bedecktsamer füllen nicht nur unseren Magen. Blumen spenden Freude und Trost, wir werben mit ihnen um Zuneigung, und wir lassen sie um Verzeihung bitten. Wir sagen es immer dann mit Blumen, wenn uns die Worte fehlen ...

Blumen sind etwas sehr Emotionales. Sie haben nicht nur Wiesen und Wälder, Äcker und Felder erobert, sondern auch unsere Herzen. Vielleicht deshalb, weil sie es waren, die im Pflanzenreich die schönste Art der Liebe erfunden haben.

12 Die grüne Apotheke

Den Mund prall gefüllt mit Blättern, kommt der Medizinmann aus dem Dschungel und eilt schnurstracks zur Krankenstation. In der primitiven Hütte liegt sein Patient, ein Mitglied seines Stammes der brasilianischen Waldindianer Yanomami. Der junge Mann hat sich übel am Knie verletzt. Genüsslich kaut der Walddoktor die Pflanzen und flugs – spuckt er die grüne Masse auf die Wunde. Vier Tage später ist die Wunde verheilt.

Von diesem Erlebnis berichtet ein Ethnomediziner, ein »Kombiwissenschaftler«, der Völkerkunde (Ethnologie) mit medizinischer Forschung verbindet. Diese Forscher einer neuen Wissenschaftsdisziplin durchstreifen Regenwälder, Wüsten und Gebirge auf der Suche nach wirkmächtigen Arzneipflanzen.

Im Amazonasgebiet beispielsweise verwendet ein erfahrener Indioheiler etwa 300 bis 400 verschiedene Arzneipflanzen, ermittelte der angesehene amerikanische Ethnobotaniker Darrell Posey (1947–2001). Seine Kollegen suchen bevorzugt in den Urwäldern, weil dort Artenvielfalt auf kleinstem Raum herrscht. In Costa Rica etwa drängen sich auf 50 000 Quadratkilometern Waldfläche schätzungsweise eine halbe Million Spezies; mehr als in ganz Europa und Nordamerika zusammen. Umgerechnet tummeln sich hier sieben Prozent der Artenvielfalt auf nur einem hundertstel Prozent der irdischen Landfläche.

Bei ihren Streifzügen durch die Urwälder wollen die Forscher erkunden, was die moderne Medizin bei ihrer »primitiven Schwester«, der Volksmedizin, abschauen kann. Umstritten ist dabei allerdings, wie man die verantwortliche Wirksubstanz eindeutig ermitteln kann, denn die Arzneipflanzen aus dem

Urwald enthalten fast immer hochkomplexe Gemische – sogenannte Vielstoffgemische – an Sekundärstoffen wie zum Beispiel Wachse, Harze, Balsame, ätherische Öle, Alkaloide, Herzglykoside, Saponine, Kumarine, Bitterstoffe, Flavonoide, Lektine, Terpenderivate und viele mehr.

Noch vor zwei Jahrzehnten wurde an Universitäten gelehrt, diese sekundären Pflanzenstoffe wären lediglich eine Art Abfallprodukt des Primärstoffwechsels der Pflanzen (Produktion von Eiweißen, Fetten, Zucker und Nukleinsäuren). Doch zahlreiche Veröffentlichungen der letzten Jahre in den Bereichen der chemischen Ökologie, der ökologischen Biochemie und der Stoffwechselphysiologie belegen, wie wichtig sekundäre Naturstoffe für den Fortbestand der jeweiligen Art sind.

Es wird vermutet, dass etwa 60 000 bis 100 000 sekundäre Pflanzeninhaltsstoffe in der Natur existieren. Bisher wurden allerdings nur etwa fünf Prozent der Pflanzen auf der Erde daraufhin näher analysiert.

Warum produzieren Pflanzen eigentlich solche Sekundärstoffe? Sie benötigen sie, um sich gegen ihre diversen Feinde zu schützen, die sie ständig umgeben – wie Pflanzenfresser, Bakterien, Pilze, Viren und konkurrierende Pflanzen. So stellt zum Beispiel die Solanum tuberosum, die Speisekartoffel, verschiedene Sekundärstoffe (wie Rhishitin, Phytuberin und Demissin) her, die einen natürlichen Fraßschutz gegen Kartoffelkäfer bilden. Die Sekundärstoffe können von Pflanzen aber auch als Signalstoffe verwendet werden, um etwa bestäubende Insekten anzulocken, und sie können zudem als eine Art Sonnenschutz (UV-Schutzsubstanzen) dienen. Im Lauf der Evolution wurde also ein reichhaltiges Arsenal an chemischen Waffen und Gegenwaffen entwickelt, und die Pflanzen verfügen mit diesen Sekundärstoffen, von denen manche mehrere Funktionen gleichzeitig haben, über einen wahren Cocktail an Aktivstoffen mit einer sehr breiten Wirkung.

Da die Sekundärstoffe unter anderem eine biologische Funktion zur Abwehr von Feinden haben, müssen sie, so kann man schließen, auch über pharmakologische Eigenschaften verfügen, um zum Beispiel Bakterien oder Viren abzuwehren.

Doch wie wirken die Sekundärstoffe? Forscher versuchen die molekularen Wirkmechanismen zu erkunden. Viele der Stoffe greifen Ziele der neuronalen Signalübertragung an und sind im Lauf der Evolution gegen tierische Feinde optimiert worden – während sie für die Pflanzen selbst ungefährlich sind.

Bei den Arzneipflanzen aus dem Urwald scheint aber gerade die Vielzahl der Sekundärstoffe für die Wirksamkeit einer »Pflanzenarznei« verantwortlich zu sein. Auch bei vielen Pflanzen, die heute beispielsweise in der traditionellen chinesischen Medizin eingesetzt werden, gibt es keine einzelnen, stark wirksamen Stoffe, sondern hat die Evolution die Abwehr der Pflanzenfeinde offenbar durch Vielstoffgemische gelöst. Die Pflanzen greifen ihre Feinde also eher mit Breitbandwirkstoffen an als mit Monosubstanzen. Diese Breitbandwirkstoffe richten sich zudem gegen zentrale Strukturen der Zelle, etwa Proteine und Biomembrane. Und da diese Strukturen in allen Zellen vorkommen, von bakteriellen über pilzlichen bis zu tierischen, wirken solche Substanzen nicht nur gegen tierische, sondern sogar gegen mikrobielle Feinde.

In die Kategorie dieser Breitbandwirkstoffe fallen zum Beispiel Senföle, Aldehyde, Chinone, Polyene oder Iridoide, also Substanzen, die mit zahlreichen Proteinen, den wichtigsten Bausteinen einer Zelle, verschiedene Bindungen eingehen und sie verändern können.

Andere Sekundärstoffe sind in der Lage, zellschädigend (in der Fachsprache: zytotoxisch) zu wirken, weil sie mit der DNA und der RNA interagieren und auf diese Weise zu Mutationen, Missbildungen oder sogar Krebs führen können. Und sie können auch die Membrandurchlässigkeit stören oder die Proteinsynthese hemmen. Viele der heutigen Krankheiten beruhen auf genau so einer »Störung« von Proteinen oder von Protein-DNA-Wechselwirkungen. Diese Defekte können letztlich auf Mutationen in den proteinkodierenden Genen, auf Verletzungen oder auf Infektionen mit Bakterien, Parasiten oder Viren zurückgeführt werden.

Die Nutzung von Arzneipflanzen aus den Urwäldern ist vor diesem Hintergrund zu sehen, denn sie enthalten ebendiese Breitbandwirkstoffgemische, die unterschiedliche zelluläre Komponenten angreifen können, die auch bei Krankheiten der Menschen bedeutsam sind.

Heute wissen die Forscher, dass von den wichtigsten Arzneipflanzen der Welt nur neun Prozent stark wirksame Monosubstanzen enthalten, während 91 Prozent eher in die Klasse der Breitbandwirkstoffe fallen. Die Wirksamkeit von Arzneipflanzen oder von Phytopharmaka wird nicht zuletzt deshalb oft angezweifelt, weil die beobachtbaren Heilwirkungen eben nicht mit einer einzeln wirkenden Substanz in Zusammenhang gebracht werden können. Und da die moderne Medizin immer noch Monosubstanzen mit einem einzeln wirkenden Stoff bei der Therapie von Krankheiten vorzieht, wird die Pflanzenmedizin mit ihren Vielstoffgemischen häufig belächelt und als Placebo eingestuft. Doch hier könnte ein Blick auf die Entwicklung des Verteidigungssystems der Pflanzen eine ganz neue Perspektive eröffnen. Der evolutionäre und ökologische Hintergrund erlaubt es nämlich, Pflanzen mit ihren von der natürlichen Selektion optimierten Wirkstoffen zu einer ganz neuen und möglicherweise viel wirksameren Behandlung von Krankheiten einzusetzen.

Wenn nun Stoffe, »mit dem sich seit Äonen Bäume bohrende Insekten vom Leib halten oder ein Käfer Paarungspartner sucht, sich so gut ins Wechselspiel des Menschen-Organismus fügen, dass er zum Beispiel Tumorzellen tötet, doch nicht den Kranken selbst hiniederrafft, dann«, so *GEO*-Autor Jürgen Neffe, »braucht es keine große Phantasie, sich Millionen-, ja Milliardenmärkte auszumalen«.

Diese sekundären Pflanzeninhaltsstoffe in den oft aus vielen Bestandteilen zusammengesetzten Naturstoffen aufzuspüren und ihren molekularbiologischen Wirkungsmechanismus im Körper aufzuklären ist das Ziel eines boomenden Forschungszweiges um das *chemical prospecting* (engl. *prospect* = aufspüren, schürfen/suchen nach). Dieser Begriff geht auf Thomas Eisner, Professor für Chemische Ökologie an der Cornell University, Ithaca, zurück, der damit 1991 erstmals einen Vorgang beschrieb, bei dem durch gezielte Forschung neue und nützliche natürliche Produkte entdeckt werden.

Hier geht es nicht primär um die Suche nach chemischen, sondern im weiteren Sinn um die Suche nach biologischen Ressourcen: die Schatzsuche nach chemischen Verbindungen heilkräftiger Pflanzen. »Es geht um die Suche nach wirtschaftlich verwertbaren genetischen bzw. biochemischen Ressourcen«, schreibt Tobias Lochen in seinem Buch über »Die völkerrechtlichen Regelungen über den Zugang zu den genetischen Ressourcen«. Es geht um den kommerziellen Nutzen, den sich Unternehmen von der Suche nach genetischen Ressourcen von Pflanzen versprechen.

Und dabei kommt Hightech zum Einsatz – das computergesteuerte Ultra-Hochdurchsatz-Screening. Damit versucht man, chemische Substanzen zu finden, die in der Lage sind, sogenannte molekulare Targets in geeigneter Weise zu beeinflussen, das heißt, sie entweder zu hemmen oder zu aktivieren. Diesen Targets stehen Millionen von chemischen Molekülen gegenüber, die als Wirkstoffe in Frage kommen und die getestet werden müssen. Dank Robotertechnologie, computerisierter Analyse und Auswertsysteme könne heute pro Woche über eine halbe Million Testsubstanzen auf ihren möglichen Einsatz als Medikament geprüft werden.

So konnten Pharmazeuten und Kliniker gemeinsam herausfinden, wie ein Bestandteil der Weintraube – und somit auch des Weins –, das Resveratrol, vor Darmkrebs schützt. Die Inhaltsstoffe von Salbei und Rosmarin bieten vielversprechende Ansatzpunkte für neue Medikamente gegen Diabetes Typ 2, früher als Altersdiabetes bezeichnet. Weihrauch, Myrte und Johanniskraut enthalten Wirkstoffe, die Schlüsselenzyme für Entzündungsreaktionen – etwa bei rheumatischen Beschwerden – hemmen. Und man weiß, dass Johanniskraut auch gegen Depressionen helfen kann, aber noch ist nicht genau bekannt, welche der vielen Substanzen in dem komplexen System Pflanze dafür verantwortlich sind.

Nicht nur entwirft die Natur Verbindungen, die selbst die Kombinationsfähigkeit findigster Chemiker übertrifft, viele Elixiere der Schamanen haben zudem einen großen Vorteil gegenüber Substanzen aus dem Chemielabor: Die Experten können sich an Hinweisen zu Wirkung und Verträglichkeit an den Erfahrungen der traditionellen Heiler orientieren. Das spart Zeit bei der Suche nach den Myriaden von Verbindungen, die synthetisiert werden müssen – in der vagen Hoffnung, dass am Ende ein neues Medikament auf den Markt gebracht wird. Entwicklungskosten im Schnitt: weit über 300 Millionen US-Dollar.

Auf neue Ideengeber kann die Pharmaindustrie immer weniger verzichten. So wird seit über 2000 Jahren eine bestimmte Artemisia-Art bei Fiebererkrankungen eingesetzt. (Die meisten Arten dieser Gattung aus der Familie der Korbblütengewächse, zu denen zum Beispiel Beifuß, Wermut, Stabwurz oder Edelraute gehören, sind mehrjährig, enthalten viele Bitterstoffe sowie ätherisches Öl und gelten als insektenabwehrend.) Als man die Reinsubstanz aus dem einjährigen Beifuß (Artemisia annua) isolierte, stellte man fest, dass sie auch gegen Malaria hilft. Seit einigen Jahren ist der Wirkstoff Artemisinin nun als Arzneimittel gegen diese Tropenkrankheit zugelassen – und steckt in dem bislang einzigen Medikament, gegen das der Erreger bisher keine Resistenzen entwickelt hat.

Schon jetzt geht fast jedes zweite der meistverkauften Arzneimittel auf Pflanzen zurück. Und die Chancen stehen gut, dass es in Zukunft noch weit mehr werden. Denn erst 10 000 der über 250 000 Blütenpflanzen sind bislang eingehend auf Wirksubstanzen untersucht worden. Und von den geschätzten zehn Millionen natürlich vorkommender Substanzen sind bislang nur etwa eine Million bekannt und beschrieben. Ständig werden neue Klassen entdeckt, die auf ganz neue heilsame Wirkungen hoffen lassen. Und ein ungleich größerer Run ist bereits in Gang – der Griff nach Pflanzengenen. Sie sind das »grüne Gold« der Zukunft.

Altes Heilwissen und moderne Technik

Ein klassisches Beispiel für »Geld, das auf den Bäumen wächst«, ist eine Rinde, die die kanadischen Tsimshian-Indianer traditionell gegen eine Krankheit einsetzten, die »den Körper auffrisst«. So nannten sie den Krebs, und ihr Heilmittel stammt von der Pazifischen Eibe (Taxus brevifolia). Aus ihrer Rinde wurde 1967 eine hochkomplexe Verbindung isoliert. Dieses Taxol ist heute eines der wirksamsten Mittel gegen Brustkrebs.

Von den ersten pharmakologischen Versuchen bis zum Einsatz dauerte es allerdings fast 30 Jahre. Denn es gab ein Nachschubproblem. Um ein Gramm Taxol zu gewinnen, braucht es rund 50 Kilogramm Rinde. Jährlich über 60 000 Eiben müssten gefällt werden, um allein in den USA den Bedarf an diesem Medikament zu decken. Deshalb fürchteten Naturschützer, dass den Eiben dasselbe Schicksal drohte wie einst beinahe den Chinarindenbäumen. Deren Leidensweg begann 1630. Damals beobachtete ein peruanischer Indio einen fieberkranken Leoparden, der an einem Chinarindenbaum (Cinchona) fraß – und bald darauf als gesundes Tier gesichtet wurde. Als der Häuptling mit dieser »Fieberrinde« dann einen Jesuiten von der Malaria heilte, begann für das »Jesuitenpulver« der Siegeszug um die Welt. Chinin wurde das wertvollste Medikament aller Zeiten und die Chinarindenbäume fast ausgerottet. Erst als es 1820 gelang, Chinin chemisch herzustellen, was die Entwicklung von Medikamenten in ausreichenden Mengen erlaubte, waren die Bäume außer Gefahr. Nun war die Pflanze nicht mehr der Produzent des Medikaments, sondern nur noch der Formelgeber.

Bei der Eibe ist die Gefahr der Ausrottung inzwischen ebenfalls gebannt – dank eines jüngst entwickelten halbsynthetischen Verfahrens. Dabei werden taxolähnliche Inhaltsstoffe aus Nadeln anderer Eiben umgewandelt. Ein Paradebeispiel dafür, dass sich altes Heilwissen und moderne Wissenschaft miteinander vereinen lassen.

Viele Schätze der Natur braucht die Wissenschaft nur zu heben. So stießen Ethnopharmakologen auf Madagaskar auf einen Sud, der mit der Pflanze Immergrün (Catharanthus roseus) zubereitet wird. Die Inselbewohner trinken ihn, um Fieber zu senken. Bei der Prüfung nach den strengen Standards der westlichen Pharmakologie jubelten die Chemiker in den Labors des Pharmakonzerns Eli Lilly: »Wir haben ins Schwarze getroffen!« Denn die Analytiker entdeckten außer fiebersenkenden Wirkstoffen auch solche gegen Bluthochdruck und Blutzucker. Sogar zwei »medizinische Diamanten« fanden sich in dem Dschungelgewächs: die hochkarätigen Antitumorsubstanzen Vincristin und Vinblastin. Langzeituntersuchungen ergaben: Mit ihnen kann die Überlebenschance bei Leukämie von 20 auf

80 Prozent gesteigert werden. Mittlerweile sorgt das Mittel, das Eli Lilly gewinnbringend an einen anderen Konzern verkauft hat, für rund 100 Millionen US-Dollar Jahresumsatz.

Eine weitere überraschende Entdeckung machte Adolfo Andrade von der Universität Mexico City. Jahrelang war der Phytochemiker ins mexikanische Hochland gereist, um zu erkunden, wie dort die Schamanen die Zuckerkrankheit therapieren. Der Diabetes Typ 2, Folge falscher Ernährung, droht in Mexiko zur Volkskrankheit zu werden. 2025, schätzt die Weltgesundheitsorganisation (WHO), wird jeder zehnte Mexikaner an Diabetes Typ 2 leiden. Forscher Andrade analysierte die über 100 verschiedenen Arzneipflanzen, die von den Indios gegen jenes Leiden eingesetzt werden, das sie »süßes Blut« nennen. Doch nur wenige der Stoffe hielten einer klinischen Prüfung stand. Bei einem Besuch in einem abgelegenen Hochlanddorf aber traf der Ethnomediziner auf einen Medizinmann, der die Krankheit mit einem Heiltrank behandelte: *Aqua de uso*, Wasser zum (täglichen) Gebrauch, nannte er seinen kalten Aufguss aus Blättern des Guarumbobaums (Cecropia obtusifolia). Zwei Mal täglich mussten seine Patienten die Brühe trinken. Labortests mit zuckerkranken Ratten senkten tatsächlich deren Blutzuckerspiegel für sechs bis acht Stunden auf Normalwerte. Auch erste klinische Vorstudien zeigen vielversprechende Werte.

Das grüne Gold des Dschungels zeigt sich in vielerlei Gestalt. Manchmal genügt es, einfach die Augen offen zu halten. So hilft etwa ein Extrakt der Cephaelis elata gegen vaginale Infekte. Diese Blüte hat die Form einer Schamlippe …

Wache Sinne bewies auch der Harvard-Anthropologe Richard Wrangham. Ihm war aufgefallen, dass kränkelnde Schimpansen Aspiliablätter fressen – und danach gesunden. Diese Blätter einer Verwandten unserer Sonnenblume verwenden die Menschen des Tongwestammes in Tansania, um wurmbedingte Magenbeschwerden zu behandeln. Die chemische Analyse förderte nicht nur Stoffe zutage, die parasitische Würmer verschwinden lassen: Das »Affenkraut« hilft zudem bei Magengeschwüren.

Beauty aus dem Dschungel

Nicht nur die Medizin, sondern insbesondere die Kosmetikindustrie interessiert sich für Pflanzenstoffe. Wie hilfreich es ist, wenn man sich auf der Suche nach natürlichen Heil- und Schönheitsmitteln auf die Instinkte der Tiere verlässt, zeigt das Beispiel vom Tigergras (Centella asiatica). Verletzte Tiger wälzen sich darin. Nach dieser Beobachtung wurde das Gras untersucht. Ergebnis: Es wirkt entgiftend, fiebersenkend und wundheilend. In der Kosmetik wird dessen Extrakt erfolgreich in Cremes zur Hautstraffung verarbeitet. Zu den Pflegeklassikern wie Palmöl, Kakaobutter und Kokosnussöl gesellen sich weitere neue revolutionäre Beautywunder wie etwa Parakresse, Mangostane oder Mäusedorn.

Die tropische Parakresse, die in Südamerika, Afrika und Asien angebaut wird, sorgt vor allem durch ihren Wirkstoff Spilanthol für Aufsehen. Der wässrige Extrakt aus Blüten und Blättern blockiert die Mikrokontraktionen der mimischen Gesichtsfältchen und sorgt so für Faltenreduktion. Die tomatengroße Mangostanefrucht verfügt über sogenannte Xanthonensubstanzen, die entzündungshemmend, antioxidativ und antiviral wirken. Neue Forschungen zeigen, dass die Wirkstoffe des Granatapfels unter anderem Entzündungen lindern, die Wundheilung beschleunigen und der Hautalterung entgegenwirken. Der Mäusedorn enthält einen Wirkstoff gegen Cellulite (Orangenhaut) und Schwellungen, weshalb er auch für Augencremes verwendet wird.

Das Dekolleté »aufhübschen« kann man mit Stoffen der

thailändischen Wildpflanze Pueraria mirifica. Sie enthält Phytoöstrogene mit der höchsten Östrogenwirkung, die bisher in Pflanzen gefunden wurde.

Ein Pflegeprodukt von Yves Rocher besteht aus einem Molekülcocktail des kanadischen Ahorns. Der Baum hat ihn entwickelt, weil er im Winter extremer Kälte und im Sommer langen Hitzeperioden ausgesetzt ist. Um seinen Wasserhaushalt das ganze Jahr über im Gleichgewicht zu halten, reichert er seinen Stoffwechsel mit Osmolyten an; einer Mischung aus Zucker und Mineralsalzen. Dadurch ändert sich der osmotische Druck in den Zellen, die Zellwände werden flexibel. So wird verhindert, dass sie bei Kälte aufbrechen. Osmose gibt es in den Zellen jedes Lebewesens; folglich, so schlussfolgerten Kosmetikaforscher, auch in der Haut des Menschen. Demnach können Ahornosmolyte helfen, deren Funktion zu unterstützen. Einem kanadischen Biotechnologieunternehmen gelang es, Öltropfen – sogenannte Oleosome – zu entwickeln. Das Öl ist von einer Phosphopolidhülle und dem Protein Oleosin umgeben. Auf dieser »Natrulon® DermaSphere Oleosome«-Technologie basiert die Hautcreme Hydra Specific.

Besonders gut Feuchtigkeit speichern kann auch die Wüstenpflanze Aloe vera. Ihr Saft enthält über 160 Stoffe, die wie Flüssigkeitsmagneten wirken und in der Dürrezeit jedwedes Wasser aufsaugen. Mit Lycopin angereichert, einem Farbstoff, der aus Tomatenkernen isoliert wird, kommt zur feuchtigkeitsspendenden Wirkung noch ein Schutz vor zellschädigenden freien Radikalen hinzu. Beide Funktionen soll die Hautcreme xingu high antioxidant prevention cream von Santaverde Naturkosmetik erfüllen.

Zellschädigende freie Radikale neutralisiert der Afrikanische Affenbrotbaum (Baobab) sehr effektiv. Seine Zellschutzpartikel finden sich in den Sonnenschutzprodukten der Linie Golden Beauty Defense der Marke Helena Rubinstein.

Frühzeitige Hautalterung wird besonders gut ausgebremst durch einen Extrakt aus dem brasilianischen Kerzenstrauch (Senna alata), der sich in verschiedenen Cremes wiederfindet. In dem Stoff stecken hochkonzentrierte Flavonoide (Gruppe von wasserlöslichen Pflanzenfarbstoffen), die die Zell-DNA schützen und zelleigene Reparaturmechanismen stärken.

Flavonoide: Moleküle der Zukunft

Flavonoide bewirken fast die gesamte Palette der Blüten- und Fruchtfarben der Natur. Diese Farbstoffe lassen die Blüten für jene Tiere erstrahlen, die Pollen oder Früchte verbreiten. Jenseits der optischen Kommunikationsqualitäten sind Flavonoide »Hoffnungsträger für Medizin und Landwirtschaft«, sagt Botaniker Felix Dakora. »Moleküle der Zukunft« nennt sie der Forscher an der Universität von Kapstadt, Südafrika.

Das natürliche Vorkommen der rund 2000 verschiedenen Varianten erweist sich aus vielerlei Gründen als interessant für die Agrarwissenschaft. So spielen die Stoffe eine wichtige Rolle, wenn Pflanzen mit Bakterien oder Pilzen eine Symbiose eingehen, was ihre Stickstoffversorgung verbessert. Um die geeigneten Bakterien an die Wurzeln zu binden, setzen die Pflanzen ein Flavonoid in den Boden frei, das speziell den zukünftigen Partner gedeihen lässt. Auf Pilze, die mit Wurzeln die wichtigen Mykorrhizagemeinschaften bilden, wirken Flavonoide ebenfalls stark wachstumsfördernd und lösen die Keimung der Sporen aus.

Mit solchen Methoden verdrängen Pflanzen gleichzeitig potenzielle Krankheitserreger oder Parasiten und pathogene Viren aus dem Wurzelraum. »Die komplizierten Regelmechanismen«, so Forscher Dakora, »bergen noch kaum genutzte Möglichkeiten, den Pflanzenwuchs zu fördern und Alternativen zu künstlichen und umweltschädlichen Pestiziden zu finden.« Deshalb fordert der Wissenschaftler flavonoidreiche Kulturlinien gezielt zu züchten. »Insbesondere bei Hülsenfrüchten wie Soja, Erbsen oder Klee ließe sich die Ausbeute auf umweltfreundliche Weise stark steigern«, schreibt er.

In der Medizin fungieren die Flavonoide als Wirkstoffe und als Ideengeber für synthetische Mittel, zum Beispiel gegen Venenleiden und Krampfadern. Ihr natürlicher Einsatz gegen Krankheitserreger bei Pflanzen macht sie aber auch interessant für Medikamente gegen Viren und Bakterien sowie Krebs. »Das aus dem Ginster extrahierte Genistein zeigt gegen leukämische Zellen eine ähnlich hemmende Wirkung wie die gängigen künstlichen Krebsmittel, ohne aber für normale Immunzellen giftig zu sein«, berichten Forscher in der Fachzeitschrift *Life Science*. Die Wissenschaftler sind davon überzeugt, dass sich mit der Erforschung der bioaktiven Flavonoidmoleküle ein Königsweg eröffnet, um Naturschutz und menschlichen Nutzen zu verbinden.

»Blaue Apotheke« Ozean

Auf der Suche nach neuen Medikamenten wirft die Pharmaindustrie ihre Netze auch im Meer aus. Der Optimismus, hier neue heilsame Substanzen zu finden, gründet sich nicht nur auf den Artenreichtum der Ozeane, sondern ebenso darauf, dass deren Geschöpfe einen anderen evolutionären Weg hinter sich haben als die Landbewohner. Im wässrigen Milieu mussten sie eigene Überlebensstrategien und Stoffwechselprozesse entwickeln.

Dass es sich für Forscher lohnt, auf Tauchstation zu gehen, zeigt das Beispiel des Molekularbiologen Jim Burnell. Dem australischen Forscher fiel beim Tauchen im Great Barrier Reef auf, dass das Pflanzenwachstum im sonst artenreichen Korallenriff sehr gering ist. Frei wachsende Seegräser fehlten völlig. Vielleicht, so spekulierte er, können hier Seegras und andere Pflanzen nicht wachsen, weil sie durch bestimmte chemische Substanzen im Riff daran gehindert werden. Daraufhin ließ der Wissenschaftler etwa 5000 Proben verschiedener Rifforganismen mit modernen Screening-Verfahren untersuchen. Dabei stießen die Chemiker auf eine Gruppe biochemischer Substanzen, die ein bestimmtes Enzym in Pflanzen ausschalten können. Derart verändert, stirbt die Pflanze ab.

Zu den zahlreichen Pflanzen, bei denen dieser Effekt in Versuchen beobachtet wurde, gehören auch Landpflanzen: die unerwünschten Gräser in Getreidefeldern. Gegen diese setzen die Landwirte bisher künstliche Herbizide ein. Mit dem neu entdeckten Stoff erreicht man dieselbe Wirkung, ohne die Umwelt zu belasten! Denn die Verbindung wird biologisch ohne schädliche Reste abgebaut – ungefährlich für andere Lebewesen.

Die neuen Bio-Piraten

Der »Goldrausch«, den die Suche nach Pflanzenschutzmitteln und Pharmaka an Land und im Wasser auslöste, lockt moderne Piraten an. Sie kommen mit Kescher, Lupe und Pinzette. Diese Bio-Piraten kümmern sich nicht um Recht und Gesetz, wie etwa die Biodiversitätskonvention. (Das Übereinkommen zum Schutz der biologischen Vielfalt wurde auf der UN-Konferenz über Umwelt und Entwicklung im Jahr 1992 in Rio de Janeiro von 157 Staaten unterzeichnet und trat am 29. Dezember 1993 in Kraft.) Sie soll verhindern, dass durch die Suche nach neuen Wirkstoffen aus Tieren und Pflanzen die Artenvielfalt Schaden nimmt.

Und wie lässt sich vermeiden, dass die indigenen Völker

ausgebeutet werden? Damit auch sie davon profitieren, dass sie ihren Erfahrungsschatz preisgeben, müssen Kooperationen geschlossen werden. Erste Ansätze dazu gibt es schon. Pionier ist der drittgrößte Pharmaproduzent der Welt, Merck & Co. Er arbeitet in Costa Rica mit der halbstaatlichen Non-Profit-Organisation des Tropenwaldnetzwerkes Inbio zusammen und bezahlt die Ausbildung einheimischer Pflanzensammler. Werden aus den Bio-Ressourcen vermarktungsfähige Produkte, ist Inbio zudem mit rund fünf Prozent an den Gewinnen beteiligt.

Viagra-Hersteller Pfizer schloss nach zähen Verhandlungen einen Vertrag mit den San, den Buschmännern Südafrikas. Das ganze Volk wird einen Nutzen davon haben, dass die Pflanzenkenntnis seiner Ahnen in die Entwicklung eines Medikaments fließt. Wenn diese in der Kalahari-Wüste Antilopen jagten, kauten sie Stücke des meterhohen Kaktus Hoodia gordonii, um ihren Hunger zu bekämpfen. Mit dem isolierten Wirkstoff P57 wird jetzt ein Appetitzügler entwickelt – und die San erhalten zwei Prozent der Lizenzabgaben.

Doch solche guten Ansätze werden überschattet von einem Wettlauf gegen die Zeit. Die Wüsten versanden immer mehr und begraben viele noch unbekannte Pflanzen unter sich; die Meere werden gnadenlos ausgebeutet, und in den Urwäldern singen die Kettensägen. Insbesondere in den Dschungeln der Welt verschwinden immer mehr Kräuter, deren Heilpotenzial wir nicht einmal ahnen: »Über die chemische Zusammensetzung von 99,5 Prozent der Flora wissen wir noch so gut wie nichts«, mahnt der deutsch-brasilianische Botaniker Otto Gottlieb. »Wir müssen uns sehr beeilen, sonst wird ein Großteil des heilkundlichen Wissens für immer verloren sein«, mahnt auch die amerikanische Regenwaldexpertin Cathrin Caufield. »Denn jedes Mal, wenn ein Medizinmann stirbt, ist das so, als würde eine ganze Bibliothek verbrennen.«

13 Können Pflanzen die Erde retten?

Es vergeht kaum ein Tag, an dem nicht neue Horrorszenarien der Klimakatastrophe entworfen werden. Gestern war es die Überschwemmung von New Orleans. Morgen sollen ganze Länder im Meer versinken. Heute ist es die chinesische Maowusu-Wüste, in der jedes Jahr etwa 3000 Quadratkilometer Ackerland versanden – eine Fläche größer als das Saarland. Morgen drohen ganze Kontinente zu versteppen.

Durch unseren ungezügelten CO_2-Ausstoß – den menschengemachten Treibhauseffekt – heizt sich die Erdatmosphäre immer weiter auf. Bis 2100, so haben Klimatologen errechnet, wird die Durchschnittstemperatur auf der Erde gegenüber den beiden letzten Jahrhunderten deutlich steigen; möglicherweise um bis zu 6,4 Grad Celsius, am wahrscheinlichsten ist eine Zunahme um 1,8 bis vier Grad.

Eine Folge: »Bis zu 30 Prozent aller einheimischen Arten könnten verschwinden«, warnt Beate Jessel, Präsidentin des Bundesamts für Naturschutz, vor den dramatischen Auswirkungen des Klimawandels in Deutschland: Von den 14 000 Pflanzenarten, die für die Rote Liste auf ihre Gefährdung hin geprüft wurden, sind 29 Prozent bestandsgefährdet und gelten 3,7 Prozent als ausgestorben oder verschollen.

Eine weitere Konsequenz: Der Winter verschwindet als eigenständige Jahreszeit. Der Frühling setzt immer früher ein. Das haben britische Botaniker in Kew Gardens festgestellt, die seit 50 Jahren über 100 Pflanzenarten dabei beobachten, wann sie zu treiben und zu blühen beginnen. Und Studien des Scottish Natural Heritage bestätigen: Blumen blühen seit 1900 durchschnittlich alle zehn Jahre 3,2 Tage früher,

Algen drei Tage früher, während Zugvögel 2,6 Tage eher kommen.

Kein Zweifel: Unser Planet hat Fieber. Aber: »Die Erde hat sich nach solchen Fieberschüben immer wieder erholt«, sagt James Lovelock, der Begründer der Erdwissenschaften (Geophysiologie). »Wir werden sie nicht zerstören.«

Lovelock ist Physiker, Erfinder, Autor und querdenkender Öko-Guru. Er war der Erste, der mit Hilfe eines selbstkonstruierten Detektors die ozonfressenden Fluorchlorkohlenwasserstoffe (FCKW) in der Atmosphäre nachgewiesen hat. Vor allem aber ist der britische Atmosphärenchemiker der Vater der legendären Gaia-Hypothese. Diesen Namen schlug ihm sein Freund, der Schriftsteller und Nobelpreisträger William Golding, vor, weil er die wissenschaftliche Bezeichnung »universelles System mit Tendenz zur Homöostase« zu sperrig fand. Gaia – das ist die Erdgöttin und große Mutter der griechischen Mythologie; fürsorglich, aber grausam gegenüber unartigen Kindern.

Gaia – das ist für Lovelock ein lebendiger, sich selbst regulierender, mächtiger Organismus. Ähnlich wie der menschliche Körper auf Hitze mit Schweißproduktion und auf Kälte mit dem Zittern der Muskeln reagiert, weiß sich die Erde mit chemischen Prozessen in der belebten und unbelebten Natur zu behelfen. Die Lebewesen also passen sich nicht nur ihrer Umwelt an. Stattdessen regulieren Bakterien, Tiere und Pflanzen die Bedingungen auf der Erde mit, und zwar so, dass der Planet ihnen weiterhin das Überleben sichert.

Die Gänseblümchen von Daisyworld

Wie Gaia, die Erde, ihre Selbstheilungskräfte aktiviert, hat Lovelock schon in den 80er Jahren anhand eines einfachen Computermodells demonstriert. Grundlage ist ein hypothetischer erdähnlicher Planet namens Daisyworld. Auf ihm gibt es nur zwei Lebensformen: eine weiße und eine schwarze Gänseblümchenart. Die Saat beider Arten beginnt bei einer Temperatur von fünf Grad Celsius zu keimen; die Blümchen gedeihen bei 22,5 Grad am besten und sterben bei Temperaturen oberhalb von 40 Grad Celsius.

Zunächst ist es auf dem Planeten noch so kalt, dass weder die weißen noch die schwarzen Gänseblümchen keimen. Dann lässt Forscher Lovelock seinen digitalen Sonnenofen kräftig kochen. Die Sonneneinstrahlung nimmt immer mehr zu, und bei fünf Grad Celsius erscheinen die ersten Pflänzchen. Während die weißen Gänseblümchen einen Gutteil des Sonnenlichts reflektieren, wärmen die schwarzen ihre Umgebung und damit den Planeten auf. Das fördert Wachstum und Reproduktion. Diese positive Rückkopplung sorgt für einen Selektionsvorteil der schwarzen Gänseblümchen, die bald dominieren und den gesamten Planeten dunkel einfärben.

Mit zunehmender solarer Einstrahlung steigt die planetarische Temperatur jedoch so weit an, dass die dunklen Gänseblümchen an Überhitzung leiden. Die weißen hingegen, die Sonneneinstrahlung reflektieren, sind dadurch gut an die höheren Temperaturen angepasst. Langsam bekommen sie die Oberhand, und die weißen Flächen breiten sich zunehmend aus. Der Planet gibt dadurch einen immer größeren Anteil der Wärmeeinstrahlung in den Weltraum ab – als Folge bleibt die globale Temperatur trotz zunehmender Sonnenwärme lange Zeit bei etwa 22 Grad konstant.

Die Selbstregulierung in Daisyworld ist beeindruckend: Die Sonneneinstrahlung kann über einen Temperaturbereich von 45 Grad Celsius variieren, und trotzdem bleibt die Temperatur auf der Oberfläche des Planeten immer in der Nähe des Gänseblümchenoptimums – als Folge der natürlichen Selektion.

An Beispielen für dieses Prinzip mangelt es nicht: Obwohl

seit der Entstehung der Erde die Sonneneinstrahlung um rund 25 Prozent zugenommen hat, schwankten die globalen Durchschnittstemperaturen im Lauf der Erdgeschichte mehr oder weniger stark um einen Mittelwert. Eine stetige Erwärmung wurde vor allem durch Meeresalgen verhindert, die Einfluss auf die Wolkenbildung nahmen. Phaeocystis, die in den Gewässern der Antarktis schwimmt, hat unter anderem die besondere Eigenschaft, die schwefelhaltige Substanz Dimethylsulfid (DMS) ins Salzwasser abzusondern. Das haben die australischen Wissenschaftler Andrew Davidson und Harvey J. Marchant herausgefunden, die sich seit mehr als 15 Jahren mit dieser Algenart beschäftigen. Das Molekül DMS entweicht in die Atmosphäre und oxidiert dort zu Sulfatpartikeln. An ihnen kondensiert in höheren Luftschichten Wasserdampf; dadurch bilden sich mehr Wolken, und diese reflektieren mehr Wärmestrahlung in den Weltraum, wodurch die Temperaturen sinken. So wirken die Sulfatpartikel dem Treibhauseffekt entgegen.

Der Gaia-Effekt: Solange die Temperaturen ansteigen, vermehren sich die Algen rasch. Dadurch wird immer mehr DMS ausgeschüttet, es werden mehr Wolken gebildet, es kühlt ab. Die Konsequenz: Das Algenwachstum wird langsamer, das DMS nimmt ab, die Wolken werden weniger. Nun erwärmt sich das Klima wieder – und der Kreislauf beginnt von Neuem.

Bakterien als Treibhausgasschlucker

Genauso wie die Algen, so helfen Bakterien der Erde – und zwar mit einer Eigenschaft, die man ihnen gar nicht zugetraut hatte, nämlich, Energie aus Sonnenlicht zu gewinnen. Sie nutzen denselben »schlauen« Mechanismus, den wir von den Pflanzen bzw. den Algen in den Meeren kennen – die Photosynthese. Forscher von der Universität Kalmar in Schweden konnten gemeinsam mit schwedischen und spanischen Kollegen beweisen, dass in allen Meeren eine von den Algen unabhängige Art der Photosynthese stattfindet. Denn auch bestimmte Meeresbakterien können lichtaktive Farbpigmente – das Proteorhodopsin, eine Substanz, die dem Sehfarbstoff in unserer Netzhaut verwandt ist – herstellen und zur Energiegewinnung nutzen. Und dabei verbrauchen sie Kohlendioxid. Da rund die Hälfte aller marinen Bakterien dieses Pigment besitzt, könnte ihr Beitrag zum Klimaschutz immens sein. Und angesichts der Tatsache, dass ein Liter Meerwasser rund ein Milliarde Bakterien enthalten kann, sind diese photosynthetisch aktiven Organismen wichtige Akteure im irdischen Energiehaushalt und auch im Kohlenstoffkreislauf.

Noch allerdings ist unklar, wie viele Bakterienarten tatsächlich CO_2 aufnehmen und welche Menge dies in der Gesamtbilanz ausmacht. Nach Ansicht der Wissenschaftler ist diese Entdeckung jedoch in jedem Fall wichtig für das Verständnis des Klimageschehens. »Selbst wenn sich herausstellt, dass nur ein winziger Anteil des Kohlendioxids von den Bakterien aufgenommen wird, kann dies eine enorme Wirkung haben«, erklärt Jarone Pinhassi, Professor für marine Mikrobiologie an der Universität Kalmar: »Algen schlucken täglich mehr als 100 Millionen Tonnen CO_2, Bakterien könnten immerhin noch Millionen von Tonnen aufnehmen. Wie viele Bakterien in den Ozeanen diese Fähigkeit besitzen und wie viel CO_2 sie aufnehmen, sind daher aufregende Fragen für die Zukunft.«

Über eine Spanne von 3,6 Milliarden Jahren – seit es Leben gibt – erwies sich das System Erde als stabil genug, um alle Störungen abzufedern. Obwohl jahrmillionenlang Bombardements von Asteroiden den Planeten mit CO_2 anreicherten, blieb der Kohlendioxidgehalt ziemlich konstant. Auch haben die Ozeane weder gekocht, noch froren sie ein. Wie steuern Kleinstlebewesen ein so gigantisches System wie das Weltklima? Wie schaffen sie es, eine ökologische Balance zu halten? Wie entwickelt das System ein ausgleichendes Klima? »Gaia reguliert ihre Temperatur nahe dem Wert, der für die zufällig auf ihr lebenden Wesen optimal ist«, schreibt James Lovelock.

Taten die Lebewesen »instinktiv« das Richtige? Oder steuert sich Gaia als lebender Organismus zielgerichtet?

In jedem Fall erzeugten die Mikroorganismen obendrein noch Sauerstoff – und zwar einen, den es nach den herrschenden Gesetzen der Chemie gar nicht geben dürfte. Denn die Lufthülle der Erde setzt sich zusammen aus 78 Prozent Stickstoff und 21 Prozent Spurengasen wie Methan, die normalerweise neben dem hochaggressiven Sauerstoff nicht bestehen können. Die Erdwissenschaftler erklären das mit den dynamischen Kräften, die in der Atmosphäre wirken. Sie setzen sich ständig neu zusammen. Das Leben auf der Erde entwickelt sich in einer Ko-Evolution mit dem Klima, das es selbst aktiv beeinflusst.

Was dieses ausbalancierte Miteinander durch ungezügelten Nährstoffverbrauch stört, wird im Notfall ausgemerzt. So jedenfalls scheint Gaia auf die aktuelle Bedrohung zu reagieren. Zum ersten Mal seit vier Millionen Jahren nämlich vermehren sich die Menschen langsamer (was nicht heißt, dass die Weltbevölkerung in absoluten Zahlen nicht erst noch weiter zunimmt).

Beginnt die Erde sich auf eine Weise zu wehren, die wir heute noch gar nicht durchschauen? Sorgt die Natur mit Umweltstress dafür, dass ihre Bewohner impotent und unfruchtbar werden – und so der Druck auf die Umwelt abnimmt? Und sind Seuchen wie Aids – oder früher Pest und Cholera – womöglich ein »natürliches« Regulativ? Denn wenn alle Menschen im gleichen Wohlstand leben wollen wie der Durchschnittsdeutsche heute, bräuchte man die Ressourcen von zwei Erden, hat das World Watch Institute ausgerechnet. Weil das nicht geht, sorgt Gaia dafür, dass die Zahl von heute sechs Milliarden nicht steigt, sondern kontinuierlich abnimmt – so die Hypothese.

Das Wunder der Photosynthese: Energie aus Sonnenlicht

Hat James Lovelock mit seiner Gaia-Theorie also recht? Gleicht die Erde tatsächlich einem lebenden Organismus, einem komplexen, sich selbst regulierenden System? Ihr oberstes Ziel sei es, die Umweltbedingungen lebensfreundlich zu erhalten – nicht zum Vorteil einer Art, sondern zum Erhalt der Biosphäre.

Zunächst wurde die Gaia-Hypothese von »ernsthaften« Wissenschaftlern belächelt. Doch im Lauf der Zeit haben auch sie begonnen, sich mehr und mehr mit den einst so verfemten Ideen auseinanderzusetzen. Um die subtilen Wechselbeziehungen von Stoffen und Leben besser zu verstehen, hat sich bereits 1988 eine Koalition von »Gaianern« der zweiten Generation zur Forschungsgemeinschaft Gaia Science zusammengeschlossen. Ökologen, Geokybernetiker und Atmosphären-Chemiker erforschen gemeinsam das System Erde.

Einer ihrer Wortführer ist der New Yorker Biologe Professor Tyler Volk. In seinem Buch »Gaias Körper« präsentiert er das Konzept von der Erde als einem Superorganismus. Er beschreibt sie zwar nicht mehr als Lebewesen, was er jedoch beibehält, ist die Idee von einem globalen Metabolismus, einem lebensähnlichen System mit einem wechselwirkenden und rückkoppelnden Stoffwechsel. Der Stoffkreislauf funktioniere wie ein Blutkreislauf, Produktion und Verbrauch von Sauerstoff und CO_2 glichen der Atmung, der Energiehaushalt diene dazu, extreme Temperaturschwankungen kurzfristig zu regulieren.

Dieses »Wunder«, von dem Volk spricht, vollbringen Tag für Tag 40 Millionen Quadratkilometer Blattoberfläche. Empfangsantenne für die Strahlung der Sonne ist der grüne Blattfarbstoff, das Chlorophyll. Die grünen Pflanzen erzeugen per Photosynthese aus den energiearmen anorganischen Verbindungen wie Wasser und Kohlenstoffdioxid energiereiche Kohlenhydrate, indem sie die Strahlungsenergie der Sonne absorbieren und in chemische Energie umwandeln. Vereinfacht ausgedrückt, findet eine Oxidation von Wasser zu Sauerstoff statt, während der Wasserstoff zur Reduktion des Kohlendioxids aus der Luft unter Bildung von Kohlenhydraten wie Zucker und Stärke übertragen wird. Die Blätter nehmen also das CO_2 aus der Luft auf und wandeln es mit Hilfe von Sonnenlicht in Biomasse und Sauerstoff um – eine der genialsten chemischen Reaktionen auf der Erde.

Die Photosynthese ist der grundlegende Prozess in der Natur, welcher für die Bildung der gesamten organischen Substanz, also der Biomasse, verantwortlich ist. Man hat diesen verblüffenden Mechanismus bis heute noch nicht genau verstanden, aber zumindest kann man ihn berechnen: Die Photosyntheseleistung von einem Quadratmeter Blattfläche beispielsweise beträgt etwa ein Gramm Kohlenhydrat pro Stunde. Die Leistungsfähigkeit ist enorm: Eine 100-jährige Buche hat ca. 600 000 Blätter und 1200 Quadratmeter Blattfläche, mit der sie an einem Sonnentag 9400 Liter Kohlendioxid aufnimmt und entsprechend 9400 Liter Sauerstoff erzeugt, 400 Liter Wasser verdunstet und zwölf Kilogramm Kohlenhydrate bildet. Der abgegebene Sauerstoff reicht aus, um den Tagesbedarf von etwa zehn Menschen zu decken. »Nicht die Liebe ist es, die das Leben in Schwung hält«, schreibt der *New Scientist,* »sondern die Photosynthese.«

Weil CO_2 neben Wasser und Sonnenlicht die Basis für die Photosynthesereaktion bildet, mit der Pflanzen Kohlenhydrate herstellen, könnte ein höherer Gehalt des Gases in der Luft somit eine Änderung der Biomasseproduktion nach sich ziehen; was wiederum Auswirkungen auf das globale Klimasystem hätte. Eine Schlüsselfrage lautet deshalb: Wie wirkt sich die Klimaveränderung auf die Photosynthese der Pflanzen aus?

Mehr als eine Million Tonnen Biomasse entstehen durch diese Stoffumwandlung täglich neu. 120 Milliarden Tonnen wiegt schätzungsweise die von sämtlichen Pflanzen der Erde jährlich produzierte organische Substanz. Und es liegen seriöse Schätzungen vor, dass die jährliche Produktion von Biomasse durch die Photosynthese von grünen Pflanzen, Algen und Bakterien zurzeit etwa achtmal mehr Energie bereitstellt, als die Weltbevölkerung jährlich verbraucht.

Kohle, Erdöl oder Erdgas: In allen fossilen Brennstoffen steckt die Energie des Sonnenlichts – mit Hilfe der Photosynthese wurde sie in energiereichen chemischen Verbindungen gespeichert. Alle Nahrung, Getränke, Genussmittel und Medikamente haben ihren Ursprung in der Zuckerproduktion der Photosynthese. Aus dem Zucker entstehen Stärke, Fette, Öle, Wachs und Zellulose. Pflanzen liefern den Grundstoff für Kleidung, Brennstoffe – und das Papier für dieses Buch.

Blätter sind Computer

Was steckt hinter dem Wunder der Photosynthese, dem im Jahr 1600 ein flämischer Chemiker auf die Spur gekommen ist? Jan Baptista van Helmont (1580–1644) setzte einen jungen Weidenbaum in einen Tontopf, den er mit 100 Kilo im Ofen getrockneter Erde füllte. Fünf Jahre lang gab er dem Baum nichts anderes als Regenwasser. Als er ihn dann aus dem Topf nahm und wog, stellte er fest, dass er 75 Kilo schwerer war als vorher. Dennoch hatte der Boden nur wenige Gramm verloren. Helmont schloss daraus, dass die Pflanze ihre Nahrung von woanders bekommen haben muss.

Der Forscher konnte damals nicht ahnen, dass Pflanzen die

Fähigkeit haben, ihre eigene Nahrung zu produzieren – indem sie Stoffe aus dem Boden und der Luft in mikroskopisch kleinen Fabriken verarbeiten: den Blättern.

Die Blätter sind die wichtigsten Schaltstellen für die Photosynthese – und für das Klima. Sie sind perfekt auf ihre beiden Aufgaben eingerichtet: Photosynthese zu betreiben und zu atmen: Gase aus der Umgebung aufzunehmen und Wasserdampf abzugeben.

Sie sind breit und dünn, was schon mal die beste Vorrausetzung dafür ist, mit ihrem Energielieferanten, der Sonne, in gutem Kontakt zu stehen. Betrachtet man den Querschnitt eines Blattes, erkennt man eine vierschichtige Struktur. Die erste ist die äußere Epidermis. Sie besteht aus einer wasserabweisenden Wachsschicht. Die inneren Schichten des Blattes werden aus zwei Zellschichten gebildet: der Palisadenschicht mit den Chloroplasten und einer schwammartigen Schicht darunter für die Atmung.

Die Oberfläche der Blätter, die kein Chloroplast enthält, ist weitgehend dicht. Wasser zum Beispiel tropft einfach ab. Doch die Pflanze muss Gase und Wasser austauschen. Dazu befinden sich meistens an der Unterseite des Blattes auf jedem Quadratmillimeter zwischen 100 und 1000 sogenannte Spaltöffnungen. Wie viele Stomata ein junges Blatt neu bilden soll, »sagen« ihm die älteren Blätter. Sie informieren die jungen Triebe über die aktuellen Umweltbedingungen. So kann sich der Nachwuchs frühzeitig dem Klima anpassen. Diesen erstaunlichen Gaia-Effekt entdeckten Forscher der Universität Sheffield, als sie Exemplare der Ackerschmalwand künstlich veränderten Umweltbedingungen aussetzten. Wenn die Pflanzen erhöhte CO_2-Konzentrationen um sich hatten, entwickelten die nachwachsenden Triebe weniger Spaltöffnungen. Da die jungen Triebe aber von den älteren Blättern abgeschirmt waren und nicht mit der Umwelt in Berührung kamen, muss ihnen – so die Wissenschaftler – dieses Wachstumsverhalten von den älteren Blättern gleichsam nahegelegt worden sein.

Die Stomata sorgen dafür, dass Kohlendioxid aufgenommen wird, das bei der Photosynthese in Kohlenstoff und Sauerstoff aufgespalten wird und zum Wachsen nötig ist. Gleichzeitig entweicht bei geöffneten Poren jedoch Wasser – im Extremfall zu viel; mit der Gefahr, dass die Pflanze vetrocknet. Physiker der Utah State University haben sich gefragt, wie Pflanzen die richtige Balance finden, um die Atmung optimal zu regulieren. Als sie die Blätter untersuchten, entdeckten sie, dass die Konzentration von Kohlendioxid und Wasserdampf nicht konstant auf der ganzen Blattoberfläche ist, sondern auf wenigen Quadratzentimetern der Blattoberfläche schwankt – sowohl örtlich als auch zeitlich. Die Poren, so die Schlussfolgerung der Forscher, öffnen und schließen sich dauernd. Dabei wird die Größe der Bereiche mit geöffneten Poren und die Zeit, in der sich diese Bereiche auf der Blattoberfläche verschieben, auf eine Art berechnet, die man von einfachen kleinen Computern her kennt; mit Hilfe sogenannter Zellularautomaten. Jede einzelne Pore verhält sich wie ein Mini-Computer, der Signale aus der Umwelt mathematisch verarbeitet. »Pflanzen lösen das Dilemma ihres Gashaushalts durch verteiltes Rechnen«, schreibt der Forscher David Peak. Die Evolution hat offenbar eine elegante und sparsame Rechentechnik entwickelt, mit der es möglich ist, auf derselben »Hardware« Dateneingabe, -verarbeitung und -ausgabe ablaufen zu lassen.

Die Stomata sind also nicht nur einfach Löcher im Gewebe, sondern clevere Apparaturen, die auch den Wasserkreislauf mitbestimmen – und damit das wichtigste aller Treibhausgase beeinflussen: Wasserdampf. Er wird für 60 Prozent des natürlichen Treibhauseffekts verantwortlich gemacht und spielt auch beim durch den Menschen erzeugten Klimaeinfluss mit: Dabei geht es nicht darum, dass wir riesige Mengen von Wasserdampf in die Luft blasen würden. Vielmehr handelt es sich um einen Sekundäreffekt: Wenn sich die mittlere Temperatur der bodennahen Luftschichten (durch Kohlendioxid und Methan) erhöht, steigt auch die Verdunstung. Damit gelangt mehr Wasserdampf in die Luft. Dieser absorbiert nun wiederum selbst.

Je wärmer die Atmosphäre, desto mehr Wasserdampf kann die Pflanze aufnehmen, desto wärmer wird die Atmosphäre. Die Erde wird also wärmer, weil sie wärmer wird. So jedenfalls sagt es die Logik. Aber diesem Teufelkreis steuert Gaia entgegen. Denn wenn der CO_2-Gehalt der Atmosphäre steigt, tendieren die Pflanzen dazu, die Poren zu schließen. Sie schwitzen dann weniger, entnehmen der Erde geringere Mengen neuer Flüssigkeit, und es bleibt mehr Wasser im Boden.

»Die Wasserressourcen werden weniger begrenzt sein als unter Erwärmungsszenarien bisher angenommen«, erklärt Richard Betts vom britischen Hadley Centre for Climate Research in Exeter.

Ist Klima nur Chemie?

Über die Spaltöffnungen nimmt die Pflanze wie gesagt auch das verruchte Treibhausgas Nummer eins auf – und tut uns den riesigen Gefallen, etwa zwei Milliarden Tonnen Kohlendioxid pro Jahr aus der Luft zu saugen. Pflanzen bremsen also den Klimawandel, den der Mensch mit seinen enormen CO_2-Emissionen verursacht.

Das ist zwar richtig, aber leider behält die Pflanze diesen Appetit nicht unbegrenzt bei, wie die oben erwähnten Versuche mit der Ackerschmalwand nahelegen. John Arnone vom Desert Research Institute in Reno, USA, hat dies an einem Stück saftiger Grünfläche aus der staubtrockenen Wüste Nevadas nachgewiesen.

Insgesamt zwölf Tonnen Grasland grub dafür sein Team in der Prärie aus, komplett mit Erdreich und den darin lebenden Tierchen und Mikroorganismen. Anschließend teilten sie das kleine Ökosystem in vier Modellsysteme auf und schlossen diese in etwa 40 Quadratmeter große Glaskammern ein. In diesen Kammern haben die Forscher nun über mehrere Jahre Wetter und Jahreszeiten simuliert. Der Kohlendioxidgehalt in den Kammern wurde dabei kontinuierlich gemessen.

Im zweiten Jahr ahmte Arnone in zweien der Klimaräume ein besonders heißes Jahr nach. Der physiologische Grund: In extremen heißen Perioden versuchen Pflanzen und Gräser, nicht auszutrocknen. Um dem Mangel an Wasser standzuhalten, kann keine Energie darauf verschwendet werden, weiter zu wachsen. Erst wenn wieder genug Wasser vorhanden ist und die Temperaturen sinken, kann sich das Ökosystem erholen.

Eine Hitzewelle macht dem Grün richtig schwer zu schaffen. »Schon ein außergewöhnlich warmes Jahr senkt die Kohlendioxidaufnahme eines Ökosystems nicht nur in dieser extremen Zeitspanne, sondern auch für die nächsten zwei Jahre«, berichtet der US-Wissenschaftler im Wissenschaftsmagazin *Nature*. Und schlimmer noch: »Steigt die Anzahl extrem heißer Jahre weiter an, wird immer weniger Kohlendioxid auf natürliche Art aufgenommen.« Die Folge wäre eine unerwartet rasche Beschleunigung des Klimawandels.

»Derzeit wächst mehr Biomasse, als zersetzt wird«, sagt Wolfgang Lucht vom Potsdamer Institut für Klimafolgenforschung. »Denn Pflanzen nehmen einen Teil des zusätzlichen Kohlendioxids auf, welches der Mensch in die Luft pustet. Sobald die Pflanzen aber sterben, zerlegen Mikroorganismen das Grün in seine molekularen Bestandteile und setzen das Treibhausgas wieder frei. Noch hat der Mensch dieses Gleichgewicht mit seinen CO_2-Emissionen nur gestört, aber nicht zum Kollaps gebracht.«

Weil es meist viele Jahre dauert, bis die Pflanzen sterben und zersetzt werden, profitieren die Umweltverschmutzer im Moment noch vom Hunger der Ökosysteme. Ab 2050 aber entlassen diese mehr CO_2 in die Luft, als gespeichert wird. So jedenfalls beschreibt es die herkömmliche Chemie. Ihr zufolge müssten allerdings auch die Schwefelsäure und die stickstoffhaltigen Säuren, die bei der Zersetzung tierischer und pflanzlicher Substanzen freigesetzt werden, zu einer Versäuerung führen. Das aber ist nicht der Fall. Die Natur verhindert das, indem die Biosphäre jedes Jahr etwa eine Million Tonnen Ammoniak abgibt. Das ist genau die Menge, die benötigt wird, um die Säuren zu binden.

Könnte es also sein, dass Gaia den von Forschern prognostizierten Szenarien entgegenwirken kann?

Der geheimnisvolle Lichtleitertrick des Edelweiß

Eine weitere Folge des Klimawandels: Das Ozon in der Stratosphäre nimmt ab, die UV-Strahlung steigt – diese Problematik wird oft nur unter dem Aspekt eines höheren Hautkrebsrisikos diskutiert. Wie aber wirkt sich dieser Klimaeffekt auf Pflanzen aus?

Das UV-Schutzsystem der Pflanzen besteht darin, dass sie in ihrer Epidermis sogenannte Phenole einlagern. Diese Stoffe schirmen einen Teil der energiereichen UV-Strahlung ab und schützen somit die Zellen, die unter der Epidermis liegen. Als Markus Veit, Professor für Pharmazeutische Biologie an der Universität Frankfurt, untersuchte, wie Pflanzen mit ultravioletter Strahlung fertigwerden, stellte er fest: Je mehr UV-Strahlung es gibt, desto mehr Schutzpigmente werden in den Epidermen von Blättern gebildet. Und auch gegen UV-B-Strahlen weiß sich die Pflanze zu wehren. Bei höheren Dosen dieser Strahlung reichern sich Substanzen an, die besonders gut die gefährlichen freien Radikale fangen können. Die Prognose des Forschers: Pflanzen schützen sich gegen die UV-Bedrohung so gut, dass wohl auch dann nicht mit Schäden gerechnet werden muss, wenn die UV-Strahlung in den kommenden Jahren zunimmt.

Pflanzen, die in großen Höhen wachsen, bekommen selbst im schönsten Bergsommer keinen Sonnenbrand. »Das Edelweiß zum Beispiel absorbiert das UV-Licht komplett«, wunderte sich der belgische Mikrobiologe Jean-Pol Vigneron – und enträtselte das Geheimnis des natürlichen Sonnenschutzes. Es sind die weißen Härchen auf den Blättern. Sie sind 0,18 Mikrometer dick und damit etwa so lang wie die Wellen des UV-Lichts! So wirken sie wie perfekte Lichtleiter, die schädliche Strahlen ablenken.

Die Welt passt zu den Pflanzen und die Pflanzen zur Welt

Perfektes Blattdesign, kommunizierende Triebe, intelligente Spaltöffnungen – und sogar Härchen, die exakt auf die für Pflanzen gefährlichste Strahlungsart abgestimmt sind. All diese Beispiele zeigen: Die Erde ist ein Planet, der ganz offensichtlich Leben unterstützt. »Nicht nur, dass der Mensch in das Universum hineinpasst. Das Universum passt auch zum Menschen«, schrieben 1986 die Kosmologen John Barrow und Frank Tipler in ihrem Buch »The Anthropic Cosmological«. Diese Vertreter des »anthropischen Prinzips« (griech. *anthropos* = Mensch) haben ausgerechnet, dass unsere Welt nur so sein kann, wie sie ist, wenn es Menschen gibt. »Man stelle sich ein Universum vor, in dem sich irgendeine der grundlegenden dimensionslosen physikalischen Konstanten in die eine oder andere Richtung um wenige Prozent verändern würde, in einem solchen Universum hätte der Mensch nie ins Dasein kommen können. Das ist der Dreh- und Angelpunkt des anthropischen Prinzips. Gemäß diesem Prinzip liegt dem gesamten Mechanismus und dem Aufbau der Welt ein die Existenz von Leben ermöglichender Faktor zugrunde.«

Wir scheinen in einem Universum zu leben, das von einer Reihe unabhängiger Variablen abhängt, bei denen eine winzige Veränderung ausreichte, es unbewohnbar für jedwede Form von Leben zu machen. Auch geringe Abweichungen in den Naturgesetzen oder Anfangsbedingungen führen zu völlig anderen Universen, in denen Leben, wie wir es kennen, nicht möglich ist.

Dieses Prinzip zeigt sich eindrücklich bei dem Prozess, der die Voraussetzung für alles Leben auf der Erde schafft, der Photosynthese. Hier spiegelt sich die perfekte Anpassung der Pflanzen an die Eigenschaften der Sonne wider. Und wenn man diese solaren Eigenschaften auf die Pflanzen bezieht – und uns Menschen, die wir von den Pflanzen leben –, kommt man aus dem Staunen nicht heraus.

Es beginnt mit der Feststellung, dass wir Menschen nur leben können, weil es die Sonne gibt. Auf der Erde machen Pflanzen daraus Nährstoffe.

Warum aber gibt es das Licht? Weil irgendeine Instanz, die wir nicht kennen, Naturgesetze schuf, die den Gasball namens Sonne genauso beherrschen wie das ganze übrige Universum. Gravitation drückt das Gas zusammen und erzeugt im Innern der Sonne 230 Milliarden Bar Druck, so dass ein Plasma mit bis zu 16 Millionen Grad Hitze entsteht. Hitze ist ja Bewegungsenergie von Teilchen, und je stärker Teilchen unter Druck stehen, desto häufiger prallen sie zusammen, desto hektischer wird ihre Aktivität.

Als ob es ausgeklügelt wäre: Der Druck im Sonneninneren ist gerade groß genug, um den Wasserstoffverschmelzungsofen in Gang zu halten, aber nicht zu schnell brennen zu lassen. Die Energie, die bei der Verschmelzung frei wird, erzeugt Druck nach außen. Dieser balanciert die nach innen gerichtete Gravitationswirkung aus, wodurch das Ganze auf einfache Weise im Gleichgewicht ist. Die äußeren Gasschichten sind nötig, um genügend Gravitation zu erzeugen – zugleich sind sie aber auch die Fabrik, die aus tödlicher Gammastrahlung erst lebensfreundliches sichtbares Licht macht.

Und dann das größte Wunder: Die Energie kann auch noch übertragen werden, durch leeren Raum, über 150 Millionen Kilometer. So wird erreicht, dass die Erde, obwohl in genügend Sicherheitsabstand von der Sonne, dennoch von der Sonne »ernährt« wird. Ihr Aderlass ist erheblich. Jede Sekunde verliert sie etwa eine Million Tonnen ihrer Materie.

Es fällt schwer, angesichts solcher Zusammenhänge wissenschaftlich nüchtern zu bleiben. Denn wie es aussieht, »gibt es ein gutes Zusammenwirken in der Physik von Sternen und Molekülen«, schreibt der amerikanische Astronom George Greenstein. »Hätte es dieses Zusammenwirken nicht gegeben, wäre Leben unmöglich gewesen.«

Hätte die Sonne eine auch nur geringfügig andere Temperatur, könnte nicht jenes Licht entstehen, das jenes kleine Molekül anregt, welches die Photosynthese initiiert: das Chloroplast. Denn die Photosynthese findet statt in den grünen, linsenförmigen Chloroplasten, die den Laubblättern ihre typische Farbe verleihen. Die Analyse der Struktur dieser Chloroplasten ist Grundlage für das Verständnis der einzelnen Prozesse, die bei der Energiegewinnung ablaufen. Damit es das Licht absorbieren kann, muss es die richtige Strahlungsfarbe erhalten. »Licht der falschen Farbe wird dieses Kunststück nicht vollbringen«, schreibt Forscher Greenstein in seinem Buch »The Symbiotic

Universe«, in dem er das perfekte Zusammenspiel zwischen Pflanze und Sonne mit einem Fernsehgerät vergleicht. »Damit das Gerät einen bestimmten Kanal empfangen kann, muss es auf diesen Kanal eingestellt werden; ist die Einstellung falsch, wird der Empfang nicht möglich sein. Bei der Photosynthese ist es genauso, die Sonne funktioniert in dieser Parallele als Sender und das Chlorophyllmolekül als empfangendes Fernsehgerät. Wenn das Molekül und die Sonne nicht aufeinander eingestellt sind – eingestellt im Sinne der Farbrezeption –, findet die Photosynthese nicht statt. Wie sich herausstellt, ist die Farbe des Sonnenlichts genau richtig.« Das Chlorophyll absorbiert Licht insbesondere in den blauen und roten Regionen des sichtbaren Lichts. (Grünes Licht wird reflektiert, weshalb uns Pflanzen grün erscheinen.)

»Geerntet« wird das Sonnenlicht auf der ein hundertmillionstel Meter großen Membran des tausendstel Millimeter großen Chloroplasten.

Dort sitzt ein großflächiges Netzwerk von Lichtsammlern, ähnlich Fühlern oder Antennen. Jede Antenne besteht aus einzelnen, scheibenartigen Protein-Pigment-Komplexen, die in drei oder vier Lagen übereinandergestapelt sind. Diese Lichtleiter werden vom einfallenden Licht zu Resonanzschwingungen angeregt. Sie beginnen zu vibrieren, ähnlich wie der Resonanzboden einer Geige durch auftreffende Schallwellen einer bestimmten Tonhöhe zu schwingen beginnt. »Der Trick dabei ist«, so *Zeit*-Autor Hans Schuh, »dass das äußerste, an der Antennenspitze sitzende Farbmolekül mit einer leicht höheren Resonanzfrequenz (und Energie) schwingt als das nächste, darunterliegende Pigment. Dieses wiederum schwingt etwas schneller und energiereicher als das nächsttiefere etc. Das Licht ›orgelt‹ also auf seinem Weg durch die Pigmentmoleküle die ›Tonleiter‹ beziehungsweise Energieleiter herunter, es verändert seine Farbe vom energiereichen Blau bis hin zum energieärmeren Rot.«

Über dieses Energiegefälle »fließt« das Licht über die Kaskade der Farbpigmente – und kann nicht mehr zurück; genauso wie Wasser nur den Berg herunterströmen kann.

Hunderte streng geordneter Pigmente arbeiten als Lichtsammler und Lichtleiter auf ein Reaktionszentrum zu, in dem zwei Chlorophyllmoleküle in besonders engem Kontakt stehen und deshalb »spezielles Paar« heißen. Hier findet die entscheidende Umwandlung von Licht in Elektrizität statt. Sobald das Photon auf dieses Chlorophyllmolekül trifft, beginnt es zu vibrieren. Dabei wird die Schwingung so heftig, dass die Elektronenhülle des Moleküls birst und eines der Elektronen herausschlägt. Diese elektrische Ladung fließt dann durch das Reaktionszentrum auf einen Ladungsträger, und über diesen schließlich gelangt das Elektron in die lebende Zelle, die damit Chemie treibt und Zuckerverbindungen aufbaut.

Weil der Lichtstrom kontinuierlich fließt, erhält das Chlorophyllmolekül immer wieder ein neues Elektron, das vom nächsten Lichtimpuls in das Zellinnere befördert wird. Das Reaktionszentrum arbeitet wie eine Lichtmaschine oder Elektronenpumpe.

Dieser »Dynamo des Lebens« besteht aus weit mehr als 10 000 Einzelbausteinen, deren Funktion von den Münchnern Max-Planck-Forschern Robert Hubert, Johann Deisenhofer und Hartmut Michel aufgeklärt wurde, wofür sie 1988 mit dem Nobelpreis für Chemie ausgezeichnet wurden.

Diese »Bio-Photozelle« arbeitet nahezu verlustfrei. Mehr als 95 Prozent der Energie werden umgewandelt! Diese Effizienz hängt entscheidend damit zusammen, dass die eingefangene Photoenergie blitzschnell ihren Weg zum Reaktionszentrum findet – innerhalb weniger billionstel Sekunden. Wenn das Licht nämlich rasend schnell zum Reaktionszentrum saust, hüpfen die Photonen nicht zufällig von einem Zustand zum nächsten. Vielmehr kommt es zu einer – wie die Quantenphysiker sagen – Überlagerung verschiedener möglicher Energiezustände. »Man kann sich das so vorstellen, als liefe man durch ein Labyrinth; aber statt dass man sich entscheiden muss, einen bestimmten Weg zu gehen, kann man verschiedene Wege gleichzeitig beschreiten«, erklärt der Entdecker dieses Effekts, Gregory Engel von der University of California, USA. Denn durch die quantenmechanische Überlagerung kann ein einzelnes Molekül den Zustand des gesamten Komplexes erfassen. Die Energie kann gleichsam vorfühlen, wie sie am effektivsten ans Ziel kommt.

Quantenphysiker kennen den bizarren Effekt, dass ein Molekül »alles« weiß. Diesen Zustand nutzen sie beim Suchalgorithmus des Quantencomputers. So kann man viele verschiedene Rechenwege gleichzeitig gehen. Deshalb darf man ohne Übertreibung sagen: Jeder Grashalm ist ein riesiger Quantencomputer.

Die künstliche Photosynthese:
Der Traum vom Schlaraffenland

»Diese Entdeckung ist eine Riesensache«, urteilt der amerikanische Physiker Graham Flemming. Denn dieses tiefere Verständnis der Photosynthese liefert die Grundlage für eine revolutionäre Technologie: die künstliche Photosynthese. Sie lässt die Vision eines »Schlaraffenland-Paradieses« aufleben. Denn nur ein Prozent des auf die Erdoberfläche fallenden Sonnenlichts wird von den Photosyntheseorganismen genutzt, um daraus die gesamte Biomasse der Welt herzustellen. Gelänge es, diesen Vorgang technisch nachzuahmen, würde schier Unmögliches möglich: den Ausstoß der Treibhausgase zu reduzieren, Lebensmittel und Treibstoff fast zum Nulltarif herzustellen – und letztlich den Menschen unabhängig von der Natur zu machen. Alles, was zur Existenz notwendig ist – Sauerstoff und Nahrung –, würden künstliche Photozellen produzieren.

Der Weg ist noch weit – aber die theoretischen Voraussetzungen sind geschaffen. Der Bau von Solarzellen nach biologischem Vorbild ist möglich.

In Pflanzenzellen läuft während der Photosynthese eine Art biologischer Elektrolyse ab: Wasser wird in seine Bestandteile Sauerstoff und Wasserstoff zerlegt, dabei werden Elektronen frei. Wasserstoff und Elektronen braucht die Zelle zur Energiegewinnung, der Sauerstoff verpufft in die Atmosphäre. Wasserstoff gilt aber auch als Energieträger, der Erdöl und Erdgas ersetzen könnte. Warum sollte man ihn nicht mit »photobiologischer Produktion« gewinnen können?

Sogar Pflanzenextrakte lassen sich verwenden, um bionische Solarzellen zu bauen. So haben Forscher des Massachusetts Institute of Technology aus Spinatextrakten in winzigen Mengen Strom gewonnen.

Die Bio-Solarzelle ist aber nicht der einzige Ansatz. Statt einfach die natürliche Photosynthesemaschinerie zu nutzen, versuchen Chemiker, die Funktion der pflanzeneigenen Nanokraftwerke nachzuahmen, die von Licht getrieben Energie produzieren. »Man könnte die Photosynthesemaschinen mit Kraftwerken koppeln, das entstehende Kohlendioxid in energiereiche Stoffe umsetzen, die wieder in Kraftwerke eingespeist würden«, schwärmt Markus Antonietti vom Max-Planck-Institut für Kolloid- und Grenzflächenforschung in Potsdam.

Und der amerikanische Biotech-Pionier Craig Venter will sogar »künstliche Leben« schaffen. In seiner Vision produzieren Designermikroben Wasserstoff.

Mehrere Labors, verteilt über die ganze Welt, arbeiten an Konzepten für eine Biologie zum Selbstbauen – eine »synthetische Biologie«.

Die Lösung all dieser Menschheitsaufgaben kann nur durch

interdisziplinäre Zusammenarbeit von Molekularbiologen, Biochemikern und Biophysikern gelingen und erfordert modernste Techniken der Proteinchemie, Röntgenkristallographie, ultraschnellen Laser- und hochauflösenden magnetischen Resonanzspektroskopie, der Molekulargenetik und quantenphysikalischen Computermodellierung.

Doch der Aufwand lohnt. Denn was gibt es wohl Wichtigeres, als zu versuchen, mit Hilfe der Pflanzen unsere Welt zu retten?

14 Die letzten Geheimnisse der Wurzeln

In den blätternarbigen Stamm einer Platane ritzte ich einst als Junge mein erstes Herz. Am Ast einer Linde sah ich im Krieg meinen ersten aufgeknüpften Deserteur. Hinter einer Kastanie stand ich, als sich eine russische Kugel in sie bohrte, die vielleicht für mich gegossen war. Unter einer ›Weinenden Himalaja-Föhre‹ in Kaschmir hörte ich vom Rücktritt des Generals de Gaulle. Drei Stunden fuhr ich mit meinem toten Retriever Purdey, um ihn unter jener Birke zu begraben, unter der seine Vorgänger April und Shadow lagen. Ohne Bäume zu existieren«, so der *Bild*-Kolumnist Claus Jacobi, »ist mir schwer vorstellbar.«

Eine Welt ohne Bäume – das war für alle Menschen zu allen Zeiten undenkbar. Denn kein Gewächs dieser Erde ist mythologisch tiefer verwurzelt als diese Kronzeugen des Wunders der Schöpfung. Schon der bedeutendste römische Dichter, Vergil (70–19 v. Chr.), schreibt in der Aeneis, dem Nationalepos der Römer, über den Glauben, dass der Mensch von einem Baum abstamme. Und der nordischen Edda-Sage zufolge stammt gar die ganze Menschheit von der immer grünenden Weltesche Yggdrasil, dem heiligsten aller Bäume, ab. Sie hält mit ihren Wurzeln und ihrem Stamm die Erde zwischen Himmel und Unterwelt fest. Weil die Wurzeln mit den Toten sprächen und deren Wissen aufsaugten, so glaubte man, wären Bäume Orakel.

Viele Religionen kennen Weltenbäume, stellten sich die Welt als einen einzigen großen Baum vor. Bäume galten als Wohnsitze der Götter, als »Stufen zu Gott« (Japan) oder auch als

Heimat von Geistern und Elfen. Nach hinduistischem Glauben sind die Wurzeln der heiligen Bäume der Wohnsitz der Götter. Heilige Haine oder Bäume kennt man fast überall auf der Welt. Und da die Bäume älter als wir Menschen sind, sind in manchen Naturreligionen die Menschen aus den Bäumen gekommen.

Durchströmt von Säften, wie beim menschlichen Blutkreislauf, werden die Bäume in einem festen Zyklus der Jahreszeiten immer wieder belebt – und scheinen ewig zu wachsen. Tatsächlich sprießen selbst noch aus dem ältesten Wurzelgeflecht der Welt, dem der 10 500 Jahre alten »Huon Pine« in Tasmanien, immer wieder neue, genetisch identische Kiefern, So gibt es in den Kulturen der Welt keinen kosmischen Kult, in dem nicht Bäume als Symbole der Erneuerung gelten. Die Perser glaubten, dass der Saft des Haoma-Baumes ewiges Leben verleiht, in China wurde der 100 000 Ellen hohe »Baum des Lebens« verehrt, und dem buddhistischen Bodhi, dem »Baum der Weisheit«, unter dem einst der Mythologie nach Buddha seine endgültige Erleuchtung fand, entströmen die »großen Flüsse des Lebens«.

Die Eiche war der heilige Baum Europas. Über 1000 Jahre wird sie alt. Eine tiefe Pfahlwurzel verankert den schweren Baum sicher im Erdreich; weshalb schon Homer von der Eiche als einer Garantin für Sicherheit spricht. Auch war sie der Baum, aus dessen Blätterrauschen geweissagt wurde.

Während im Altertum die Anhänger des palästinisch-syrischen Wettergottes Baal nur ihm eine Seele zusprachen, hielt man im orthodoxen Buddhismus alle Bäume für beseelt, weil Dewas (Geister) ihn ihnen wohnten und aus ihnen sprachen.

Bis heute geben Wurzeln die größten Rätsel auf. Sie gelten als Gehirn der Pflanzen, und in ihnen verbergen sich die Antworten auf die jüngsten Fragen der Biologen: Erkennen Wurzeln die Ausläufer verwandter Pflanzen – und können sie sogar zwischen »selbst« und »nicht selbst« unterscheiden? Und wieso können sich Wurzeln selbst dann im Raum orientieren, wenn ihnen alle Reize fehlen wie Licht, Wasser und Nährstoffe?

Grüne Passagiere fliegen mit Raketen

Der Spross einer Pflanze wächst immer vertikal, wenn er aus dem Boden austritt. Durch dieses anisotrope (griech. *an(ti)* = gegen/nicht; *isos* = gleich; *tropos* = Drehung, Richtung; bezeichnet die Richtungsabhängigkeit eines Vorgangs) Wachstum wendet er sich gegen die Schwerkraft. Die Wurzeln andererseits halten sich an die Schwerkraft, da sie sich nach unten bewegen. Wie kann es sein, dass zwei Organe, die sich auf der gleichen Pflanze bilden, in verschiedene Richtungen wachsen können? Die Biologen sprechen von »Tropismus«, einer Bewegung auf einen auslösenden Reiz. Aber was ist der steuernde Reiz?

»Es ist nicht die Feuchtigkeit des Bodens, die die Richtung der Wurzel bedingt, denn wenn man eine junge Pflanze in eine mit Erde gefüllte Röhre setzt, deren oberer Teil feucht und der untere trocken ist, so steigt dennoch die Wurzel abwärts und der Stengel aufwärts«, notierte schon Augustin-Pyrame de Candolle (1778–1841). Als der Schweizer Botaniker eine Pflanze in eine Röhre mit Wasser setzte und den unteren Teil der Röhre beleuchtete, während er den oberen verdunkelte, stellte er fest: »Die Richtung des Wurzelwachstums ändert sich nicht. Das ist ein Beweis, dass sie auch nicht vom Licht abhängt.«

Dass die Wachstumsrichtung von der Schwerkraft abhängt, fand 1806 der Engländer T. A. Knight (1759–1838) durch einen entscheidenden Versuch heraus: Er befestigte Keimlinge auf einem schnell rotierenden Mühlrad. So setzte er die Pflanze der gleichzeitigen Wirkung von Schwerkraft und Zentrifugalkraft aus – und stellte fest, dass die Wurzelenden vom Rotationszentrum weg wuchsen, während sich die Stengelspitzen ihm zukehrten.

1892 erkannte der Bonner Biologieprofessor Fritz Noll, dass es in den Zellen der Wurzelspitze mikroskopisch kleine, bewegliche Teile (Statolithen) geben müsse, die einen Druck auf das Plasma der jeweiligen Unterseite der Zelle ausüben. Der Druckreiz müsse dann vom Plasma in eine Dehnung der Zellwand und in stärkeres Wachstum umgesetzt werden. Bestätigt wurde diese Statolithentheorie Anfang des 20. Jahrhunderts durch die Pflanzenanatomen Bohumil Němec in Prag und den Österreicher Gottlieb Haberlandt, die in den Zentralzellen der Wurzelhaube (Kalyptra) die beweglichen und wirklich der Schwerkraft folgenden Partikel sahen: die sogenannten Stärkekörner. Doch erst die Raumfahrt eröffnete die Möglichkeit, die Wirkung dieser Amyloplasten zu untersuchen.

Dazu reist der Bonner Biologe Dieter Volkmann regelmäßig nach Kiruna in Nordschweden, genauer: zum 45 Kilometer entfernten Raketenstartplatz Esrange der Swedish Space Corporation. Dort werden im Rahmen des Texus-Projekts (Technologische Experimente unter Schwerelosigkeit) des Deutschen Zentrums für Luft- und Raumfahrt (DLR) Raketen bis in 264 Kilometer Höhe geschossen – mit einer Nutzlast, die 379 Sekunden lang der Schwerelosigkeit ausgesetzt wird. Eine Kamera dokumentiert, was in dieser Zeit zum Beispiel mit Keimlingen von der Ackerschmalwand und der Kresse sowie mit Wurzeln von Maispflanzen geschieht.

Auf den Bildern konnten die Forscher erkennen, dass sich die als Messfühler dienenden Statolithen in der Schwerelosigkeit bewegen. Die Schwerkraft zieht sie normalerweise in Richtung Zellboden, wo sie auf Membranen liegen bleiben. Sobald die Schwerkraft nachlässt, heben sich die Körnchen vom Zellboden ab. Sie verteilen sich aber nicht zufällig im Zellinnern, sondern hängen an elastischen Eiweißfäden des Zellskeletts (Zytoskelett). Diese wiederum sind an der Membran befestigt. Die Stärke, mit der die Schwerkraft die Statolithen in Richtung Erde zieht, wird über die Eiweißfäden zu den Membranen weitergeleitet. Sie ändern daraufhin die Durchlässigkeit für bestimmte geladene Teilchen. Das von der Schwerkraft ausgehende und vom Zytoskelett verstärkte Signal wird so in einen elektrischen Impuls umgewandelt.

Ist dieses Signal chemisch, also eine Art Kontaktschalter? Oder überträgt das Gewicht der Partikel ein mechanisches Signal? Dann müsste sich die Belastung an einer jeweils angemessenen Dehnung der Membran erkennen lassen. Aber bis heute hat die Wurzel dieses Geheimnis nicht preisgegeben.

Die Selbstheilungskräfte der Wurzel

Klar ist: Normalerweise verlängert sich die Wurzel durch Wachstum an der Spitze. Ganz nah an der Wurzelspitze liegt innen das Meristem, eine Gruppe von Stammzellen. Diese Zellen – kaum spezialisiert, aber teilungsfähig – können bei Bedarf neue Zellen bilden, die sich für verschiedene Aufgaben in der Wurzel, etwa die Bildung von Wasserleitgefäßen oder von Wurzelhaaren, differenzieren. Das Meristem produziert außerdem die Zellen der Wurzelhaube, die das empfindliche Gewebe in der Wurzelspitze schützend umgibt.

Am Wachstum und an der Differenzierung der Zellen ist das Pflanzenhormon Auxin beteiligt. Es übernimmt zudem eine wichtige Aufgabe, wenn die Pflanze eine ihrer erstaunlichsten Fähigkeiten aktivieren muss: Organe, die beschädigt wurden, aus erwachsenem Gewebe zu regenerieren. Was dabei in den Zellen und Geweben passiert, war bis vor kurzem weitgehend unklar. Doch dann machte eine Forschergruppe der niederländischen Universität Utrecht zusammen mit den Tübinger Wissenschaftlern Michael Sauer und Dr. Jiří Friml ein Experiment, um dieses Rätsel zu lösen: Die Forscher haben mit Laserstrahlen zunächst die Wurzelspitzen von Ackerschmalwand-Pflanzen beschädigt, genauer gesagt: exakt den Bereich der Wurzelspitze, der normalerweise dafür sorgt, dass die Wurzel ständig weiterwachsen kann. Mit Markern für das Pflanzenhormon Auxin verfolgten sie anschließend in Echtzeit, wann welche Vorgänge in den Wurzelspitzen angestoßen werden. Die Wissenschaftler vermuten, dass die »Selbstheilung« in Gang kommt, sobald der Auxinfluss durch eine Beschädigung der Zellen unterbrochen wird, da die Verteilung des Auxins innerhalb der Gewebe das Schicksal der einzelnen Zellen bestimmt.

Schon wenige Stunden nach der Beschädigung hatte sich das Auxinmaximum in Zelllagen dicht oberhalb der beschädigten Stelle verlagert und eine ähnliche Situation geschaffen, wie sie in der beginnenden Wurzel des Pflanzenembryos herrscht. Der Clou: Bereits für andere Aufgaben spezialisierte Zellen werden in embryonale Zellen zurückverwandelt. Und nach und nach wird eine neue Wurzelhaube gebildet. Sobald die Wurzelspitze als System regeneriert ist, kehrt das Auxin über seine verschiedenen Transportproteine in den Zellmembranen in seine normale Verteilung zurück.

Diese noch nicht in allen Details erforschte Fähigkeit von Pflanzen zur Selbstheilung, wobei sich bereits differenzierte Zellen in flexibel reagierende embryonale Zellen zurückverwandeln, wird sicher eines der großen Themen der künftigen Forschung sein; insbesondere die Frage, ob man diese Fähigkeit auf Tiere oder Menschen übertragen kann und was das für die Heilung kranker Gewebe oder Organe bedeuten würde.

Warum Wurzeln nicht graben müssen

Auf ihrem Weg immer tiefer in die Erde erwartet Wurzeln ein wahrer Hindernislauf. Sie stoßen zum Beispiel auf Steine, die ihnen den Weg blockieren, aber sie lassen sich nicht irritieren und winden sich mühelos um die Hindernisse herum.

Wie das gelingt, hat jüngst eine Forschergruppe um den englischen Biologen Liam Dolan herausgefunden.

»Eine entscheidende Rolle«, schreibt der Forscher vom John-Innes-Forschungszentrum in Norwich, Großbritannien, »spielt dabei der feine, wuschlige Haarpelz auf den Wurzeln.« Diese feinen Härchen an der Wurzelspitze testen, in welche Richtung ein Wachstum möglich ist und in welche nicht. Dazu benutzen sie einen ausgeklügelten Rückkopplungsmechanismus. In dem Moment, in dem ein Härchen an ein Hindernis, etwa einen harten Erdklumpen stößt, hört das Wachstum der Wurzel an dieser Stelle schlicht auf und wird an anderer Stelle fortgesetzt. »Dieses bemerkenswerte System verleiht den Pflanzen die Flexibilität, eine komplexe Umgebung zu erkunden und selbst das ungastlichste Erdreich zu besiedeln«, so Studienleiter Dolan.

Die Forscher entdeckten dieses Umleitungssystem bei der Untersuchung der Ackerschmalwand. Der Schlüssel des Systems ist ein Enzym mit dem komplizierten Namen RHD2 NADPH-Oxidase, das in den Spitzen der Wurzelhaare angesiedelt ist. Es produziert freie Radikale, die dazu führen, dass die Haarzellen Kalzium aus dem umliegenden Erdreich aufnehmen. Dieses Kalzium regt einerseits das Wachstum des Wurzelhaares an und andererseits die Produktion freier Radikale durch die RHD2-Oxidase. Das verstärkt wiederum die Kalziumaufnahme. Dieser Zyklus stoppt erst, wenn ein Wurzelhärchen an ein Hindernis stößt und kein weiteres Kalzium aufnehmen kann.

So entschlüsselten die Forscher den grundlegenden Mechanismus, der den Härchen ermöglicht, den Weg zu finden und sich zu verlängern, wenn der Durchgang frei ist, erklärt Dolan. Vergleichen könne man das mit einem Menschen, der im Dunklen seinen Weg sucht. Stößt er an ein Hindernis, tastet er so lange die Umgebung ab, bis er einen »Ausgang« findet, und orientiert sich dann in diese Richtung. Außer Wurzeln nutzen auch Keimlinge dieses System, das es ihnen ermöglicht, sich ohne aufwendiges Graben durch die Erde zu winden.

Wie wichtig diese Feinwurzeln sind, zeigt sich, wenn ein Baum umgepflanzt wird. Dann nämlich verliert er Wurzeln, doch hat er dabei mit dem Verlust der mittleren und großen Wurzeln viel weniger Probleme als mit dem der ganz feinen. Dies zeigt ein Experiment der Gesellschaft für Strahlen- und Umweltforschung in Neuherberg bei München. Dreijährigen Fichten wurden bis auf etwa 20 Prozent alle Feinwurzeln entfernt. Dann pflanzte man sie in Töpfe ein. Im ersten Jahr gediehen die Bäume sehr schlecht. Die neuen Nadeln waren kleiner, die Triebe gelb, und selbst der Haupttrieb, normalerweise bis zu 30 Zentimeter lang, wurde nicht höher als sieben Zentimeter. Im zweiten Jahr indes wuchsen sie oberflächlich völlig normal weiter. Als die Forscher die Fichten aus den Töpfen nahmen, stellten sie fest, dass sämtliche Feinwurzeln nachgewachsen waren. Die Bäumchen hatten in dieser Zeit im Vergleich zum oberirdischen Zuwachs noch einmal genauso viel unterirdischen Zuwachs produziert.

Dies zeigt, welch ein Stress für einen Baum durch Umpflanzen entsteht.

Besitzen Wurzeln soziale Intelligenz?

In den Wurzelhärchen steckt gleichsam das Gehirn der Pflanze. Denn sie sorgen dafür, dass Pflanzen ein »Gefühl fürs Selbst« entwickeln. Mit Hilfe der Härchen nämlich erkennen die mittleren und großen Wurzeln problemlos die Ausläufer ihrer Sippschaft. Erstaunlicher noch: Sie schonen die Verwandten im Kampf um Platz und Nahrung!

Bislang glaubten Botaniker, dass Pflanzen ihre Artgenossen entweder bloß als Konkurrenten oder als mögliche Fortpflanzungspartner betrachten. »Doch sie führen ein komplexes Sozialleben«, sagt Susan Dudley von der McMaster University im kanadischen Hamilton, die diese neue Facette des pflanzlichen Zusammenlebens entdeckte: soziale Intelligenz.

Für ihr Experiment sammelte sie an den Stränden und auf den Dünen der Großen Seen Exemplare des nordamerikanischen Meersenfs (Cakile edentula). Ihre Wahl fiel auf diesen Kreuzblütler, weil er meistens mit mehreren anderen Gewächsen beieinandersteht, wobei die Exemplare manchmal von denselben Elternpflanzen abstammen, an anderen Stellen aber nicht miteinander verwandt sind.

Im Labor ordnete die Forscherin die Pflanzen in Vierergruppen. »Diese bestanden entweder aus Geschwistern, die alle von der gleichen Mutterpflanze abstammten, oder aus nicht verwandten Gewächsen«, erklärt Dudley. »Manche Gruppen mussten sich zu viert einen großen Topf teilen, bei anderen standen die einzelnen Pflanzen in eigenen kleinen Töpfen nebeneinander. Jedes Gewächs im Versuch hatte gleich viel Platz, Erde und Nährstoffe zur Verfügung.«

Nach acht Wochen kam die Überraschung. Die Biologin fand bei ihrer Untersuchung deutliche Unterschiede. Fremde Pflanzen, die sich einen Topf teilen mussten, bildeten viel mehr Wurzeln als solche, die ein Gefäß für sich allein hatten. »Auf diese Weise versuchen sie, die Konkurrenz auszustechen«, erläutert Susan Dudley. »Jeder im selben Erdreich wurzelnde Artgenosse verbraucht schließlich Wasser und Nährstoffe. Da ist es besser, sich selbst möglichst viele der kostbaren Ressourcen einzuverleiben, bevor sie der Nachbar wegschnappt. Das gelingt am besten mit einem ausgedehnten Wurzelwerk.«

Entscheidend: Der Meersenf behandelt nicht jeden Artgenossen als lästige Konkurrenz. In Töpfen mit vier verwandten Pflanzen bildeten die Gewächse kein größeres Wurzelsystem. Damit taten sie nicht nur der Familie etwas Gutes, sondern sparten selbst Energie, die sie für das Wachstum der vielen Wurzeln hätten aufwenden müssen. Die Folge: »En famille« gedieh der Meersenf deutlich üppiger als in Töpfen, in denen er sich gegen nicht-verwandte Artgenossen behaupten musste. »Ich war bass erstaunt, was ich gefunden hatte«, sagt die Forscherin, deren Ergebnisse inzwischen vielfach bestätigt wurden.

So stellten Michael Gruntman und Ariel Novoplansky von der Ben-Gurion-Universität fest, dass die Wurzeln einer erwachsenen Erbsenpflanze nicht konkurrieren. Wird aber ein Erbsenkeimling der Länge nach aufgetrennt, so dass zwei genetisch identische Pflanzen entstehen, erkennen die Wurzeln der einen Pflanze diejenigen des Zwillings bald als »Nicht-selbst« und beginnen, vermehrt Wurzeln in dessen Bereich hineinwachsen zu lassen.

Erstaunlich: Die Pflanze, darin sind sich die meisten Forscher einig, besitzt offenbar eine nicht-genetische Fähigkeit, zwischen Selbst und Nicht-Selbst zu unterscheiden. Diese Fähigkeit aber wird von vielen Forschern als eine Gehirnleistung gewertet! Und so ist diese Entdeckung nicht nur bloß eine Überraschung, sondern vielmehr ein kleiner Schock für die Fachwelt. Denn die geistige Leistung, Verwandte zu erkennen, konnte bislang nicht mal bei den meisten Tieren nachgewiesen werden, obwohl man große Forschungsanstrengungen unternimmt. Sind demnach Pflanzen intelligenter als viele Tiere? Mehr soziale Intelligenz haben sie offenbar auf jeden Fall.

Zu dieser jüngsten Erkenntnis passt eine Beobachtung des Kanadiers Jan Merta, der seinen Lebensunterhalt als Pflanzenpfleger verdiente. Dabei musste er die Gewächse in den Treibhäusern seines Arbeitgebers in Montreal betreuen. Dabei fiel ihm auf, dass eine Pflanze, die man aus der Gemeinschaft ihrer Freunde entfernte, oft derart von Sehnsucht geplagt wurde, dass sie verkümmerte. Sie erholte sich jedoch sofort wieder, wenn sie zu ihrem Clan zurückgebracht wurde.

Der pflanzliche Familiensinn scheint zuweilen so bizarre Blüten zu treiben, dass man sogar wagen kann, von Mutterliebe zu sprechen. Ein eindrucksvolles Beispiel dafür ist die Fortpflanzungsart des Amberbaumes, über den die Autoren Royal Dixon und Franklyn Everett Fitch schreiben: »Er pflanzt seinen Samen in sich selber ein. Dazu bildet der Baum zunächst eine kleine Öffnung, in welche der Samen seinen Weg findet. Wenn der Baum im Sterben liegt, nimmt der Samen den Lebensfaden auf und zwängt sich durch die Öffnungen der Rinde, indem er den Mutterstamm darunter sprengt. Dies ist ein Baum, der in perfekter Analogie zu einem Säugetier sein Junges in seinem eigenen Körper beschützt.«

Sind Pflanzen(-wurzeln) Alchemisten?

Die wohl erstaunlichste Fähigkeit von Wurzeln zeigt sich bei ihrer Alltagsarbeit: Nahrung aufnehmen.

Wenn Wurzeln Wasser aus der Erde ziehen, tritt die Flüssigkeit durch eine äußere Membran und durch Kapillarzellen in die Wurzel ein. Wie diese Bewegung von Wasser gegen die Schwerkraft funktioniert, ist bis heute nicht voll verstanden. Klar ist nur: Der innere Druck in den Wurzelzellen muss niedriger sein als der äußere. Die Pflanzenwurzeln müssen also über einen Kontrollmechanismus verfügen, der es ihnen ermöglicht, die Höhe des Drucks, den sie zu einem bestimmten Zeitpunkt benötigen, zu regulieren.

Um Mineralien und Nährsalze aufzunehmen, muss eine Wurzelzelle über die ganze Pflanze Bescheid wissen, denn sonst kann sie deren Nahrungsbedarf nicht entsprechend den Bedürfnissen decken. Sie muss herausfinden, welche Elemente in welchen Teilen der Pflanze fehlen. Und sie muss die verschiedenen Elemente im Boden, wie Eisen, Kalzium, Magnesium und Phosphor, identifizieren können. Wie gelingt es der Wurzel, diese Stoffe auseinanderzuhalten?

Die Antwort wird noch schwieriger, wenn man um eine weitere, geradezu alchemistische Fähigkeit der Wurzeln weiß: Sie nehmen nicht nur Stoffe aus dem Boden auf, sondern die Pflanze gibt auch neue Stoffe in den Boden ab. Neue Stoffe?

Pflanzen, davon jedenfalls sind einige Forscher überzeugt, können Elemente eines Stoffs umwandeln! Phosphor in Schwefel, Kalzium in Phosphor, Magnesium in Kalzium, Kohlenstoff in Magnesium und Stickstoff in Kalium.

Auf dieses verblüffende Phänomen stieß Baron Albrecht von Herzeele aus Freienwalde an der Oder. In seinem 1873 erschienenen Buch »Der Ursprung anorganischer Substanzen« postulierte er die These: »Nicht der Boden bringt die Pflanze hervor, sondern die Pflanze den Boden.« Der Baron hatte in unzähligen Versuchen die verschiedensten Pflanzen in Porzellanschalen gezüchtet, die er mit einer Glasglocke überdeckte und mit destilliertem Wasser versorgte. Er wählte jeweils gleiche Samen aus, ließ die eine Hälfte in seinen Schalen keimen, die andere Hälfte untersuchte er auf ihre chemischen Bestandteile hin. Später trocknete er die Keimlinge und bestimmte das Gewicht ihrer chemischen Bestandteile.

Beim Vergleich der Ergebnisse stellte Albrecht von Herzeele bemerkenswerte Unterschiede fest. Die Keimlinge verzeichneten regelmäßig hohe Mehrerträge der Elemente gegenüber den Samen. Sie wiesen zum Beispiel einen hohen Kalziumgehalt auf, obwohl die Nährlösung keinerlei Kalzium enthielt. Herzeeles Schlussfolgerung: Hier muss eine Umwandlung anderer Elemente in Kalzium stattgefunden haben. Doch die Resultate seiner Versuche, die er über zehn Jahre lang betrieb, wurden von der herrschenden Wissenschaft ignoriert. Denn sie berief sich auf die Erkenntnis von Antoine Laurent Lavoisier, dem »Vater der Chemie«. Ihm zufolge könnte zwar ein chemisches Element von einer Pflanze in eine andere chemische Verbindung eingebaut werden, aber die Gesamtmenge muss gleich bleiben. Alles andere wäre eine »Transmutation«, wie die alchemistische Umwandlung von Blei zu Gold.

Bestätigung fand Forscher Herzeele posthum durch den französischen Wissenschaftler Henri Spindler. Dieser ließ die Versuche von Professor Pierre Baranger, dem Leiter des Laboratoriums für organische Chemie der École Polytechnique in Paris, überprüfen. In einem Interview in der Wissenschaftszeitschrift *Science & Vie* im Jahr 1959 erklärte Baranger: »Meine Ergebnisse sehen unmöglich aus, aber sie liegen nun einmal vor. Ich habe alle Vorsichtsmaßnahmen getroffen. Ich habe meine Versuche x-mal wiederholt. Ich habe Jahre hindurch Tausende von Analysen gemacht. Ich habe die Ergebnisse von Dritten verifizieren lassen, die nicht wussten, worauf ich hinauswollte. Ich bin mit verschiedenen Methoden an die Sache herangegangen. Ich habe meine Experimentatoren gewechselt. Doch es gibt nichts daran zu rütteln: Wir müssen uns der Tatsache beugen: Die Pflanzen kennen das alte Geheimnis der Alchemisten. Vor unseren Augen wandeln sie tagtäglich Elemente um.« Einen der letzten Beweise dafür erbrachte er im Jahr 1963, als er dokumentieren konnte: »In einer Mangansalzlösung auskeimende Leguminosen-Samen wandeln Mangan in Eisen um.«

Fast zur selben Zeit hatte der französische Biologe Corentin Louis Kervran (1901–1983) sein Buch »Transmutations Biologiques« (»Biologische Umwandlungen«) veröffentlicht. Darin beschrieb er unter anderem, dass der Kalziumanteil in Haferkeimlingen bis zu 100 Prozent größer als in Hafersamen ist. »Lebende Organismen«, so der Forscher, »besitzen eine bisher nicht entdeckte Eigenschaft, die weder in der heutigen Chemie noch in der heutigen Kernphysik Beachtung findet, das heißt, beide Wissenschaften sind hier gar nicht zuständig. Am Ende mag bei diesen Vorgängen etwas Chemisches herauskommen, doch nur als Ergebnis und Folge des nicht wahrgenommenen Phänomens der Umwandlung.«

Die Ungeheuerlichkeit dieser These von der Umwandlung von Elementen (Transmutation) durch Pflanzen besteht darin, dass die Kernphysik davon ausgeht, dass gigantische Bindungskräfte notwendig sind, um die Elemente stabil zu halten. Demzufolge müssten Pflanzen bei der Stoffumwandlung über solch enorme Kräfte verfügen, wie sie in Teilchenbeschleunigern erzeugt werden, um die atomaren Bindungen auseinanderzureißen.

Die geltende Doktrin, der zufolge nukleare Prozesse nur hochenergetischen Einwirkungen, nicht aber gewöhnlichen physikalischen oder chemischen Einflüssen unterliegen, ist allerdings in den letzten Jahrzehnten experimentell und theoretisch in Frage gestellt worden. So berichtet der japanische Professor Hisatoki Komaki, Leiter des Instituts für angewandte Mikrobiologie in Otsu, von einer biologischen kalten Fusion: einer Atomkernverschmelzung bei niedrigen Temperaturen. Dabei fusionierten in lebenden Organismen Natrium und Sauerstoff zu Kalium, Kalium, Wasserstoff und Kalzium zu Mangan und Sauerstoff sowie Kohlenstoff zu Kalzium.

Dass der Stoffwechsel lebender Materie einige Elemente in beträchtlicher Menge bei geringer Energiezufuhr ohne großen

Energieaufwand umwandeln kann, bestätigte im Mai 1978 ein militärisches Forschungspapier. In dem Bericht »Energy Development from Elemental Transmutations in Biological Systems« heißt es: »Die Arbeiten Kervrans, Komakis und anderer wurden mit dem Ergebnis überprüft, dass ... Elemente-Transmutationen tatsächlich in lebenden Organismen vorkommen und diese möglicherweise von einem Netto-Energiegewinn begleitet sind.«

Wenn Wurzeln dem Boden tatsächlich durch Transmutation neue Elemente zuführen können, dann hat das praktische Konsequenzen: Die herkömmlichen Ansichten über das Brachliegen von Feldern, über Fruchtwechsel, Mischanbau und die Verwendung von Düngemittel müssten gründlich überdacht werden.

Wurzeln – Ursymbol des Lebens

Vielleicht haben sich unsere Vorfahren schon über manche Kulturböden gewundert, die über Hunderte von Jahren nicht auszulaugen scheinen. Und vielleicht haben sie diese »ewige Fruchtbarkeit« mit der Macht der Wurzeln der Pflanzen in Verbindung gebracht. Denn in fast allen alten Kulturen wurden Pflanzenwurzeln Wunderkräfte zugesprochen. Wurzeln haben immer schon eine ganz besondere Rolle gespielt: ob in der Mythologie, in der Heilkunde oder in der Ernährung. Schon der griechische Götterarzt Paian heilte mit Hilfe der Wurzel der Pfingstrose (Paeonia officinalis) den verwundeten Pluto, den Gott der Unterwelt.

Es ist insbesondere das verborgene Pflanzenleben, das die Menschen schon immer beschäftigt hat. Und wenn eine Wurzel auch noch einem Menschen ähnlich sieht, dann wurden ihr Wundergaben zugesprochen; im Fall der Alraune (Mandragora officinarum) die Fähigkeit, sämtliche Krankheiten des ganzen Körpers zu heilen. Beim Ausgraben, so die Mär, würde die Pflanze einen schrecklichen Schrei ausstoßen, der jeden umbringe, der es wagte, an ihr zu ziehen. Der römische Dichter und Gelehrte Plinius der Ältere (23–79), bekannt durch seine enzyklopädische Naturkunde »Naturalis historia«, beschrieb eine Zeremonie, wie man diese Strafe verhindern könne: Wer eine Alraune ausgraben wollte, der musste mit dem Rücken zum Wind stehen, mit der Schwertspitze drei Kreise um die Pflanze beschreiben und während des Herausziehens nach Westen blicken.

Ohne die Wurzeln, das war den Menschen zu allen Zeiten klar, ist die Pflanze nichts. Deshalb haben die Gewächse mit den mächtigsten Wurzeln den Menschen auch die höchste Bewunderung abgerungen, und das gewaltigste Wurzelwerk findet man zweifellos bei den Bäumen. Zu ihnen hatten die Menschen schon immer eine ganze besondere Beziehung Für die Indianer waren Bäume »Tiere ohne Füße«, und sie rieben sich mit dem Rücken an kräftigen Bäumen, um aus ihnen Energie zu schöpfen.

Im 16. Jahrhundert noch war es eine übliche Methode, Krankheiten mit Hilfe von »Magneten« zu heilen, die zum Beispiel der berühmte Arzt und Naturforscher Paracelsus (1493–1541) gut kannte. Dazu wurde dem Kranken etwas »Lebensgeist« entzogen, indem man ihm einen Umschlag mit Quark oder Tierkohle auflegte. Dieser »Magnet«, auch »Mumie« genannt, wurde dann in die Kerbe eines Baumes gelegt. Daraufhin erkrankte der Baum – und der Kranke gesundete.

Auch galt der Baum als ein Ursymbol für den Menschen. So wie der Baum in der Erde wurzelt, steht der Mensch mit den Füßen auf der Erde. So wie der Baum gen Himmel ragt, steht und geht der Mensch aufgerichtet. Es ist dieses Stehen zwischen Himmel und Erde, das Menschen und Bäume auf körperlicher Ebene verbindet. In Mythos, Dichtung und Kunst drückt sich dies in der Vermenschlichung von Bäumen und umgekehrt in der »Verbäumlichung« von Menschen aus. In unserer Umgangssprache spiegelt sich diese Gleichartigkeit noch heute – mehr oder weniger bewusst – in Ausdrücken wie zum Beispiel »ein Mann wie ein Baum«, in einer sozialen Gruppe »verwurzelt sein« oder »aus gleichem – oder anderem – Holz (geschnitzt) sein«.

Ob wir es wahrhaben wollen oder nicht, Wurzeln und Bäume sind heute noch Bestandteil unserer Seelenwelt, unserer Phantasien, unserer Träume; sie sind ein Teil von uns selbst.

Bäume sind die höchsten, größten und ältesten Lebewesen dieser Welt. Schon immer zeigten sich die Menschen von alten, starken Bäumen in ihrer Umgebung beeindruckt. Die Wurzel, der Stamm und die Krone insbesondere spiegeln im Volksglauben das menschliche Leben wider. Der Baum ist wie der Mensch in den Kreis von Werden, Sein, Vergehen eingeschlossen, und beide sind untrennbar miteinander verbunden.

Deshalb wurden in fast allen Kulturen die Körper der Toten dem Baum übergeben, indem man sie auf oder unter dem Baum beerdigte – gleichsam dem Himmel in der Form des Baumes überantwortete.

Als der Kolumnist Claus Jacobi seine beiden Retriever unter einer Birke begraben hatte, trennte sich der Baum in zwei gleich starke Stämme. »Zufall«, sagten seine Freunde, »natürlich Zufall.«

15 Das kollektive Gedächtnis von Mensch und Pflanze

Für Rachel Kaplan war es ein spannender Auftrag. Die amerikanische Psychologin sollte für ein Software-Unternehmen in San Francisco herausfinden, warum den Mitarbeitern die besten Ideen immer dann kamen, wenn sie sich zum Brainstorming in den nahen Park zurückzogen. Um dies zu klären, baute Kaplan einen Enzephalographen (EEG) – ein Gerät zur Messung elektrischer Gehirnströme – auf der Wiese auf und bestückte die kreativen Köpfe mit den zugehörigen Elektroden. Das verblüffende Ergebnis: Während der Sitzungen im Park wurden vermehrt Alpha-, Beta- und sogar Thetawellen produziert. »Alphawellen«, so die Psychologin, »entsprechen dem wachen, aber entspannten Bewusstsein. Betawellen treten bei geistiger Tätigkeit auf. Und Thetawellen entstehen beim Träumen, aber auch im Zustand intensiver Kreativität.« Kurzum: Im Grünen fühlten sich die Angestellten überaus wohl.

Auf die Publikation von Kaplans Forschungsergebnissen reagierten vor allem Wissenschaftler einer Disziplin wie elektrisiert: die Vertreter der Evolutionären Psychologie. Denn die Messergebnisse passten bestens zu ihrer These, dass Menschen sich am behaglichsten in einer Umgebung fühlen, die sie an ihre evolutionäre Herkunft »erinnert«. Und dazu zählt insbesondere jene Graslandschaft der afrikanischen Savanne – nicht zuletzt aus Spielfilmen wie »Jenseits von Afrika« bekannt –, in der die Gattung Homo entstand.

Diese Urheimat des Menschen wurde vor schätzungsweise fünf Millionen Jahren von den Australopithecinen (lat. *australis* = südlich; griech. *pithekos* = Affe) erobert. Die »Südaffen« gingen schon aufrecht, trennten sich zu Beginn des Pleistozäns vor ungefähr 1,8 Millionen von ihren Verwandten und schlugen einen separaten Evolutionspfad ein, auf dem eines Tages der moderne Mensch wandern sollte.

Wie tief die Erinnerung an die Urlandschaft in uns verankert ist, zeigte sich nicht nur in Gehirnscans. Als Wiener Stadtethologen die Attraktivität verschiedener Landschaftsbilder testeten, war das Ergebnis eindeutig: Die Savanne lag vorn. Ist es vielleicht tatsächlich so, dass Menschen tief in ihrem Inneren eine Erinnerung an diesen Garten Eden bewahrt haben?

Aus erdgeschichtlicher Sicht ist die Savanne die jüngste Landschaft Afrikas und der wohl dynamischste Lebensraum des ganzen Kontinents, umgeben von Wüsten und tropischen Regenwäldern. Savannen sind Ökosysteme mit zerstreutem, tropischem Grasland, die sich beiderseits des Äquators an Regenwälder anschließen. Sie nehmen circa 15 Prozent der Festlandsfläche der Erde ein. Es gibt verschiedene Savannentypen mit einer Vielfalt von Tieren. Die Dornensavanne beispielsweise findet sich in Kenia im Norden und Osten mit Ausnahme des Küstenstreifens. Im Wesentlichen besteht ihre Vegetation aus nur ein bis drei Meter hohen Dornenbüschen und Bäumen, die nur minimales Laubwerk tragen. In der Trockensavanne gibt es riesige Grasflächen (Grasland). Häufig findet man in ihr den Baobab, den Afrikanischen Affenbrotbaum (*Adansonia digitata*), und dichte Akazienwälder. Für Feuchtsavannen sind Bäume verschiedener Arten charakteristisch. Und hier wächst selbst in der monatelangen Trockenzeit das Gras noch zwei bis drei Meter hoch.

Forscher vertreten ihre Savannenhypothese mit folgenden Argumenten: Diese Urlandschaft bot den ersten Menschen einen idealen Lebensraum. Hier fanden sie genügend Nahrung, Bäume spendeten Schatten und gewährten Zuflucht, der Blick vom Hügel ließ rechtzeitig nahende Gefahren erkennen. Wer hier lebte, der hatte größere Chancen, sich fortzupflanzen und seine Gene weiterzugeben, als Menschen, die in der lebensfeindlichen Wüste beheimatet waren. Und wenn heute Testpersonen in Experimenten immer noch der Savanne den Vorrang geben, dann sei das in seinem Ursprung eine Erinnerung an den Anblick ressourcenreicher und sicherer Orte, sagen die Forscher.

Der amerikanische Biologe Gordon H. Orians, eine der führenden Kapazitäten in den Bereichen Ökologie, Naturschutzbiologie und Evolution, will sogar belegen können, dass moderne Menschen aller Kulturen die Schirmakazie (Acacia tortilis) – den typischen Savannenbaum – als schön empfinden, so *Focus*-Autor Christian Weber. Mehr noch: Intuitiv gäben sie Baumformen den Vorzug, die in den ressourcenreichen Savannen auftreten: Bäumen mit aufgefächerten, weiten Kronen, deren Äste nahe am Grund sprießen.

Diese Präferenz war Gordon H. Orians auch aufgefallen, als er die Skizzenbücher von Humphrey Repton (1752–1818) analysierte. Dieser englische Landschaftsarchitekt zeichnete die Parks, die er verändern sollte, wie sie waren und wie sie nach der Umgestaltung aussehen könnten. Der Auftrag war schließlich bei all seinen Kunden im Prinzip immer der gleiche: In den bestehenden Wald sollten Durchbrüche geschlagen und einzelne Bäume sollten auf der offenen Wiese freigestellt werden. Solche Elemente, die unzählige Parks und viele alte Kulturlandschaften bestimmen, erhöhten die Überlebenschancen unserer Urahnen. Die Bäume boten Unterschlupf, und ein weiter Horizont ermöglichte es, gefährliche Tiere rechtzeitig zu orten – ein Element, das auch heute von Landschaftsplanern bei Entwürfen für eine sichere Stadt berücksichtigt wird. Statt hoher Sträucher und Hecken schlagen sie vor, »Baumgruppen mit Möglichkeiten des Durchblicks« zu schaffen.

Der Mensch, so der Biologe Edward O. Wilson von der

Harvard University, lernte die Savannenlandschaft als »schön« zu lieben, weil sie gut für ihn war. Und so ist auch das Ergebnis eines weltweiten Bildertests nicht verwunderlich: Ob Deutscher, Inder oder Australier, ob Manager oder Bauer – sie alle bevorzugen ein und dieselbe Baumform: jene Art von Baum, auf den man leicht klettern kann und der ausladende Kronen trägt. Solche Bäume boten unseren Vorfahren gleichermaßen Schutz vor den Raubtieren und der sengenden Sonne. Dieses Phänomen fasst Gordon H. Orians 1986 in einer Studie so zusammen: »Der Mensch braucht ein Lebensumfeld mit Pflanzen zum Wohlfühlen.« Und die Savanne sei eben der Ort, an dem ein Großteil der menschlichen Evolution stattgefunden hat. Die aus dieser Zeit evolvierten Verhaltensadaptionen werden noch heute deutlich, wenn man Menschen nach ihren Vorstellungen einer schönen Landschaft befragt. Die meisten sehen dann in Gedanken von einer sanften Anhöhe auf eine grüne Landschaft mit Baumgruppen, Wiesen und Wasserläufen.

Die Wissenschaft nennt dieses evolutionsbedingte Bedürfnis Biophilie, also die Liebe zum Lebendigen, und Phytophilie, die Liebe zu Pflanzen: »Den größten Teil der Entwicklungsgeschichte«, so Wilson, »hat die Menschheit in Abhängigkeit von den Naturkräften und im Einklang mit Pflanzen und Tieren gelebt. Unser Gehirn hat sich in einer biozentrischen Welt entwickelt, und die alten Lernvoraussetzungen sind auch in ein paar tausend Jahren Kultur keineswegs gelöscht worden.«

Grün macht gesund

Positiv besetzt wurde im Lauf der Evolution auch die Farbe Grün – als Symbol der Fruchtbarkeit. Bereits vor der Jungsteinzeit wurden Perlen aus verschiedenen Materialien als Schmuck verwendet, aber erst danach erlangten grüne Perlen Bedeutung. Und obwohl es in der Jungsteinzeit Mineralien in der Farbe Grün gab, wie zum Beispiel Apatit, Amazonit und Jadeit, benutzten die Steinzeitmenschen lieber andere Farben für ihre Talismane und Anhänger. Damit liege der Schluss nahe, sagen israelische Wissenschaftler, dass die symbolische Bedeutung von Grün für Fruchtbarkeit erst entstand, als die Menschen mit dem Ackerbau begannen. Erst mit dem Übergang der Lebensweise der Frühmenschen von Jägern und Sammlern zu sesshaften Ackerbauern begann die Farbe Grün an Bedeutung zu gewinnen. Sie versinnbildlicht das Ergrünen der Natur und symbolisiert den Wunsch nach einer erfolgreichen Ernte.

Gehirn und Psyche, so der Evolutionsforscher E. O. Wilson, haben sich in einer ständigen Koevolution mit Pflanzen und Tieren eng mit der Natur verknüpft.

»Vielleicht haben einige Pflanzenarten im Lauf der Evolution gelernt, uns Menschen in ihrem Sinne zu manipulieren – dahingehend, dass wir ihr Gedeihen und ihre Verbreitung fördern. Wenn wir topfen, gießen und jäten, dann folgen wir unbewusst den Signalen der Pflanzen – und fördern zugleich unser eigenes Wachstum«, schreibt Konrad Neuberger über Gartentherapie, die in diesem Sinn nichts anderes ist als eine Symbiose zwischen Pflanze und Mensch. Diese Heilmethode bietet der Gärtner und Psychotherapeut in einer Klinik in Hattingen-Holthausen im grünen Teil des Ruhrgebiets an. Schon das Gebäude wurde 1992 so errichtet, dass die Architektur zur Gesundung der Patienten beiträgt. Von jedem der 270 Krankenbetten blickt man in den Park, dessen Wege in sanften Kurven ins Weite führen. Die Umrisse der Beete folgen klaren Mustern, die sich in den in den Rasen gemähten Mustern widerspiegeln. Ein essenzieller Baustein der Therapie von Patienten mit schweren Nervenleiden ist die Arbeit in Gartenbeeten und im Gewächshaus.

Dass »grüne Impulse« eine heilende Wirkung auf die Seele ausüben, haben schon die Mediziner im alten Ägypten erkannt. Sie verordneten Menschen, die an geistiger Umnachtung litten, Gartenspaziergänge. Auch im Mittelalter nutzten Heilkundler den »Zauber und Reiz, welchen der Feldbau durch den natürlichen Instinkt einflößt, bei der Behandlung seelisch gestörter Patienten«, schreibt Neuberger. Ab dem späten 18. Jahrhundert wurden Gärten fester Bestandteil vieler Irrenanstalten, in Amerika ebenso wie in Europa.

Aber nicht nur bei psychisch Kranken zeigt sich die magische Kraft des Grüns. 1984 entdeckte der amerikanische Umweltpsychologe Roger Ulrich, dass sich Patienten nach Operationen schneller erholen, wenn sie von ihrem Bett aus ins Grüne blicken können. Sie brauchten deutlich weniger Schmerzmittel und konnten früher entlassen werden als jene aus einer Vergleichsgruppe, die nur Aussicht auf ein Nachbargebäude hatten. Viele Folgeuntersuchungen haben die Ergebnisse Ulrichs bestätigt und vertieft. Schüler und Studenten erholen sich schneller von Stress, Büroangestellte klagen seltener über Kopfschmerzen, Strafgefangene werden weniger krank, wenn sie regelmäßig auf einen Garten blicken können.

»Pflanzen um sich zu haben macht die Menschen definitiv glücklicher«, sagt Anne Muirhead von der Unternehmensberatung PricewaterhouseCoopers, die vierteljährlich Umfragen zur Arbeitsumgebung durchführt. Dieser positive Effekt ist physiologisch messbar: In begrünten Büros, so ergaben Untersuchungen der amerikanischen Washington State University, ist das Reaktionsvermögen der Angestellten um zwölf Prozent besser und der Blutdruck niedriger. Beim norwegischen Erdölkonzern Statoil sank die Zahl der Klagen über Müdigkeit und Kopfschmerzen um 20 bis 30 Prozent, nachdem in den Räumen Pflanzen aufgestellt worden waren.

Außerdem zeigten Tests, dass der entspannende Blick auf

die Natur vor dem Bürofenster durch nichts zu ersetzen ist – auch nicht durch eine Abbildung derselben Szene. Das folgt aus Experimenten amerikanischer Forscher, die das Stressverhalten von Freiwilligen nach einer schwierigen Aufgabe untersucht hatten. Ein Teil der Probanden konnte durch ein Fenster auf einen Park schauen, eine zweite Gruppe bekam das gleiche Bild auf einem großen Plasmabildschirm zu sehen, die dritte schließlich hatte lediglich eine weiße Fläche vor sich. Das Ergebnis: Unter dem Anblick des realen Parks sanken die Herzfrequenzen und damit auch das Stressniveau der Testpersonen deutlich ab, während das Bild des Parks und die weiße Fläche keine entspannende Wirkung zeitigten. Die Forscher waren selbst überrascht. »Ich dachte, der Bildschirm liege irgendwo zwischen dem Blick aus dem Fenster und der weißen Wand«, erklärt der Psychologe Peter Kahn von der Universität von Washington in Seattle.

Nicht jede Art von Grün hat also denselben Effekt. Die »gesündeste« Landschaft ist diejenige, die uns als Park vertraut ist; als fernes Echo der Savannenlandschaft ...

Hat der Bambus telepathische Fähigkeiten?

Wie kommt es, dass bestimmte Landschaftsformen über Äonen hinweg nichts von ihrer ganz besonderen Kraft eingebüßt haben? Wie können Körper und Seele des Menschen heute noch auf Lebensumstände reagieren, die in grauer Vorzeit herrschten?

Der Tiefenpsychologe Carl Gustav Jung (1875–1961) postulierte die Existenz eines Erinnerungsreservoirs, das er »kollektives Unbewusstes« nannte und als »die gewaltige geistige Erbmasse der Menschheitsentwicklung« beschrieb. In diesem kollektiven Gedächtnis fänden alle wesentlichen psychischen

Erfahrungen der Menschheit seit der Urzeit ihren Niederschlag.

Während sich diese Jungsche Theorie nur auf die menschliche Psyche bezieht, glaubt der britische Pflanzenphysiologe Rupert Sheldrake, dass auch Pflanzen die gesamte erdgeschichtliche Erfahrung ihrer Art zur Verfügung steht. Jeder Organismus hat Sheldrake zufolge Zugang zu einem kollektiven Gedächtnis, das »in morphogenetischen Feldern immanent ist: unsichtbaren Strukturen, die Dinge wie Kristalle, Pflanzen und Tiere formen und gestalten und sich auch organisierend auf deren Verhalten auswirken«.

Ein Beispiel ist das Blühen der Bambuspflanze. Das Besondere daran: Es ist einerseits eine Seltenheit, weist anderseits eine Synchronizität auf. So bezeichnete Jung einst ein Phänomen relativ zeitnah aufeinanderfolgender Ereignisse, die nicht kausal miteinander verknüpft sind, vom Beobachter jedoch als sinnhaft verbunden erlebt werden. Tatsache ist: Über Tausende von Quadratkilometern, womöglich sogar weltweit, blühen alle Pflanzen einer Bambusart exakt gleichzeitig.

Im ostindischen Bundesstaat Mizoram, wo eine bestimmte Bambusart alle 48 Jahre blüht, kommt es danach regelmäßig zu einer Hungersnot: Ratten tun sich an den eiweißreichen Bambussamen gütlich, vermehren sich wie wild und machen sich, wenn keine Samen mehr da sind, über die Reis- und Kartoffelfelder her.

Bei anderen Arten geschieht das Erblühen alle zwölf, 30, 50, 60 Jahre – oder 120 Jahre, wie bei Phyllostachys bambusoides. Dieser Bambus blühte in China, wie Aufzeichnungen nachweisen, im Jahr 999 nach Christus und seither regelmäßig alle 120 Jahre. Damit nicht genug, blühen alle Pflanzen dieser Art zur gleichen Zeit, egal in welchem Erdteil sie wachsen – das vorläufig letzte Mal in den 60er Jahren.

Für die Fortpflanzung spielt die Blüte keine Rolle: Bambus

zählt zu den Grassorten, die sich asexuell durch neue Sprossen im Boden vermehren. So wachsen und vergehen Generationen, ohne je eine Blüte getragen zu haben. Tragischerweise stirbt der Bambus, der Blüten tragen darf, direkt danach ab.

Wie aber kann ein Bambus die Jahre von einer Blüte bis zur nächsten zählen? Schließlich war die letzte Blüte nicht seine eigene, sondern die eines längst kompostierten Vorfahrens. Wie wissen die Pflanzen in den verschiedensten Ländern Bescheid?

Sheldrake zufolge ist der Rhythmus der Blütezeit in der Datenbank der Natur gespeichert: eben in den morphogenetischen Feldern, einem umfassenden Kommunikationssystem, mit dem Pflanzen rund um die Erde miteinander in Kontakt treten können. In diesen Feldern, die die Summe aller möglichen Formen von Materie in sich tragen, wirkt – so Sheldrake – das Prinzip der »morphischen Resonanz«. »Alles, was geschieht, geschieht in rhythmischen Mustern von Aktivität«, sagt der Biologe in einem Interview mit der Zeitschrift *Pyschologie heute*. »Und alles, was existiert, besitzt rhythmische Muster. Atome, Elektronen – alles bewegt sich rhythmisch, sendet Schwingungen aus«, und zwar über Raum und Zeit hinweg.

Sheldrakes Theorie der morphogenetischen Felder ist sehr umstritten, zumal die Natur doch ein anderes großes Gedächtnissystem entwickelt hat – die Gene. In ihnen werden Wissen und Formen weitergegeben. »Ich denke, dass die Gen-Forschung eine Menge zu bieten hat«, räumt Sheldrake ein. »Sie kann aber auch eine Menge nicht erklären. Ich stehe ihr keineswegs ablehnend gegenüber«, sagt der Forscher, »aber das Gen ist bei weitem nicht das einzige ›Gedächtnis der Natur‹.«

Die morphischen Felder »vererben« Informationen ebenso, und die beiden Systeme könnten sehr gut zusammenwirken. Sheldrake erklärt das mit einer Fernsehanalogie: »Wenn man mit einem Empfänger verschiedene Programme sehen kann, heißt das nicht, dass diese Programme in der Hardware, in den

Transistoren des Empfängers, gespeichert sind. Um diese Behauptung zu überprüfen, kann man beispielsweise genetisch identische Tiere in Gruppen aufteilen und einer Gruppe bestimmte Tricks beibringen. Die nicht-trainierten Tiere, die sich teilweise in ganz anderen Erdteilen befinden, lernen dieselben Tricks sehr viel schneller. Der Informations-Transfer hat ganz sicher nicht durch Gene stattgefunden, und genetische Vererbung ist ganz sicher nicht die einzige Form der Vererbung.«

Rückwärtssprünge in die Evolution

Unterstützung finden Sheldrakes Thesen durch eine Zufallsentdeckung zweier ehemaliger Forscher des Schweizer Chemiekonzerns Ciba-Geigy (heute Novartis). Guido Ebner und Heinz Schürch wollten eigentlich einen Herzschrittmacher entwickeln, der wie eine Armbanduhr getragen werden kann. Dazu untersuchten sie tierische Gewebeproben in elektrostatischen Feldern. Feldern also, in denen Spannung herrscht, aber kein Strom fließt. Ihre Versuchsanordnung war simpel: Sie bauten zwischen den Platten eines Kondensators ein statisches Elektrofeld auf und erzeugten die benötigte Spannungsdifferenz zwischen den Kondensatorplatten durch einen Hochspannungsgenerator.

Als sie in dieses Feld ihre Gewebeproben plazierten, fanden kuriose Reaktionen statt, die wissenschaftlich nicht zu erklären waren. Neugierig geworden, experimentierten sie mit Kresse, der Licht entzogen wurde. »Trotzdem entwickelte sie sich in einem elektrischen Feld prächtig«, stellte Ebner verdutzt fest; und trieb die Forschungen weiter: mit Mais, Weizen, Farnen, Samen und Keimen. Und nun erlebten die Forscher etwas ganz Verblüffendes: Sie erhielten eine Art Urform der Pflanzen. Es war, als ob bestimmte Erbinformationen, die im Lauf der Evolution stillgelegt worden waren, plötzlich wieder aktiviert worden wären. Einige Maiskeime »erinnerten« sich daran, wie sie vor Urzeiten ausgesehen hatten. Damals trugen sie bis zu zwölf Kolben am Stiel – wie jetzt auch im Elektrofeld – statt maximal drei wie der heutige hochgezüchtete Mais.

Und ein gewöhnlicher Wurmfarn entwickelte sich während seiner Keimungsphase zu einem urtümlichen Hirschzungenfarn, der ungeteilte Blätter hat. Erstaunlicher noch: Die darauffolgenden Generationen dieses Hirschzungenfarns wurden nach und nach zu einem Wurmfarn, wie wir ihn heute kennen. »Es sieht so aus, als wenn wir durch die Behandlung im elektrostatischen Feld einen Urfarn gekriegt hätten, der sich in den kommenden vier Jahren wieder mehr und mehr daran erinnerte, dass er aus einem Wurmfarn entstanden ist«, erklärte Heinz Schürch. »Jedes Jahr sahen die Blätter anders aus, anscheinend hat der Farn die gesamte Evolution in seinem Wachstum durchlaufen.«

Als die Forscher die Chromosomen untersuchten, standen sie vor einem weiteren Rätsel: Der ursprüngliche, nicht gefiederte Farn besaß einen Satz von 36, der gefiederte einen von 41 Chromosomen. Wie aber kann ein 36er Chromosomensatz einen wesentlich höheren hervorbringen? »In der ganzen wissenschaftlichen Literatur«, so Forscher Schürch, »wurde noch nie von einer plötzlichen Änderung der Chromosomenzahl berichtet.«

Ähnliche Überraschungen erlebten die Forscher bei Versuchen mit Weizen. Statt in den üblichen sieben Monaten wuchs die elektrostatisch behandelte Pflanze in nur drei Monaten zur vollen Größe. An den Halmen fanden sich mehrere Triebe, in denen Proteine entdeckt wurden, offensichtlich Wachstumshormone, die der heutige Weizen nicht besitzt. Herangezogene Botaniker staunten nicht schlecht. Offenbar war abermals eine Urform herangewachsen. Könnte man diese Urweizenart, die nicht nur schneller wuchs als moderne Züchtungen, sondern sich auch als resistenter gegenüber Schädlingen erwies, mit dem ertragreicheren Weizen von heute kreuzen, würde möglicherweise ein schnell wachsendes und robustes Getreide heranreifen, das keine Pestizide benötigt. Ciba prüfte die sensationellen Entdeckungen seiner Wissenschaftler, patentierte das Verfahren und unterband die Forschung unverzüglich. Warum? Der Grund liegt nahe: Ciba vertrieb damals vorrangig Pestizide!

Schürch und Ebner wollten dennoch ihre Forschungsergebnisse publizieren. Doch keine wissenschaftliche Fachzeitschrift war zur Veröffentlichung bereit. So nutzen die beiden Forscher schließlich als letzte Möglichkeit eine Fernseh-Talkshow, um auf ihre Entdeckung aufmerksam zu machen. Die Resonanz in der Bevölkerung war groß, die Fachkollegen hingegen ignorierten die Ergebnisse oder machten sie lächerlich. Die Entdeckung geriet schnell in Vergessenheit – ohne dass die weltweite Wissenschaftsgemeinde von ihr Notiz nahm. Das sollte sich ändern.

Der Schweizer Journalist Luc Bürgin, der die inzwischen verstorbenen Forscher Ebner und Schürch persönlich gekannt hatte, brachte ihre Entdeckungen mit seinem Buch »Der Urzeit-Code« 2007 wieder in die Diskussion. Bei seinen Recherchen hatte er herausgefunden, dass mittlerweile an zwei deutschen Universitäten, in Mainz und Freiburg, die Versuche reproduziert und die Ergebnisse bestätigt worden waren. »Ich konnte die Versuchsreihen damals bei Ciba persönlich in Augenschein nehmen und war wirklich beeindruckt«, sagt der Schweizer Nobelpreisträger Prof. Dr. Werner Arber. »Seither lässt mich der Gedanke daran nicht mehr los …«

Das Patent wurde von den Söhnen von Schürch und Ebner zurückgekauft – sie stellen es kostenlos zur Verfügung. Die »Urzeit-Pflanzen« lassen sich also mit minimalem Kostenaufwand von jedermann züchten.

Allerdings ist es bis heute nicht gelungen, Gesetzmäßigkeiten bei der Retroevolution der Pflanzen auszumachen. Man weiß nicht, durch welche Feldstärken man wie viele Jahrtausende in der Evolution zurückgeht. Schürch stellte die Theorie auf, dass die Zusammensetzung der Erdatmosphäre früher anders war als heute und so die Pflanzen je nach Feldstärke auf ein Programm aus der Zeit zurückgreifen, in der genau diese Felder geherrscht haben. »In dem Moment, wo ich mit einem schlichten elektrostatischen Feld, wie es die Natur auch kennt, einen Chromosomensatz ändern kann und immer wieder längst ausgestorbene Urformen erhalte, muss ich zwingend ein Fragezeichen dahinter setzen, ob die gesamte Information für die Formgebung der Lebewesen wirklich in den Genen, in der DNA im Zellkern, gespeichert ist. Dies ist wohl nicht der Fall, denn die elektrostatische Aufladung der Atmosphäre ist sicher mit ein Faktor in der Gesamtinformation der Natur, welches Lebewesen eigentlich entstehen soll. Und offensichtlich reicht das Gedächtnis der Natur bis zu den Anfängen des Lebens überhaupt zurück.«

Spukhafte Teilchen

So aufregend diese Resultate auch erscheinen mögen: Ist eine Physik denkbar, die eine solche Biologie möglich macht? Diese Physik müsste aufzeigen können, dass ein räumlich und zeitlich weit entferntes Ereignis ein anderes beeinflussen kann. Dieses Phänomen wird Nichtlokalität genannt und spielt eine zentrale Rolle in einem Experiment, das 1982 der französische Physiker Alain Aspect durchgeführt hat.

Für seinen Versuch stellte der Forscher zunächst Photonen (Lichtteilchen) her: Laserlicht schießt durch einen Kristall, dabei entsteht ein Zwillingspaar von Photonen. Die Experimentiervorrichtung zwingt die beiden Teilchen dazu, in entgegengesetzte Richtungen zu fliegen. Auf seinem Weg passiert jedes von ihnen ein raffiniert ausgeklügeltes System halb durchlässiger Spiegel. Diese werden nach dem Zufallsprinzip gesteuert: Mal lässt der eine Spiegel »sein« Photon durch und ein anderer nicht – oder umgekehrt. Ob die Teilchen durchkommen, wird von einer Messapparatur hinter den jeweiligen Spiegeln registriert.

Da der ganze Versuchsablauf dem Zufall unterliegt, sollte man annehmen: Ob jedes der beiden Photonen seine Spiegel passiert oder nicht, ist ebenfalls eine Sache des Zufalls. Aber nachdem Aspect das Experiment x-mal mit immer wieder neuen Photonenpärchen wiederholt hatte, ergab sich ein völlig anderes Bild. Der Zufall war aufgehoben – jedes Teilchen verhielt sich exakt so wie sein Zwillingsbruder: Passierte das eine Photon einen Spiegel, kam auch das andere durch; blieb das eine hängen, war das auch für das andere das Ende der Reise. Und dabei war es völlig egal, ob die Spiegel gerade auf »durchlassen« oder »stoppen« eingestellt waren.

So hinterließen die kleinen Teilchen ein großes Problem, das die Phantasie unzähliger Forscher beschäftigte: Wie konnte es sein, dass die elementaren Zwillinge immer das Gleiche tun, unbeeinflusst von allem, was um sie herum passiert?

Unser Denken ist vom Prinzip der Kausalität dominiert – aber was war in dem unerklärlichen Verhalten der Photonen Ursache, was Wirkung? Teilte da ein Teilchen dem anderen mit: Wir fliegen jetzt gemeinsam durch die Spiegel, oder wir bleiben beide hängen? Wie war es zu dieser rätselhaften Quantenfernwirkung gekommen?

Und noch eine weitere Frage drängt sich förmlich auf. Wenn die allerkleinsten Teilchen in einem Informationsaustausch miteinander stehen: Gilt das nur für die isolierten Quanten im Laborversuch – oder für alle Quanten? Wenn alle Elementarteilchen in einer geheimnisvollen Verbindung stünden, müssten wir die telepathischen Fähigkeiten des Mikrokosmos für den ganzen Makrokosmos annehmen. Denn alle Materie besteht letztlich aus Quanten.

Am Beginn des Urknalls war sämtliche Materie in einem imaginären Punkt konzentriert. Sie stob auseinander und bildete in einem Zeitraum von 15 Milliarden Jahren den Kosmos, wie wir ihn heute kennen – samt unserer Erde und mit ihr Pflanzen, Tiere und uns Menschen. Wie alles, was existiert, waren auch wir bereits im Urknall angelegt als Teil eines Universums. Wenn zu Beginn von Zeit und Raum alles mit allem vereint war – dann könnte dieses uralte Band heute noch existieren.

Dass noch alles mit allem verbunden sein könnte, dafür gibt es anschauliche Hinweise: die sogenannten morphologischen Grundmuster in der Natur, zum Beispiel die Spiralform. Sie findet sich in Schneckenhäusern ebenso wie in kosmischen Spiralnebeln. Solche Grundmuster gibt es in großer Zahl, und sie lassen den britischen Biochemiker und Zellbiologen Rupert Sheldrake vermuten, dass es »morphologische Atomfelder« gibt, in denen das gesamte Wissen aller Geschichte und Evolution gespeichert ist.

Von diesem gigantischen Reservoir könnte die quantenphysikalische Kommunikation zwischen verschiedenen Bereichen der Realität ihren Ausgang nehmen: mit der Folge eben, dass es so viele morphologische Grundmuster in der Natur gibt – aber auch Phänomene wie Vorahnung (Präkognition), Gedankenübertragung (Telepathie) oder die Synchronizität von gleichartigen Ereignissen. Kann womöglich nichts in unserem Gehirn geschehen, ohne dass irgendetwas irgendwo im Universum darauf reagiert – und umgekehrt?

Sheldrakes Thesen weisen verblüffende Parallelen zu jahrtausendealten philosophischen und religiösen Traditionen auf, etwa die im Mahayana-Buddhismus (Zweig des Buddhismus seit 300 v. Chr.) propagierte Vorstellung eines überpersönlichen »Speicherbewusstseins«, das die Vorlage sämtlicher Phänomene unserer Realität in sich bergen soll. Auch knüpft Sheldrakes holistische Weltsicht an die Tradition des antiken Denkers Platon an, der alles auf die Existenz einer Weltseele zurückführt; ein Begriff, der in manchem an das Weltfeld der modernen Kosmologie erinnert.

Kann die Zeit stillstehen?

Zwei Jahrhunderte lang hat die reduktionistische Naturwissenschaft geglaubt, voneinander isolierte Partikel seien die Elementarteilchen des Ganzen. Die Erkenntnisse der Quantenphysik aber deuten darauf hin, dass wir den Kosmos auf eine völlig neuartige Weise als ein Ganzes ansehen müssen. Und dies umso mehr, als 22 Jahre nach dem Experiment von Alain Aspect ein anderer Forscher noch tiefer in die Geheimnisse der Quantenwelt eingedrungen ist. In einer Variante von Aspects Versuch konnte der Genfer Physikprofessor Antoine Suarez erstmals einen handfesten Hinweis darauf entdecken, dass hinter der Quantentelepathie eine »mächtige unsichtbare Intelligenz« steht.

Suarez wandelte Aspects Experiment insofern ab, als er die Zwillingsphotonen nicht nur durch ein statisches, stehendes Spiegelsystem schickte – sondern zusätzlich durch ein dynamisches: Hier bewegte sich der Spiegel mit hoher Geschwindigkeit von der Photonenquelle weg. Dadurch befanden sich die Teilchen – wieder nach dem Zufallsprinzip gesteuert – in unterschiedlichen Zeitsystemen: mal in einem »schnellen«, mal in einem »langsamen«. Mit den Folgen, die Einsteins Relativitätstheorie beschreibt und die experimentell bewiesen sind: In schnellen Systemen – wie Flugzeugen oder Raketen – verläuft die Zeit langsamer. Weil die Zeit also relativ ist, können Beobachter in verschiedenen Zeitsystemen die zeitliche Reihenfolge zweier Ereignisse unterschiedlich wahrnehmen. Das war auch in Suarez' Experiment so: Bei der Messung im Zeitsystem des stehenden Spiegels trifft das Photon hier früher auf als das andere Photon auf den schnellen Spiegel; bei der Messung im Zeitsystem des schnellen Spiegels trifft das Photon hier früher auf als das andere auf den stehenden Spiegel. Welches Teilchen zuerst auftrifft, ist also relativ – es gibt kein absolutes Vorher und Nachher. Das bedeutet: Keines der beiden Teilchen kommt als Erstes an! Also steht keinem von beiden auch nur die geringste Zeit für eine »Absprache« über ein konformes Verhalten zur Verfügung – dennoch taten sie exakt dasselbe. Suarez' ungeheuerliche Schlussfolgerung: »Bei der Wechselbeziehung zwischen den Teilchen steht die Zeit still. Es ist, als ob bei der Quantentelepathie die Zeit außer Kraft gesetzt ist.«

Aber wer kann die Zeit außer Kraft setzen? Dass es zu einer Informationsübertragung jenseits der Zeit kommt, erklärt Suarez so: Teilchen, die miteinander durch eine Wechselwirkung verknüpft sind, werden zu Bestandteilen eines unteilbaren Systems – sie sind zeitgleich über einen gewissen Raum verteilt. Alles, was wir in unserem Alltagsleben sehen – Häuser, Berge, Pflanzen oder Menschen –, ist eindeutig zu lokalisieren. Teilchen dagegen können sich zur selben Zeit in Köln und Berlin aufhalten: Sie sind non-lokal – überall. Und hinter dieser Non-Lokalität verbirgt sich das eigentliche Wunder.

Für den französischen Physiker Jean Charon sind Quanten »denkende Einheiten«. Ihr »Denkvermögen« erlangen sie auf geradezu abenteuerliche Weise: Elektronen beispielsweise schlucken unablässig Photonen; weil Lichtteilchen masselos sind, wäre dies theoretisch möglich. Die geschluckten Photonen haben – wie nachweislich alle Teilchen – einen sogenannten Spin:

Sie drehen sich um sich selbst. Wenn jetzt zwei Photonen im Elektron ihren Drehsinn von linksherum auf rechtsherum verändern könnten, wäre eine binäre Informationsübertragung wie in einem Computer möglich: Der Schaltzustand »eins« oder »null« entscheidet, ob eine Information fließt oder nicht. Auf diese Weise, so Charon, würden die geschluckten Photonen zum »Gedächtnis« des Elektrons. Es würde Informationen von außen aufnehmen, also lernen – und das Gelernte an andere Elektronen übermitteln, indem es seine Photonen an ein Nachbarelektron weitergibt. So soll die Quantenwelt allmählich »allwissend« werden – das gesamte Wissen der Schöpfung enthalten.

Auch wenn man Charon auf seinen Gedankenflügen nicht folgen mag, sollte man akzeptieren, dass wir in der Quantenphysik ein völlig neues Weltbild kennenlernen.

Einer der renommiertesten Quantenphysiker der Gegenwart, Professor Hans-Peter Dürr, ehemaliger Leiter des Max-Planck-Instituts für Physik in München, ist überzeugt, dass der Dualismus kleinster Teilchen nicht auf die subatomare Welt beschränkt, vielmehr allgegenwärtig ist. Der Dualismus zwischen Körper und Seele ist für ihn ebenso real wie der Welle-Teilchen-Dualismus, also die Tatsache, dass etwa Licht beide – scheinbar gegensätzlichen – Formen annehmen kann: elektromagnetische Welle und »handfestes Teilchen«. Nach Dürr gibt es einen universellen Quantencode, in den die gesamte lebende und tote Materie eingebunden ist und der sich seit dem Urknall über den gesamten Kosmos erstreckt.

Wir erkennen, dass der Mensch Teil der Natur ist – und so auch die Natur ein Teil des Menschen. Wir beginnen zu ahnen, dass vielleicht sogar kleinste Teilchen wie Quanten über ein primäres Bewusstsein verfügen und damit, so der Mathematiker und Autor Klaus-Dieter Sedlacek, das Bewusstsein der fundamentale Baustein von allem ist, was existiert – also auch von Pflanzen.

»Manche durchaus noch der wissenschaftlichen Hauptströmung angehörende Wissenschaftler«, so der britische Kernphysiker und Molekularbiologe Jeremy Hayward von der Universität Cambridge, »scheuen sich nicht mehr, offen zu sagen, dass das Bewusstsein neben Raum, Zeit, Materie und Energie eines der Grundelemente der Welt sein könnte ... möglicherweise sogar grundlegender als Raum und Zeit.«

»Wir können heute nicht mit Bestimmtheit sagen, dass Pflanzen kein Bewusstsein haben«, sagt die Schweizer Biologin Florianne Koechlin. »In den letzten zehn, zwanzig Jahren hat es, vor allem mit Hilfe der Molekularbiologie, ungeheuer viele neue Einsichten über Pflanzen gegeben, die weit über das mechanistische Gen-Dogma hinausgehen.«

Die Ergebnisse feinster Messtechnik in biophysikalischen Laboratorien knüpfen damit an eine jahrtausendealte Tradition an. Denn schon immer, so hat Hans Werner Ingensiep in seinem Werk »Die Geschichte der Pflanzenseele« nachgewiesen, gingen Philosophen davon aus, dass Pflanzen ein Bewusstsein haben, etwas, was man früher Seele nannte.

Extravagante Ideen von Wissenschaftlern der verschiedensten Bereiche und avantgardistische Hightech machen es möglich, dass wir Menschen des dritten Jahrtausends offenbar die Wiedergeburt der Pflanzenseele erleben. Und auch wenn wir viele der messbaren Quanteneffekte noch nicht begreifen, so »spüren« wir doch intuitiv, wie etwa die morpho-genetischen Felder wirken können – und welche Schwingungen es sind, die dafür sorgen, dass selbst simple Gartenarbeit verborgene Kräfte zum Blühen bringt. Denn wenn wirklich alles mit allem verbunden ist, dann ist es gar nicht mehr so rätselhaft, wie eine Epochen überdauernde archaische Tiefenströmung das menschliche Denken und Fühlen so eng an die Natur bindet, dass unsere Neuronen angesichts eines Grashalms freudig zu tanzen beginnen.

Literaturhinweise

Anhäuser, Marcus: »Die Intelligenz der Sonnenblume«, in *SZ Wissen*, 29. 5. 2007

Backhaus, Ralph: »Wenn Begonien Kopfweh haben«, spektrumdirekt.de, 23. 8. 1998

Backster, Cleve: Evidence of a Primary Perception in Plant Life, in *International Journals of Parapsychology*, Bd. 10, Nr. 4, 1968, S. 329–348

Baukhage, Manon: »Die neue Suche nach unserer Lebensenergie«, in *P.M.*, 1. 1. 1997

Baumgartner, Silke: »Guten Morgen, ihr Bäume«, in *Brigitte*, 19. 4. 1995

Beck, Christina: »MecWorm – der Pflanzenschreck«, in *BIOMAX*, Ausgabe 7, Herbst 1999

Becker, Tobias: »Pflanzen haben Familiensinn«, ddp/wissenschaft.de, 13. 6. 2007

Bethge, Philip: »Die Pflanzenflüsterer«, in *Spiegel*, Nr. 26, 2006

Bischoff, Jürgen/Auf dem Kampe, Jörn: »Was einen Kern zum Kürbis macht«, in *GEO Kompakt*, Nr. 5, 2005

Bischof, Marco: Biophotonen. Das Licht in unseren Zellen, Frankfurt am Main 1995

»Blume mit Sonnenschutz«, in *SZ Wissen*, 15. 12. 2007

Bolton, Brett L.: Die magische Welt der Pflanzen, Bergisch Gladbach 1980

Borges, M. Renee: »Do Plants and Animals Differ in Phenotypic Plasticity?«, in *Journal of Biosciences*, 30 (1), 41–50, February 2005

Bose, Jagadis Chandra: Die Physiologie des Saftsteigens, Jena 1925

Brenner, Eric D./Stahlberg, Rainer u. a.: «Plant neurobiology: an integrated view of plant signalling«, in *Trends in Plant Science*, Bd. 11 (8), 2006, S. 413–419

Bristow, Alec: Wie die Pflanzen lieben. Das geheimnisvolle Liebesleben der Pflanzen, Bern/München 1979

Bronson, Charles: »Meine Lieblingsblume«, in *SZ Magazin*, 25. 4. 1997

Bröckers, Mathias: Auch Mauerblümchen brauchen Liebe, in *SZ Magazin*, 22. 10. 1999

Bürgin, Luc: Der Urzeit-Code. Die ökologische Alternative zur umstrittenen Gen-Technologie, München 2007

Chittka, Lars/Döring, Thomas: »Are Autumn Foliage Colors Red Signals to Aphids?« in *PLoS Biology*, 5 (8), e187 doi:10.1371/journal.pbio.0050187, 14. 8. 2007

Cudmore, Larison L.: Der Stoff des Lebens. Die Wunderwelt der Zellen, Frankfurt am Main 1978

Dakora, Felix: »Defining New Roles for Plant and Rhizobial Molecules«, in *Australian Journal of Plant Physiology*, Bd. 22, 1995, S. 87

Davis, Joan S.: »Biologische Transmutation«, in *Hagia Chora* 14/2002

De la Warr, George: »Do Plants Feel Emitons?«, in *Electrotechnology*, April 1969

Degen, Rolf: »Unkraut versteht nicht«, in *Gehirn & Geist*, 1–2, 2006

DeLong, Ed: »Proteorhodopsin«, Monterey Bay Aquarium Research Institute (MBARI), University of Kalmar, 11. 1. 2007

Dixon, Royal/Fitch, Franklyn: The Human Side of Trees. Wonders of the Tree World, New York 1923

Dudley, Susan/File, Amanda: »Kin recognition in an annual plant«, in *Biology letters*, 3 (4), 2007, S. 435–438

Donner, Susanne: »Parfum für den Feind des Feindes«, in *Handelsblatt*, 28. 2. 2008

Eidgenössische Ethikkommission für die Biotechnologie im Außenhumanbereich: »Die Würde der Kreatur bei Pflanzen«, Bern, April 2008

Enders, Klaus-Peter/Schad, Wolfgang: Die Biologie des Mondes. Mondperiodik und Lebensrhythmen, Stuttgart 1997

Englisch, Andreas: »Wie die Natur sich wehrt«, in *Hamburger Abendblatt*, 14. 4. 2004

Farb, Peter: Living Earth, New York 1959

Fechner, Gustav Theodor: Nanna oder über das Seelenleben der Pflanzen, Leipzig 1992

Francé, Raoul Heinrich: Das Sinnesleben der Pflanzen, Stuttgart 1905

Fratzl, Peter: »Von Knochen, Holz und Zähnen«, in *Physik Journal*, Heft 5, 2002

Freundorfer, Iris: »Dünger aus der Luft«, in *Die Welt*, 16. 8. 1997

Findeklee, Antje: »Maisbedingte Verdauungsprobleme«, spektrumdirekt.de, 11. 9. 2002/*Proceedings of the National Academy of Sciences*, 10.1073/pnas.202224899

Dies.: »Pflanzliches Liebesgeflüster«, spektrumdirekt.de, 22. 5. 2004

Geddes, Patrick: Leben und Werk von Sir Jagadis C. Bose, Zürich 1930

Glase, Jon C./Waldvogel, Jerry A.: Life: The Science of Biology, W. H. Freeman, 1992

Grefe, Christiane: »Die geschundene Kreatur«, in *Die Zeit*, 9. 2. 2006

Greuling, Heinz: »Das geheimnisvolle Leuchten von frischem Gemüse«, in Die Welt, 27. 1. 2004

Grimm, Hans-Ulrich: »Weshalb Öko-Futter besser schmeckt«, in *GEO Wissen*, Nr. 28, 2001

Gräbner, Matthias: »Quantenprozesse bei der Photosynthese«, telepolis.de, 10. 6. 2007

Haglund, Karin: »Jede Pflanze sieht mit Milliarden Augen«, in *P.M.*, 18. 8. 1982

Dies., »Wachsen«, in *P.M.*, 4/1988

Hartkemeyer, Johannes F.: »Mechanistisches Denken zerstört unser Leben«, in *SZ*, 25. 5. 1996

Haltmeier, Hans/Elleringmann, Stephan: »Das geheime Leben der Pflanzen«, in *GEO Magazin*, Nr. 11, 1999

Heinrich, Hansjörg: »Das geheimnisvolle Licht in unserem Körper«, in *PM Perspektive*, Nr. 2, 2006

Hohn, Barbara: »Stressversuch«, Nature online, DOI:10.1038/nature05022

Hollricher, Karin: »Ein ›Ohr‹ für Knöllchenbakterien«, in *FAZ*, 26. 3. 2003

Hübner, Thomas: »Von Bäumen lernen«, in *Die Zeit*, 20. 5. 1999

Jacobi, Claus: »Bäume sind Tiere ohne Füße«, in *Bild*, 16. 2. 2008

Jahn, Andreas: »Aus der Balance«, spektrumdirekt.de, 11. 1. 2008

Ders.: »Eingebauter Notruf«, spektrumdirekt.de, 24. 9. 2005

Ders.: »Akazien und Ameisen«, scinexx.de, MMCD0, 6. 6. 2002/ *Science*, 319, 2008

Jäckle, Renate: »Mission in die Quantenwelt der Zelle«, in *SZ*, 6. 6. 2002

Jeong, Mi Jeong u.a.: »Plant gene responses to frequency-specific sound signals«, in *Molecual Breeding*, 10,1007/s110032-007-9122-x/*New Scientist*, Nr. 2619, S. 30

Jordi, Andres: »Hitzetolerantes Gras«, in *NZZ*, 31. 1. 2007

Jürgens, Astrid: »Abgucken«, in *Vital*, 7/2008

Kerner, Dagny/Kerner, Imre: Der Ruf der Rose. Was Pflanzen fühlen und wie sie mit uns kommunizieren, Köln 2006

Kesseler, Rob/Stuppy, Wolfgang: Samen. Zeitkapseln des Lebens, Bielefeld 2007

Klärner, Dietmut: »Pflanzengene auf Wanderschaft«, in *FAZ*, 10.5.2006

Ders.: »Rutschbahn ins Verderben«, in *FAZ*, 18. 6. 2008

Knauer, Roland H.: »Wie die Birke die Tanne am Leben erhält«, in *Die Welt*, 23. 8. 1997

Knoll, Ulrike: »Giftige Zielscheibe«, wissenschaft-online.de, 23. 11. 2001

Dies.: »Spezialkost für Leibwächter«, spektrumdirekt.de/*Science* 308: 560-563 (2005)

Koch, Klaus: Ein Blühsignal aus der Gieskanne, in *MaxPlanck-Forschung*, 1/2004

Ders: Auch Pflanzen zeigen Taktgefühl, in *MaxPlanckForschung*, 1/2004

Koechlin, Florianne: Zellgeflüster. Streifzüge durch wissenschaftliches Neuland, Basel 2005

Dies: »Pflanzen lernen«, in *WoZ*, 28. 8. 2003

Dies: »Zellgeflüster«, in *WoZ*, 13. 2. 2003

Dies: »Biophotonen«, in *WoZ*, 1. 8. 2002

Dies: »Der neuronale Wurzelstock«, in *WoZ*, 1. 3. 2007

Korte, Sabine: »Diese Pflanze ist in heller Aufregung«, in *P.M.*, Nr. 9, 1999

Lange, Michael: »Der Nachbar wird gewarnt«, in *Die Welt*, 9. 1. 1991

Ders.: »Stromausfall im Pflanzenblatt«, Deutschlandfunk, 24. 7. 2007

Langenbach, Jürgen: »Lieber rot als tot!«, in *Die Presse*, 11. 9. 2008

Latusseck, Rolf H.: »Nektar lockt Schmetterling und Vögel an«, in *Welt am Sonntag*, 2. 9. 2007

Liebsch, Thomas: »Der stinkende Fliegen-Terminator«, telepolis.de, 9. 9. 2004

Lingenhöhl, Daniel: »Die Hängenden Gärten von Amazonien«, spektrumdirekt.de, 21. 1. 2008

Lovelock, James: The Ages of Gaia. A Biography for our Living Earth, Oxford 1988

Löbsack, Theo: »Erregbarer Drachenbaum«, in *Weltwoche*, 19. 1. 1989

Mattheck, Claus: Trees. The Mechanical Design, Heidelberg 1996

Ders.: Design in der Natur. Der Baum als Lehrmeister, Freiburg 1997

Meier, Christian: »Bäume zeigen Muskeln«, in *MaxPlanckForschung*, 2/2007

Miltner, Frank: »Tief verwurzelte Gefühle«, in *Focus*, Nr. 14, 1997

Moffett, Mark W.: »Gibst du mir, dann geb ich dir«, in *National Geographic Deutschland*, Nr. 5, 2000

Ders.: »Ameisen als Retter«, in *GEO Magazin*, Nr. 12, 1999

Ders.: »Gemeinsam sind sie stark«, in *National Geographic Special*, Mai 2000

Ders.: »Partner im Dschungel«, in *National Geographic Deutschland*, Nr. 5, 2000

Moore, Peter: »Mycorrhiza-fungus«, in *Natur*, Bd. 327, 1987

Morell, Virgina: »The Really Secret Life of Plants«, in *New York Times Magazine*, 18. 12. 1994

Narby, Jeremy: Intelligenz in der Natur. Eine Spurensuche an der Grenze des Gewissens, Baden 2006

Neffe, Jürgen: »Die Erfindung des Sex«, in *GEO Wissen*, Nr. 1, 1998

Oertl, Marianne: »Wie Pflanzen die Welt sehen«, in *P.M.*, 25. 4. 1997

Offenberger, Monika: »Kooperation statt Konkurrenz«, in *SZ*, 31. 7. 1997

Osterkamp, Jan: »Akazien-Ameisen Söldnerallianzen«, spektrumdirekt.de/nature.com 430: 205-208 (2004)

Palmer, Todd M.u. a.: »Breakdown of an Ant-Plant Mutualism Follows the Loss of Large Herbivores from an African Savanna«, in *Science*, Bd. 319, Nr. 5860, 11. 1. 2008

PanDagger, Zhiqiang/Camara, Bilal u.a.: »Aspirin Inhibition and Acetylation of the Plant Cytochrome P450, Allene Oxide Synthase, Resembles that of Animal Prostaglandin Endoperoxide H Synthase«, in *Journal of Biological Chemistry*, 17. 7. 1998

Panten, Helge: »Grüne Schlafmützen«, in *Der Tagesspiegel*, 29. 12. 2007

Parker, Martina: »Dschungel-Beauty«, in *Die Presse*, 12. 6. 2008

Paulsen, Susanne: »Sie sind zwar grün, aber nicht dumm«, in *GEO Wissen*, Nr. 32, 2003

Pfeffer, Wilhelm: Pflanzenphysiologie, Leipzig 1881

Pietschmann, Catarina: »Kassiber der Kerbtiere«, in *SZ*, 23. 4. 2002

Podbregar, Nadja: Symmetrie, scinexx.de, 14. 11. 2001

Popp, Fritz-Albert: »Leben leuchtet«, in *GEO Magazin*, Nr. 2, 2005

Pühler, Alfred: »Pflanzen, die sich selber düngen«, in *Bild der Wissenschaft*, 11/1986

Retallack, Dorothy: The Sound of Music and Plants, Santa Monica 1973

Reuning, Arndt: »Der Hilferuf des Rosenkohls«, in *Frankfurter Rundschau*, 2. 8. 1997

Ripota, Peter: »Nur die Mittelmäßigen überleben«, in *P.M.*, 1. 11. 1998

Romberg, Johanna: »Grün macht gesund«, in *GEO Special Parks & Gärten*, Nr. 2, 2005

Röthlein, Brigitte: »Von den Spinnen lernen«, in *Die Welt*, 14. 10. 2006

Rubern, Jeanne: »Zellkultur«, in *SZ Magazin*, 23. 3. 2001

Runyon, Justin: »Cuscuta pentagona«, Science, Bd. 313, S. 1964/ *Journal of Biological Chemistry*, 17. 7. 1998

Rüschemeyer, Georg: »Des Wilden Tabak stummer Schrei«, in *FAZ am Sonntag*, 22. 6. 2008

R.W.: »Nahrung aus der Luft«, in *FAZ*, 8. 8. 2001

Ryan, Clarence A.: »Night moves of pregnant moths«, in *nature*, Nr. 6828, 29. 3. 2001

Sanderson, Katharine: »The photon trap«, in *nature*, Nr. 13, 2008

Sanides, Silvia: »Wir stammen von Schleim ab«, in *Die Weltwoche*, 22. 8. 1996

Schaller, Katrin: »Weizenkorn auf Wanderschaft«, spektrumdirekt. de, 11. 5. 2007/science.mag.org 316: 884-886 (2007)

Schäfer, Martin: »Erwacht nach 2000 Jahren Schlaf«, ddp/ wissenschaft.de, 13. 6. 2008

Scott, Bruce I. H.: Electricity in Plants, in *Scientific American*, Oktober 1962

Seifert, Georg: »Die grüne Qualle«, in *Die Zeit*, 18. 10. 1996

Seymour, Roger S.: Plants that warm themselves, *Scientific American*, Nr. 3. 1. 3. 1997

Sheldrake, Rupert: Das schöpferische Universum, München 2008

Singh, T. C. N.: »On the Effect of Music an Dance on Plants«, in *Bihar Agriculture College Magazine*, Bd. 13, Nr. 1, 1962/63

Shiojiri, K./Ozawa, R./Takabayashi, J.: »Plant Volatiles, Rather than Light, Determine the Nocturnal Behavior of a Caterpillar«, in *PLoS Biology* 4: e164 (2006)

Steiner, Rudolf: Ernährungsfrage. Über das Verhältnis der Nahrungsmittel zum Menschen, Basel 1956

Stelzner, Ruben: »Der goldene Schnitt«, golden-section.eu, 2003

Sternheimer, Joel: Vortrag im Kanagawa Science Park am 20. Mai 1993

Schmitt, Christoph: »Großer Lauschangriff«, spektrumdirekt.de, 17. 10. 2006/nature.com, 419(6908): 712–715 (2002)

Schmitt, Stephan: »Grünzeug mit Grips«, in *Zeit Wissen*, 1. 9. 2005

Schmundt, Hilmar: »Dschungel unter den Füßen«, in *Spiegel*, Nr. 31, 2004

Schuh, Hans: »Der Dynamo des Lebens«, in *Die Zeit*, 28. 10. 1988

Schulte, Volker: »Wer malt im Herbst die Blätter bunt?«, in *Informationsdienst Wissenschaft*, 2. 10. 2002

Stockes, Trever: »Plant Neurobiology sprouts anew«, in *The Scientist*, 18. 7. 2005

Stöcklin, Jürg: Die Pflanze. Moderne Konzepte der Biologie, Beiträge zur Ethik und Biotechnologie, Bern 2007

Schulmeister, Andrea: »Gib mir deins, ich geb dir meins«, spektrumdirekt.de, 17. 4. 2003

Schwerthöffer, Rüdiger: »Bio-Reaktor im Ackerboden«, in *Die Zeit*, 7. 5. 1993

Takeda, Seiji/Gapper, Catherine u. a.: »Local Positive Feedback Regulation Determines Cell Shape in Root Hair Cells«, in *Science*, Bd. 319, 29. 2. 2007

Tompkins, Peter/Bird, Christopher: Das geheime Leben der Pflanzen. Pflanzen als Lebewesen mit Charakter und Seele und ihre Reaktionen in den physischen und emotionalen Beziehungen zum Menschen, Frankfurt am Main 1984

»Tödliche Verlockung«, in *Welt am Sonntag*, 3. 2. 2008

Treseder, Kathleen: »Nahrung aus Ameisenatem«, in *GEO*, Nr. 10, 1995

Trewavas, Anthony: »Response to Alpi et al.: Plant neurobiology – all metaphors have value«, in *Trends in Plant Science*, 2007, doi:10.1016/j.tplants.2007.04006

Ders.: »Green plants as intelligent organisms«, in *Trends in Plant Science*, Bd. 10, Nr. 9, 2005

Ders.: »Mindless mastery«, in *nature*, Nr. 6874, 21. 2. 2002

Ders.: »Plant Intelligence«, in *Die Naturwissenschaften*, Bd. 92 (9), 2005

Ders.: »Aspects of plant intelligence; an answer to Firn«, in *Annals of botany*, Bd. 93 (4), 2004

Ders.: »Aspects of Plant intelligence«, Annals of Botany 92 (1), 2003

van Horen, Wouter: »Mortalities in Kudu Populations Related to Chemical Defense in Trees«, in *Journal of African Zoology* 105: 141–145 (1991)

Voigt, Cornelia/Goymann, Wolfang/Leitner, Stefan: »Green Matters! Growing Vegetation Stimulates Breeding under Short-Day Conditions in Wild Canariens«, in *Journal of Biological Rhythms*, Bd 22, Nr. 6., 2007

Voisin, André: Boden und Pflanze. Schicksal für Mensch und Tier, München/Wien 1959

Wandtner, Reinhard: »Erfolgreich leben durch Zusammenarbeit«, in *FAZ*, 25. 7. 2007

Ders.: »Genetische Spuren einer grünen Revolution«, in *FAZ*, 19. 12. 2007

Ders.: »Flechten – die übersehenen Organismen«, in *FAZ*, 18. 2. 1998

Weber, Andreas: Alles fühlt. Mensch, Natur und die Revolution der Lebenswissenschaft, Berlin, 2007

Ders.: »Was ist schön an der Natur?«, in *GEO Wissen*, Nr. 1, 1997

Weber, Andreas/Meckes, Oliver/Ottawa, Nicole: »Die Natur als GmbH«, in *GEO*, Nr. 4, 1. 4. 2006

Weber, Andreas/Rüger, Gisela u.a.: »Hautnah im Wunderland der Pflanze«, in *GEO Magazin*, Nr. 6, 2000

Webster, Bayard: »The plant biologist turn over a new leaf«, in *New York Times*, 12. 6. 1983

Weiler, Elmar W.: »Wie Pflanzen fühlen«, in *Spektrum der Wissenschaft*, Nr. 3, 1. 3. 2000

Wickson, Edward: J. Luther Burbank. Man, Methods and Achievement, San Francisco, ohne Jahresangabe

Wirsing, Bernd: »Signalgeber für die Blütenbildung«, in *MPG-Presseinformation*, Bd. 54, 11. 8. 2005

Bildnachweis

Fotos im Bildteil:
Reinhard Tierfoto 1
Konrad Wothe 2, 6, 7
Okapia KG 3, 5, 8, 9, 12
mauritius-images / age. 4
F1 online 10
getty images / Photodisc Red 11